中芬合著 造纸及其装备科学技术丛书（中文版）第四卷

"十二五"国家重点出版物出版规划项目

环境管理和控制

Environmental Management and Control

[芬兰] Dahl Olli 著

[中国] 程言君 岳 冰 王 洁 尉 黎 江雅丽
申 坤 张 亮 黄官刚 贾学桦 侯雅楠 译

中国轻工业出版社

图书在版编目(CIP)数据

环境管理和控制/(芬)奥利(Olli,D.)著;程言君等译.—北京:中国轻工业出版社,2019.6

(中芬合著造纸及其装备科学技术丛书;4)

“十二五”国家重点出版物出版规划项目

ISBN 978-7-5019-9735-0

Ⅰ.①环… Ⅱ.①奥… ②程… Ⅲ.①制浆造纸工业—企业环境管理 Ⅳ.①X793

中国版本图书馆 CIP 数据核字(2014)第 077064 号

责任编辑:古 倩　　责任终审:滕炎福　　整体设计:锋尚设计
策划编辑:林 媛　　责任校对:吴大鹏　　责任监印:张 可

出版发行:中国轻工业出版社(北京东长安街 6 号,邮编:100740)
印　　刷:三河市万龙印装有限公司
经　　销:各地新华书店
版　　次:2019 年 6 月第 1 版第 2 次印刷
开　　本:787×1092　1/16　印张:13.75
字　　数:320 千字
书　　号:ISBN 978-7-5019-9735-0　　定价:68.00 元
邮购电话:010-65241695
发行电话:010-85119835　传真:85113293
网　　址:http://www.chlip.com.cn
Email:club@chlip.com.cn
如发现图书残缺请与我社邮购联系调换
190627K4C102ZBW

序

芬兰造纸科学技术水平处于世界前列，近期修订出版了《造纸科学技术丛书》。该丛书共20卷，涵盖了产业经济、造纸资源、制浆造纸工艺、环境控制、生物质精炼等科学技术领域，引起了我们业内学者、企业家和科技工作者的关注。

姜丰伟、曹振雷、胡楠三人与芬兰学者马格努斯·丹森合著的该丛书第一卷《制浆造纸经济学》中文版于2012年出版。该书在翻译原著的基础上加入中方的研究内容；遵循产学研相结合的原则，结合国情从造纸行业的实际问题出发，通过调查研究，以战略眼光去寻求解决问题的路径。

这种合著方式的实践使参与者和知情者得到启示，产生了把这一工作扩展到整个丛书的想法，并得到了中国造纸协会和中国造纸学会的支持，也得到了芬兰造纸工程师协会的响应。经研究决定，从芬方购买丛书余下十九卷的版权，全部译成中文，并加入中方撰写的书稿，既可以按第一卷"同一本书"的合著方式出版，也可以部分卷书为芬方原著的翻译版，当然更可以中方独立撰写若干卷书，但从总体上来说，中文版的丛书是中芬合著。

该丛书为"中芬合著：造纸及其装备科学技术丛书（中文版）"，增加"及其装备"四字是因为芬方原著仅从制浆造纸工艺技术角度介绍了一些装备，而对装备的研究开发、制造和使用的系统理论、结构和方法等方面则介绍得很少，想借此机会"检阅"我们造纸及其装备行业的学习、消化吸收和自主创新能力，同时体现对国家"十二五"高端装备制造业这一战略性新兴产业的重视。因此，上述独立撰写的若干卷书主要是装备。初步估计，该"丛书"约30卷，随着合著工作的进展可能稍作调整和完善。

中芬合著"丛书"中文版的工作量大，也有较大的难度，但对造纸及其装备行业的意义是显而易见的：首先，能为业内众多企业家、科技工作者、教师和学生提供学习和借鉴的平台，体现知识对行业可持续发展的贡献；其次，对我们业内学者的学术成果是一次展示和评价，在学习国外先进科学技术的基础上，不断提升自主创新能力，推动行业的科技进步；第三，对我国造纸及其装备行业教科书的更新也有一定的促进作用。

显然，组织实施这一"丛书"的撰写、编辑和出版工作，是一个较大的系统工程，将在该产业的发展史上留下浓重的一笔，对轻工其他行业也有一定的借鉴作用。希望造纸及其装备行业的企业家和科技工作者积极参与，以严谨的学风精心组织、翻译、撰写和编辑，以我们的艰辛努力服务于行业的可持续发展，做出应有的贡献。

中国轻工业联合会会长：步正发

2011 年 12 月

中芬合著:造纸及其装备科学技术丛书(中文版)的出版
得到了下列公司的支持,特在此一并表示感谢!

芬欧汇川集团

维美德集团

河南江河纸业有限责任公司

河南大指造纸装备集成工程有限公司

前　言

我国制浆造纸工业在强劲的内需拉动下，经历了近十年的高速发展，目前已经进入世界造纸大国的行列。但由于我国制浆造纸工业的废水和化学需氧量排放量一直以来均处于全国工业行业首位，因此国家和地方政府非常重视制浆造纸工业的环境保护工作，出台了一系列与行业相关的环境保护政策、法规及环境标准，从产业结构调整、生产全过程控制、末端治理、环境监管等方面加强对造纸行业的环境管理。"十二五"期间，在国家节能减排政策和环境管理力度不断加大的新形势下，我国制浆造纸工业面临新的挑战。因此，了解和掌握世界发达国家制浆造纸工业先进的环境管理和污染控制技术规范，将有助于我国制浆造纸工业加快产业结构调整，实现节能减排目标，做到可持续健康的发展。

由芬兰纸业工程师协会、美国浆纸工业技术协会（TAPPI）和 Fapet 有限公司联合出版的《造纸科学与技术丛书》正是可供国内同行业借鉴的专业丛书。该套丛书中的《环境管理和控制》分册介绍了制浆造纸环保措施及环境管理控制技术规范，包括欧盟地区的综合污染预防和控制（IPPC）指令和最佳可行技术（BAT）等。该书可为从事制浆造纸行业相关工作的专业人士提供有效的帮助。

本书是由轻工业环境保护研究所的技术人员整理翻译。主要参加人员有：程言君、岳冰、王洁、尉黎、江雅丽、申坤、张亮、黄官刚、贾学桦、侯雅楠等。由于译者的学识水平有限，难免有不完善之处，敬请读者批评指正。

目　录

CONTENTS

第1章 绪　论

1.1 总论

20世纪90年代,减小制浆造纸厂环境负荷增长的压力日益迫切,出现这种情况有许多推动力,如对环境的关注日益增长、越来越严格的立法及生产过程中排放控制的更加了解等。本书详细论述了制浆造纸厂的环保问题,旨在增强对影响废水、废气、固体废物环境负荷因素的理解。本书还介绍了欧盟地区主要的管理控制措施,包括综合污染预防和控制(IPPC)指令、最佳可行技术(BAT)及环境管理系统等其他工具的作用。本书综述了环境负荷的组成和性质,包括废水、废气和固废的主要环境影响,还介绍了控制环境负荷的主要技术方法和工艺流程。

1.1.1 环境负荷的来源

什么是环境负荷?它是由什么组成,来自哪里?详见图1-1所示生产加工过程环境负荷示意图。

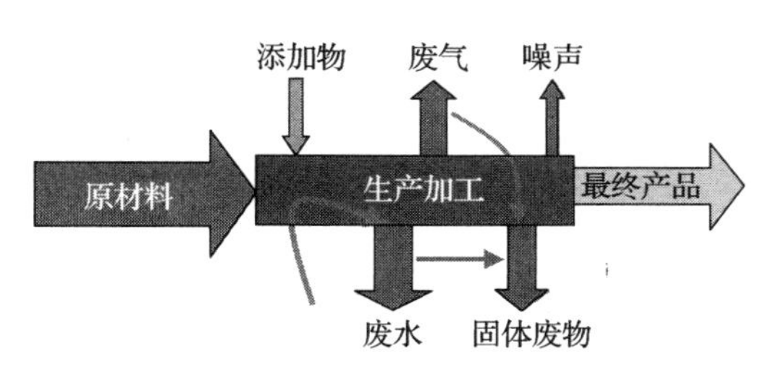

图1-1 生产过程中环境负荷示意图

如图1-1所示,环境负荷包括废气、废水和固体废物。此外,噪声、振动和热污染也是环境负荷的一部分,但是它们的计算方式与其他影响不同。简言之,减少某一特定生产过程排放到水和大气中的环境负荷,最佳方法就是提高工艺成品率和减少固体废物产生量。

有很多因素直接或间接地影响环境负荷,如图1-1所示,在定量的基础上,不进入最终产品的原料和添加剂是环境负荷的主要贡献者,生产过程中这些材料不会凭空消失,而只是改变其形态(固态变气态,固态变液态,气态变固态等)。因此,产出率越高,环境负荷越低,反之亦然。环境负荷性质主要受以下因素影响:

原料:原料质量、添加剂和新鲜水。

过程或单元过程:温度、产出率、化学、物理或力学参数。

外部净化方法的有效性:废气和废水的净化。

降噪的程度:高、低频噪声和振动。

一般来说,生产最主要的功能就是要生产尽可能多的高质量产品,但是,从20世纪

70 年代开始人们越来越关注生产所带来的环境问题。因此,在欧盟地区,有诸多直接或间接指导工业生产的监管控制措施,利用这些措施使工业生产的不利环境影响达到可接受的程度。

近些年来,在减小不利环境影响的同时,通过利用最佳原料、化学品和能源来提高产品质量。从原料到产品整个价值链来考虑,这种良好的趋势推动了可持续发展的实践,并向可持续发展的目标迈进。

1.1.2 过程改造

为了努力实现上述目标,浆纸生产技术和产品的不断发展使得环境负荷普遍降低。由于20 世纪 70 年代和 80 年代初期的能源危机,出现了很多降低制浆造纸厂耗水量和排放量的措施。例如,由于亚硫酸钙浆厂向大气中和下水管道排放大量污染物,所以芬兰纸业停止了亚硫酸钙浆厂的生产;原木剥皮工艺改成干法剥皮工艺后,大大减少了化机浆工厂废水的排放量;化学浆生产线在蒸煮工段后增加氧脱木素系统,降低了漂白前的卡伯值,实现了无元素氯漂;通过使用更多循环水,降低了新鲜水的使用,从而降低了排放前需要处理的污水量。

这些环保性的进展为制浆和造纸业开辟了一种普遍为人们所接受的新方法,大力提倡使用更为全面的方法来管理环境问题。这种新的方法已在欧盟以法规的形式实现,例如综合污染预防和控制(IPPC)指令中定义的最佳可行技术(BAT)。在选用最佳技术来平衡行业所需的成本和它对环境带来的益处时,最佳可行技术(BAT)采用一套综合性的方法来评估工业活动的大气排放、废水(包括下水道)排放和固体废弃物排放,加上一系列的其他环境影响。这样做的目的是防治废弃物的生成和排放,如果在实践中不可实现零排放,也应将废弃物的排放降低至可接受的水平范围内,这也考虑到了当工业活动停止后恢复厂址的需要。定义为最佳可行技术(BAT)的技术表明其过程或组成部分可将环境负荷降低到最小程度。由于新技术不断地发展,最佳可行技术(BAT)指南的也将一直随之更新完善,它可供所有对制浆和造纸工业环境问题感兴趣的人参考使用。

1.2 制浆造纸工业产生的环境负荷

众所周知,浆纸工业生产过程中会不可避免的产生一定程度环境负荷工业运作和活动总是会产生一定程度的环境负荷,明白这一点非常重要。人们必须认识这种环境负荷并使用最可行的方法来控制其数量和质量。从图 1 -1 可以看出,环境负荷很大程度上取决于原物料、添加剂和反应过程的类型。要明白制浆和造纸生产的基本环境负荷,需要对原料的化学结构、原水的品质、添加剂的作用及木质纤维有深刻见解。当明确这些原辅料的数量和性质后,就可以用废水、废气和固体废弃物的投入产出形式创建物料平衡,从而可以计算出总体环境负荷。这种方法可被称为基于过程的环境负荷“内部”控制。当计划全新的单元过程或全过程时,此类基础信息可用于制作匹配的净化设备以将废水、废气和固体废弃物的负荷降低到最小程度。在评估特定环境负荷以作为按规定尺码制作外部净化系统的依据时,一种切实可行的办法就是使用实验室分析和分析设备进行简单的测量。当计划进行过程改造或扩展时也可使用这种方法,这也涵盖了对噪声的评估。

在评估特定环境负荷,以规定的标准作为外部净化系统效果考核依据时,一种切实可行的办法就是使用现场检测,即利用分析设备和实验室分析进行简单的测量。当造纸企业进行技改或扩建时也可使用这种方法,该法也适用于噪声评估。

因为对如何通过内部和外部处理来控制木质物质加工过程中的排放更加地了解,在过去的 30 年中,排放得以有效降低。实际上,认识到工业生产过程中的实际情况,综合的环境保护方法在近年来有了巨大的改进。

随着污染物排放控制措施的推行,如何通过内外部结合的污染处理方法,也逐渐被人们所了解,在过去的 30 年中,污染物排放也因此得以有效降低。实际上,从对生产过程中实际污染产生情况的认知,到运用综合的环境保护方法在近年来都有了巨大的进步。

1.2.1　废水

制浆和造纸的废水产生量很大程度上取决于清水使用量。而每家浆厂和造纸厂的清水使用量也会因循环工艺不同而存有差异。在评估制浆造纸工业的废水负荷时,废水总产生量并不是关键问题,了解废水的成分和性质则更为重要。因为木材原料的化学成分比较复杂,所以经处理后衍生出的废水成分也很复杂。因此,与测量废水中所有可能存在的化合物相比,以总和参数形式测量废水对受纳水体的总体影响比较合理。所测量的典型参数包括化学需氧量(COD)、生化需氧量(BOD)、可吸附有机卤素(AOX)、悬浮固体、磷(P)和氮(N)等。图 1－2 显示了从 20 世纪 50 年代起,芬兰制浆和造纸工业废水典型参数的负荷趋势。图 1－3 和图 1－4 分别显示了从 20 世纪 90 年代起,芬兰制浆和造纸工业废水中可吸附有机卤素(AOX)负荷和营养物负荷。

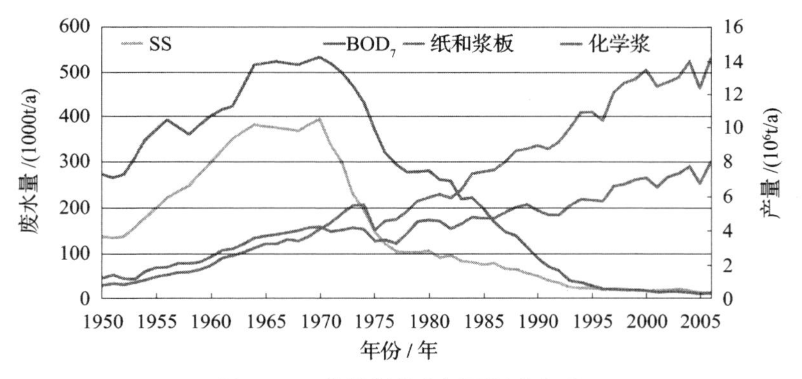

图 1－2　芬兰制浆造纸厂污水负荷

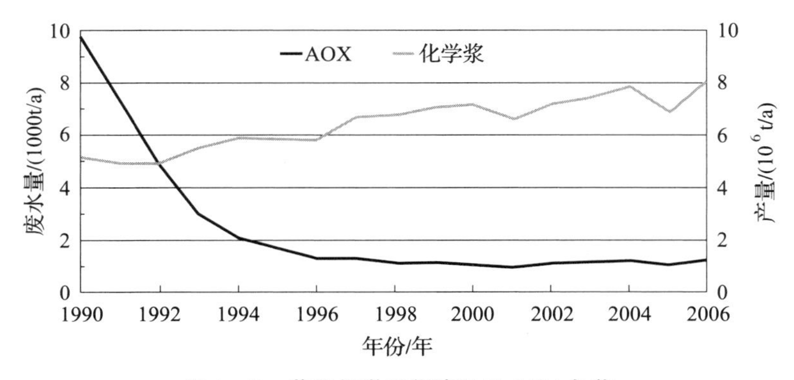

图 1－3　芬兰化学制浆造纸厂 AOX 负荷

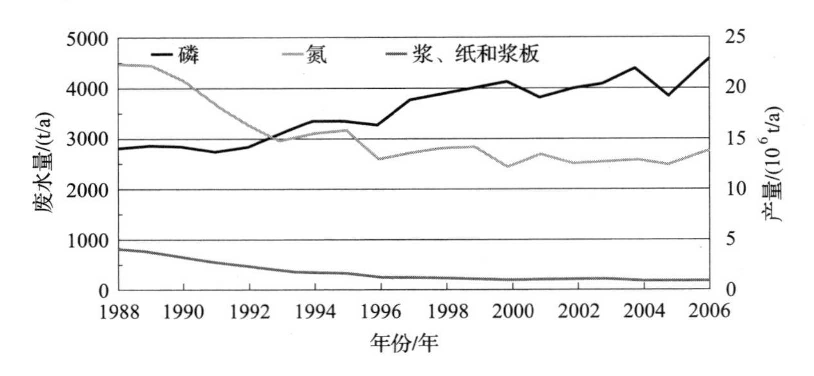

图 1-4　芬兰制浆造纸厂的营养负荷

如图 1-2 和图 1-3 所示，在 20 世纪 90 年代前后，因为浆纸产量的增加，BOD、SS 和 AOX 负荷均明显降低。出现这种良好趋势，主要是因为实现了内部生产流程和外部净化方法的环境友好型转变，外部净化方法如活性污泥污水厂，此外，随着操作人员的系统培训，间歇或紧急排放次数也减少了。如图 1-4 所示，营养盐(氮、磷)却没有同样的下降趋势，因为它们存在于木材原料中，而且为了维持适当水平的生物活性，还需要在污水处理系统中进行添加。

1.2.2　废气

制浆造纸厂典型的废气排放包括锅炉燃烧废气(固体燃料锅炉和余热锅炉)，石灰窑废气和高、低浓度恶臭气体(硫酸盐法制浆厂)。因为操作温度相对较低，所以造纸生产过程本身废气排放量相对较少。但是，原木在削片、贮存或蒸汽加热过程中，原木本身的挥发性有机物(VOCs)就会释放到大气中。制浆造纸厂各种烟囱的废气排放大多含有水蒸气，因为在生产过程中需要使用大量的水，且原料和添加剂中也含有水分。

制浆造纸厂典型的废气测定参数包括颗粒物、SO*x*、TRS、NO*x*、VOC 混合物和 CO_2，图 1-5、图 1-6 和图 1-7 显示了 20 世纪 90 年代芬兰化学浆工厂各种废气因子的典型趋势，这些是主要的大气污染物。

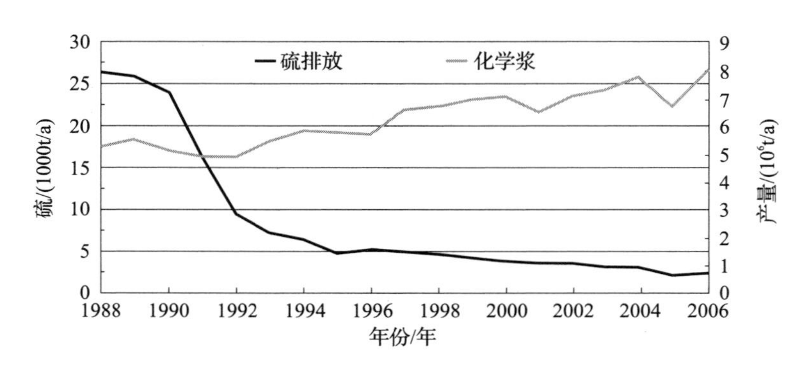

图 1-5　芬兰化学浆厂总硫排放量(SO*x* 和 TRS)

如图 1-5 和图 1-6 所示，随着化学浆厂产量的增加含硫化合物和颗粒物的量不断下降，通过对燃烧过程的控制和外部烟气净化技术实现了这种改进。然而，如图 1-7 所示，NO*x* 排放的趋势却有所不同，这是因为缺乏经济、技术可行的 NO*x* 削减方法。

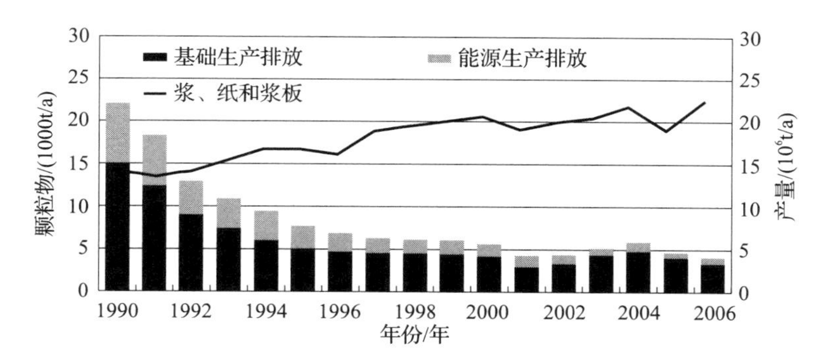

图 1-6 芬兰制浆造纸厂总颗粒物排放量

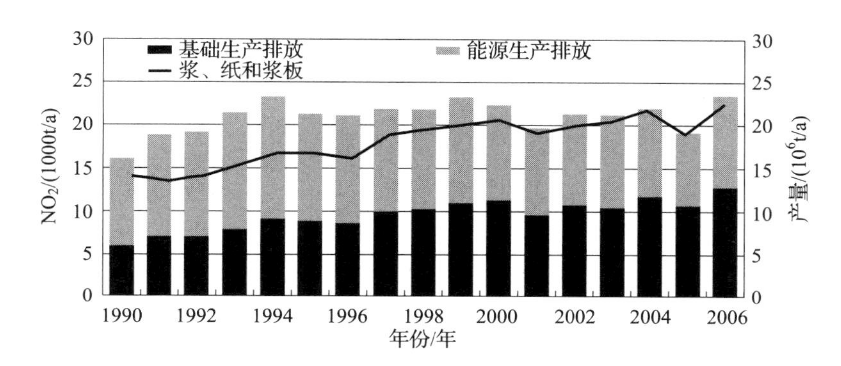

图 1-7 芬兰制浆造纸厂总 NO*x* 排放量

1.2.3 固体废弃物

所有没有进入最终产品的,或者没有进入废水和废气中的原料和添加剂,最终将会成为生产过程的固体废物。虽然通常被称为废物,但是,大多数制浆造纸厂的固废是可以再利用的,所以,"废物"称呼并不确切。但是,当残余的固体材料被最终填埋后,即它们没有任何利用价值时,它们才真正成为废物。图 1-8 显示了过去 20 年里芬兰制浆造纸厂这些废物的产量趋势。

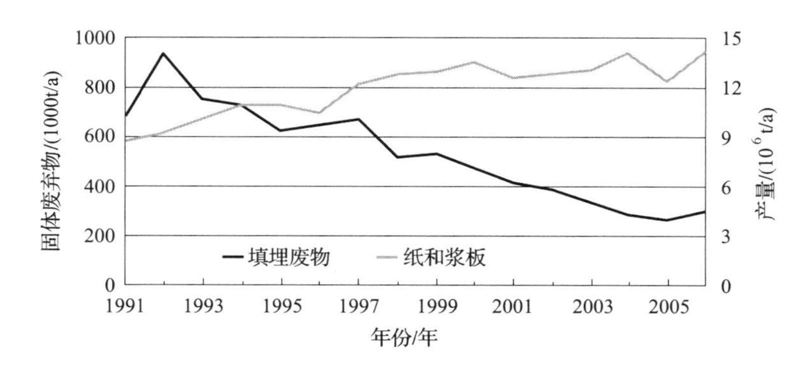

图 1-8 芬兰制浆造纸厂固体废物产生量和产品产量关系图

制浆造纸厂的典型固体废物就是各种含水污泥(初级污泥、生化污泥、石灰渣和残渣),以及来自燃烧过程和大气污染控制设备的灰。因为利用程度不同,所以不同的工厂最终处理/处置废物的产生量差异较大。如图 1-8 所示,剩余固体废物的利用率在过去的 20 年中显著增加,而在同一时期作为最终处置废物产生量则稳步下降。

参考文献

[1] Dahl, O. Lecture Material, Principles of Environmental Technology, Puu – 127.1000, TKK, 2007.
[2] Finnish Forest Industries Federation. Emissions loading statistics,2007.

第2章 环境控制

2.1 综述

相对自然保护,环境保护的概念更为宽泛;对不同的人而言,环境保护意义也不尽相同,且它的意义也在不断的变化当中。环境保护背后的驱动力是为人类谋求幸福康乐的愿望。然而,在“环境保护”伞下,人类与自然系统的相互依存性已经纳入了越来越多的生物圈元素。目前用于指导环境保护的方法如图2-1所示。

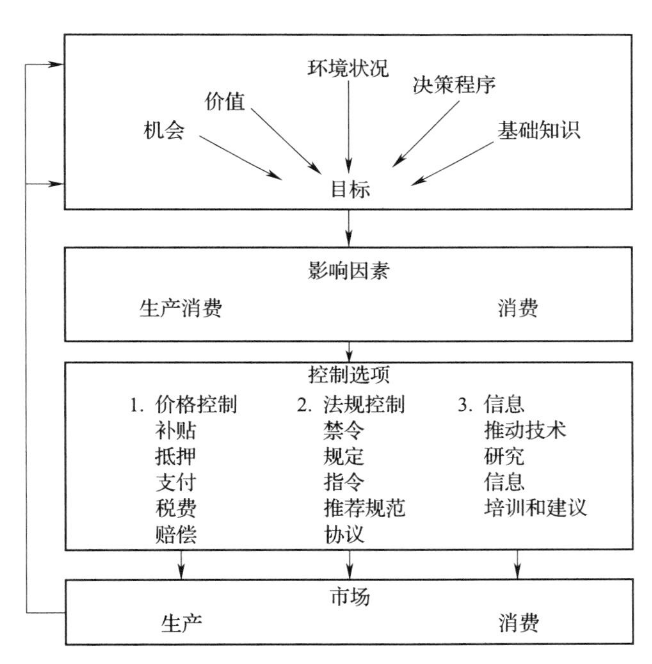

图2-1 环境保护控制措施示意图

起初,最严厉的措施是建立在立法和由此产生的法规/法令的基础上,反之,立法和法规的执行又是建立在主管机关签发的规定和指南的基础上。在某些方面,这个方法已经过时了。例如,在南欧的某些地区,指导灌溉系统管理的法律中某些内容可以追溯到罗马时代。在芬兰,第一部关于水的立法包括通过治理水电站的湍流和湖泊来产生更多的农田。

在签发关于环境许可的禁令和指南的同时,政府也引入了经济控制手段。在芬兰,环境税的引入曾引起了广泛争议。

对许多产品来讲,包括纸张和石油,市场对环境保护有着重大的影响。如在最大的纸产品进口国,造纸业定是首当其冲的。

2.2 欧盟的法规控制和环境问题

法规控制基于立法,包括实际执行环境保护的依据。在水污染控制方面,相关的某些立法已非常陈旧(可以往回追溯100～150年),而针对空气污染控制的立法则相对较新。

在引入国际惯例和欧盟立法之前,环境保护事件的处理主要依据各国家内部的人身健康和妨害法。随着环境保护立法在20世纪60年代和70年代的引入,开始对大气排放、污水排放和固体废弃物进行分类管理。

然而,正是由于认识到针对单一环境介质立法的匮乏而引起的长期争议,绝大多数欧盟成员国针对废弃物、水和大气污染的众多立法在20世纪80年代末和20世纪90年代初开始生效。这归功于欧盟立法引入的复合环境介质与污染控制方法相结合的趋势,例如危险物质指令76/464和工业设施大气排放指令84/360。然而,尽管立法向综合型趋势发展,但在一定程度上和水相关的立法仍是分离的。20世纪90年代末,综合污染防控(IPPC)指令96/61的到来及它与成员国法律的结合是欧盟环境法第一次真正意义上综合了环境保护方法。

下文对欧盟环境立法进行了回顾,着重于直接影响芬兰造纸业的方面以及其背后的思想。附录1更加详细地列出了欧盟、芬兰以及某些造纸业较发达国家(例如美国)引入的一些立法措施。

欧盟(EU)现已有27个成员国(2007年)。欧盟的主要机构是欧洲议会、欧盟委员会、部长理事会和欧盟理事会。欧洲议会由成员国选举出来;欧盟委员会由27个委员国组成;部长理事会代表每个成员国;欧洲理事会由成员国国家元首或政府首脑组成。

欧盟委员会是欧盟的执行机构,它负责起草欧盟层面的立法建议或法案并监督其在成员国内的实施。它的成员由欧盟议会批准。欧盟委会员下辖37个总署(DG),每个总署各有其职责,协助委员会工作。在委员会内部,环境事务由DG Ⅺ负责。其他总署,包括贸易(Ⅰ)、工业(Ⅲ)、竞争(Ⅳ)、农业(Ⅵ)、科研(Ⅻ)、内部市场(ⅩⅤ)和能源(ⅩⅦ)也会处理造纸业相关事务。

以下内容是欧盟环境保护政策概要(可见附录1)。该领域会不断发展,因此本书中涉及的内容是截至2007年年底的情况。

2.2.1 环境保护政策

1957年的《罗马条约》建立了欧洲经济共同体,它被认为是欧盟的奠基性文件。该条约制定了欧洲经济共同体的原则和目标,但是却不包含任何涉及环境保护的规定。欧洲经济共同体采取的第一个环保行动涉及了产品及其安全性。1972年,欧洲经济共同体国家元首提出了制定共同环保政策的倡议并随后生成了第一个环境行动计划(1973—1977年)。该计划制定了若干原则,这些原则已经成为了欧盟环境政策的基础,也将继续成为未来环境政策发展的基础。当欧洲经济共同体在环境问题的措施和目标被纳入1987年单一欧洲法案时,环境政策取得了它至今的地位。在1987年单一欧洲法案中,欧洲经济共同体将其在环境保护范围内的目标定义为维护和保护环境、改善环境质量、提升人类健康安全防护措施及谨慎和合理使用自然资源。此外,《马斯特里赫特条约》于1993年11月生效,它规定欧盟的一个重要任务就是在尊重环境的前提下推动可持续增长。1999年的《阿姆斯特丹条约》明确要求环境考虑应成为欧盟所有基本政策的重要组成部分。

欧盟将环境保护与贸易、竞争等相关政策一起作为其基本政策。条约也要求在欧盟各领域所有正在规划和执行的活动中都应重视环境问题。同时欧盟也规定了在与环境有关问题进行决策时,绝大多数情况下都要进行投票表决,这也加快了相关决策的进程。

2.2.2 基本原则

罗马条约 130r 条款设立了欧盟环境政策的目标，声明了欧盟环境政策的是为了达成以下目标：

——维持、保护和改进环境质量

——保护人类健康

——谨慎、合理利用自然资源

——在国际层面上推进解决区域和世界范围内环境问题

某些原则通过充当保护措施的边界条件和指导方针来指导欧盟的环境政策。第 130r 条也规定了这些原则及对这些原则的重要补充即可持续发展的原则，正如《阿姆斯特丹条约》所包括的。

高水平保护原则

环境政策必须致力于高水平的保护。委员会必须将其整合环境保护的提案建立在高水平保护的基础上。在应用该原则时，必须要考虑区域差异，这一点与如何定义高水平的保护息息相关，这也就意味着"高"的定义可以存在地区差异，即允许在不同的区域执行不同的环境保护标准。这个原则是非常总体的，其主要目的在于确保落实环境保护要求。

阻止原则

阻止原则是指环境灾害发生的可能性在不同程度上可以进行预测。这就意味着，提前采取一些保护措施可以在第一时间阻止灾害的发生。该原则的设计是为了在尽可能早的阶段对环境进行保护，鼓励实施预防措施而不是在灾害发生后再进行反应。

预防原则

预防原则要求在存在严重威胁或人类活动可能造成不可逆的破坏前就采取措施对环境进行保护。与阻止行动原则不同，它进一步提出了不能因为缺乏充分证据证明灾害将要发生而延缓采取有成本的措施对环境进行保护。本原则不要求有充分证据证明存在环境灾害，相反地，它允许欧盟可以基于低水平的危害证据而采取行动，因为等待高水平危害证明（即有确切的证据表明人类行为和损害之间存在因果关系）的结果可能会导致极高的成本或不可逆转的危害。

源头控制原则

如果一个活动会对环境造成损害，则该损害应该在源头就阻止，而不是采取末端治理技术。这一原则意味着在处理环境污染问题，尤其是水和大气污染问题时，在排放标准和环境质量标准之间的倾向性。但有争议的活动，虽然会导致环境的损害，但由于其与重大整体利益相关且不能中止，可不适用本原则。该原则的使用也适用于跨国界的环境危害预防。对于本原则更加宽泛的解读是基于通过对污染源进行控制处理环境危害比对受影响的区域直接采取措施更加有力。在源头进行污染防治的应用也应基于地理学基础，例如对于固体废弃物管理的立法就规定了其应该在尽可能靠近源头的地方进行处置。

污染者付费原则

该原则规定了因活动造成环境污染的有关方面应该承担减少或者防治环境危害的成本。这一原则的设立是基于任何人都没有权利让他人承担污染成本的理念。该原则也建议将防治污染的成本体现在产品的价格上，进而引导消费对环境不利影响小的产品。

其他原则

除了上述原则外，还有源自特定环境或领域的其他原则。如废弃物处理，欧盟与废弃物有关的框架指令设定了自给自足原则（要求绝大多数的废弃物应该在其产生的区域内被解决或者处置）和就近原则（因为废弃物的运输会产生显著的环境影响，因此废弃物应该在尽可能靠近其产生的区域进行处理）。

在欧盟，环境保护还应该考虑以下在 130r 条款中声明的事项：

——可获取的科学和技术数据

——欧盟内不同区域的环境条件

——是否采取行动对应的潜在利益和成本

——以欧盟整体的经济和社会持续发展及区域的均衡发展

其初衷在于欧盟应明确其环境保护工作的范围和后果，这些事项应该在环境规划和个体措施的策划中予以充分考虑。

马斯特里赫特条约要求在所有领域的活动中都要对环境因素进行考虑，这就意味着其他领域决策（如工业和农业政策）的制定应当考虑其策划和采取的行动的环境影响。如此强调环境保护的地位在欧盟是唯一的：在其他领域尚未出现过对全面履行义务的规定。换言之，在签发法规过程中所有阶段，从策划到最终执行，环境保护的要求应以推动可持续发展的目标结合到定义和执行其他欧盟政策和行动的过程中来。

然而，环境保护并不是自动地优先于其他目标。在某些情况下，即使活动对环境有害也是可被接受的。该原则的关键点在于环境保护的要求在每个阶段的决策过程中都要被考虑。

1997 年签订的、1999 年 5 月 1 日开始生效的阿姆斯特丹条约对其中的条款序号进行了调整：130r 条变成了 174 条，130s 条变成了 175 条，而 130t 条变成了 176 条。

阿姆斯特丹条约同时也出台了：

（1）将可持续发展定义为欧盟的目标，该目标表述为“经济活动的共同的、均衡的和可持续的发展”。

（2）更加明确的环境政策目标：在欧盟的目标中，该条表述为“对环境的高水平保护和对环境质量的提升”。

（3）总体原则表述为“环境保护的要求要以推动可持续发展的目标结合到定义和执行其他欧盟政策和行动的过程中来”。因此，条约明确表述了对环境因素的考虑是所有欧盟政策不可或缺的部分。

对于制浆造纸行业，源头控制原则和污染者付费原则尤其重要。基于此，最好的环境政策在于防止产生污染或者在源头阻止而不是在最终试图消除它们的影响。因此，应该在源头防止环境损害，而不是通过末端治理技术去消除其影响。污染者付费原则意味着向污染者征收费用来抵消治理他们所产生的污染所消费的成本，这将鼓励他们减少污染并且寻找污染较少的产品或技术。这也意味着市场经济要求破坏或污染环境的人应当对他们所产生的污染和相应的补救措施买单。预防原则的解读和科学的不确定性有关。在将预防原则嵌入欧盟条约之前，所有与科学不确定性有关的案例都纳入该原则之下。

执行欧盟的环境法首先是各成员国的职责。总之，欧盟议会颁布法规的目的是经过适当的过渡期后，环境法逐渐在成员国予以实施。基于此，成员国被要求向委员会报告其国家标准和法规来确保他们与欧盟立法保持一致。

2.2.3 欧盟环境行动计划

为了保护环境,欧盟提出了许多环境行动计划,每个计划历时数年。第一个环境行动计划制定出了上述基本原则。

在 1997 年的第 2 条环境行动法案(EAP－2)又对这些原则进行了重申。第 3 条环境行动法案(EAP－3)重点对第 2 条原则进行了关注并且强调了将对环境因素结合到其他政策领域,尤其提到将环境影响评价作为在决策制定过程中确保对环境数据进行考虑的最佳工具。EAP－3 在环境政策制定时引入了区域维度的概念,要求在决策制定时考虑欧盟各区域的发展水平差异。第 4 条环境行动法案(EAP－4)以影响评价和欧盟环境政策的区域维度为基础。以“追求可持续发展”为主题的第 5 条 EAP 于 1993 年获得批准。该法案与之前的法案有所不同,伴随着欧盟在区域和全球范围内环境保护领域中发挥越来越多的作用,该法案采取了更加全局化的方法。与此同时,该方案也设置了长期目标。在 EAP－5 中强调了预防问题而不是在其产生后去消除其影响,并包括了引导消费和消费行为向环境友好方向发展的目标。它致力于达到更大范围的可持续发展,而不仅仅停留在欧盟层面,它希望将影响扩大到各个成员国,扩展到工业和贸易领域,通过鼓励人们在环境保护方面积极行动而将影响面扩展到普通人群。

第 6 条环境行动法案(2002—2012 年)

该法案涵盖了四个优先的领域:气候变化、自然和多样性、环境和健康及自然资源和废弃物。

第 6 条 EAP 的主题是“我们的未来、我们的选择”,推动将环境保护的要求全面融入到欧盟所有的政策和行动中来,将环境因素作为欧盟可持续发展战略的组成部分。欧盟层面的行动框架由 7 个主题战略组成:土壤和海洋环境(生物多样性的重点领域);大气、农药和城市环境(环境、健康和生活质量的重点领域);自然资源和废弃物循环利用(自然资源和废弃物的重点领域)。

这些主题战略是欧盟环境政策制定的新导向,通过采取更加广泛的、具有策略性的、步骤导向的方法来确保欧盟的法律和法规具有很好的针对性且能够在高水平和合理需求范围内正确实施。这些主题战略建立在欧盟现有法律/法规框架的基础上,同时也包括了威胁人类健康和环境的新知识。它们的焦点在于建立一个综合的方法(一个领域的决策将对其他领域产生影响)。

在对第 6 行动法案进行中期审议时,对以下领域的进一步的需求被强调:有效地国际间合作以支持欧盟的全球环境政策(例如气候问题);加强对欧盟环境政策的和其他领域政策如能源、交通、工业政策、农业和渔业政策的整合;强化基于市场的工具,尤其是在欧盟和国家层面使用税收制度来帮助达到环境政策的目标,鼓励将税收负担从劳动力向环境保护的转换;提升现有立法的执行力度、强制性及环境法规的质量;积极鼓励发展和应用环境技术,促进生态高效的解决方案。

2.2.4 与环境有关的信息和欧洲环境署(EEA)

1990 年颁布的关于环境信息自由的欧盟指令 90/313EEC 的主题是环境信息公开性。根据指令,由政府当局收集的环境信息必须以一个合理的费用进行提供。环境资料被定义为所有关于空气、土地、水源和自然科学的信息。其目标是为了确保每个人都有权自由获取关于环境状态、环境保护以及会对环境造成不良影响的行为信息。指令要求政府当局必须积极地提供关于环境状态的信息。欧洲环境署(EEA)于1994年在哥本哈根成立。其主要职责就是收集欧洲有关环境的信息并生成统计数据以评估和公开这些信息。欧洲环境署(EEA)正在欧盟成员国中设立不同领域的环境信息中心。

2.2.5 欧盟污染物排放登记

IPPC指令15(3)条规定建立欧盟污染物排放及其来源清单制度,即"欧盟污染物排放登记"(EPER)。这将向公众提供信息,帮助主管机构评估IPPC的有效性及识别优先领域。EPER已于2004年2月投入网络运营。

EPER要求每3年对排放到大气和水体中的50种污染物进行报告。第一个报告年是2003年,覆盖了2001年的排放情况(如果2001年的情况无法获取,则提供2000年或者2002年的数据)。同时也要求要对一些现存的设施,在其获得IPPC许可之前就要进行数据采集。

2.3 欧盟制浆造纸行业环境保护法规

与制浆造纸行业相关的环境保护法规将在下文进行说明。以下材料绝大多数筛选自赫尔辛基大学环境管理技术课程Puu-127.4010(2007)。附录1提供了欧盟立法(以及完整的欧盟公报参考文献)及芬兰、美国法律的详细信息。

2.3.1 环境影响评价

行业发展相关的环境影响评价(EIA)为预测和评估某些特定的项目或行动方案可能的环境影响提供了结构化和系统性的过程。通过对项目环境影响相关的信息进行收集、评价来最终决定是否继续或停止项目的进程。事实上,这种对其应用和预期的影响的简单描述相当于要求投资商在开展相关活动时对其行为的环境影响予以足够的重视。环境影响评价已经显著地提升了对某些种类开发行为环境后果的关注,同时它也提供了预测、评估和减轻这些影响的结构性的程序。环境影响评价只是单纯的程序过程,并不能完全避免或者消除对环境的不利影响,因此即使预测到有不利的影响,后续的许可还是会被授予。

在欧盟,关于评估某些公共和私人项目环境影响的85/337/EEC指令(环境影响评价指令)于1985年引入并于1988年正式实施。1997年颁布的97/11/EC指定对该指令进行了补充,补充指令于1999年正式实施。在这些立法的约束下,对重大公共和私人项目的土地利用规划或者环境许可授权前,都需要对其环境后果进行评估。对于列在附件I中的某些项目,例如制浆厂、发电厂、重大化工装置、垃圾焚烧厂、大型垃圾填埋场、大型污水处理厂和大型的木材厂、造纸厂和浆板厂,环境影响评价是强制执行的。对于其他的项目,如小型的能源工业设施、矿业和食品工业,其他的木制品和造纸工业如锯木厂和纤维素制造厂,由成员国自己决定是否需要进行环境影响评价。

环境影响评价的概念伴随着从项目建议拓展到方案、计划和政策的先期控制的战略环境评价(SEA)的引入已经扩展到整个欧盟。与战略环境评价相关的2001/42/EC指令于2004年正式实施,目的在于通过对某些很有可能会对环境造成影响的计划和方案执行环境影响评价而确保提供对环境高水平的保护并推动可持续发展。第 3 章和附录 1 可见更多信息。

2.3.2　综合污染预防和控制(IPPC)指令

综合污染预防和控制(IPPC)指令(96/61/EC)声明应对可能会对环境造成严重危害的活动进行许可授权。

IPPC 系统应用系综合的方法对某些工业活动进行管理。这就意味着需要将对大气、水体(包括下水道的排放)和土地污染排放,加上其他范围的环境影响(包括热排放、振动、噪声以及能源和原料效率导致的废弃物)进行综合考虑。这同样意味着管理者必须要设置许可条件来达到对环境有效的保护。这些条件的设置基于一个尝试平衡成本和环境效益的理念,也即"最佳可行技术(BAT)"的使用。IPPC 方法只在防止排放和废弃物产生,或者在上述目的难以达到时,将它们降低到可以接受的水平。除最初项目管理的任务外,IPPC 也采取综合方法来修复之前获得许可的工业设施所占据的废弃场地。

像欧盟在其他领域所做的统一化努力一样,其基本的影响是经济问题。在环境治理领域产生的新需求就是统一环境保护标准,进而形成欧盟通用的行业合规成本基准。现存的不同标准是由成员国的历史原因和不同经济、行政、社会和行业现状的影响而定。为了统一体系的实施,欧盟规定了过渡期,在过渡期间允许成员国在考虑本国特殊情况的前提下融合采用这些标准。

IPPC 的本质在于经营者需要选择可用的最佳方案也就是"最佳可行技术(BAT)"来达到对环境的高效保护。此外,还需要通过结合考虑当地实际情况(换句话说,就是需要考虑工厂的技术、经济、地理位置和当地的环境条件)来提供设置排放限值(ELVs)的基准。

对于制浆造纸业,需要在对每个工厂进行尽可能精确地分析来决定其 BAT 的组成。

IPPC 指令的执行标志着成员国在环境立法和许可规则方面的变化。这些变化在立法层面的执行已经于 1999 年年底完成,而涉及对所有相关的工业活动的许可,欧盟设置的期限是到 2007 年年底。在欧盟,IPPC 指令涉及大约 50000 个设施。

该指令的目的将在指令的第 1 节进行详细说明。

高效的环境保护

其目的在于通过实施一系列措施,包括固体废弃物处理措施来防止或在完全防止不现实的情况下减少指令附件 I 中列出的对大气、水体和土地的污染排放,进而达到对环境的高效保护。

指令中包括了最重要的原则和责任:

——新建和现存设施的许可(第 4、第 5 节)

——申请许可的要求(第 6 节)

——许可的确定条件(第 8、第 9 节)

——最佳可行技术(BAT),环境质量标准(EQS)和 BAT 的发展(第 10、第 11 节)

——"最佳",表示达到环境整体高效保护的最佳技术

——"可行",表示在考虑投入成本和效益/优势的前提下,在经济和技术可行的层面上,技术可以运用到相关的产业领域

——"技术",包括技术及设施设计、建设、维护、运营和报废的方式

BAT 方法保证了技术应用的成本与它们对环境所实施的保护相比不会过度。因此,BAT 能够阻止更多的环境破坏,管理者就越能向经营者证明他们在环保方面的投入并不过度。当

环境质量标准(EQS)被执行时,某些设施的排放尽管符合 BAT 基准的许可条件,但是会破坏其他欧盟法律,管理者必须强制执行比 BAT 更加严格的排放限值(ELVs)。在某些情况下,强制执行等同于拒绝颁发许可。其他欧盟法规中设置的 ELVs 并不一定与 BAT 相关。在绝大多数情况下,其他法规的约束力体现的是最低要求,并不影响设置与 BAT 相关的更加严格的条件。

BAT 的确定需要对防止和减少污染的技术进行比较,进而从中识别对环境影响最小的技术。一般来讲,备选方案应该与之前运行的技术和进一步降低污染排放的技术进行比较。

信息交换

信息交换[16(2)节]要求成员国之间应就 BAT 交换信息。欧盟委员会发布了 30 个行业的 BAT 参考文件(也成为 BREF 说明)。BREF 说明并不构成约束性要求,但是成员国的主管部门在进行决策时需要考虑特定情况下 BAT 的构成。已完成的和正在起草的 BREF 可从欧盟 IPPC 局获取。

涉及的行业

指令的附件 I 中详细列出了 IPPC 涉及的行业目录。IPPC 主要涉及的行业如下:

——能源产业

——金属生产和加工

——矿产业

——化工行业

——废弃物管理

——其他活动(包括制浆和造纸行业)

附件Ⅱ列出了 IPPC 程序在必要时需应用的所有有效指令。附件Ⅲ包括了在设定排放限值时需参考的主要污染物指示性清单。附件Ⅳ说明了在确定 BAT 时需要考虑的因素,应考虑方法的成本、效益及防治原则。

欧盟委员会目前正在对 IPPC 指令进行修订(2007),关于 IPPC 许可更加详细的信息可以参考第 3 章。

2.3.3 重大事故灾害控制(COMAH 或者 Seveso II 指令)

1996 年 12 月 9 日颁布的有关危险品重大事故灾害控制的委员会指令 96/82/EC 主要关注对环境的保护,该指令也第一次涉及了对环境有危险尤其是水生毒性的物质。它介绍了与安全管理系统、应急预案和土地利用规划相关的新要求,并加强了对检查和公共信息的预警。

该指令适用于存在或事故发生时会产生数量上等于或者超过附录列出危险品临界值的所有设施,但不适用于危险品运输或垃圾填埋场。

成员国必须确保经营者采取了所有必要措施去避免或限制重大事故发生或限制其对人类和环境的不良影响,并且要求经营者能够向主管部门证明这些措施已被实施。

基于企业在不通知主管部门而私自持有大量危险品是违法的原则下,COMAH 指令包括了经营者的一项职责即须通知主管部门其对危险品的持有情况。通知必须包括以下信息:

(1)成员国必须确保经营者起草文件制定其避免重大事故发生的政策并且该政策够被有效执行。

(2)成员国必须要求经营者完成证明以下情况的安全报告:

——避免重大事故发生的政策和安全管理体系得到了有效执行

——重大事故危害被识别且已采取必要措施去避免此类事故

——在与重大事故危害相关的设施、储藏设备、设备和基础设施的设计、建设、运营和维护过程中确保其安全和可靠性

——建立了内部应预案

——已经提供信息以建立外部控制计划

——已经向主管部门提供了充分信息

安全报告必须包括某些特定的信息,包括更新的设施内部现存危险品的库存清单。该报告至少每 5 年审核 1 次。

成员国必须确保所有经营者在提供安全报告的同时,起草内部应急预案,并向主管部门提供必要的信息,以建立外部应急预案。应急预案至少每 3 年审核 1 次。

主管部门必须组织检查体系来确保:经营者已经执行了相应措施来避免重大事故发生并限制其后果;安全报告的准确和完整性;所有信息已经向公众提供。

指令 96/82/EC 被用来预测欧盟在联合国欧盟经济委员会的框架内对于工业事故跨界影响的许可协定。这项许可和与工业事故跨界影响协定的结论委员会决议(98/685/EC 决议)一起于 1998 年 3 月 23 日生效。指令 96/82/EC 是将欧盟基于协定的职责转换成欧盟的法律工具。详见第 9 章和附录 1。指令 96/82/EC 在欧共体对工业事故跨境影响公约的批准书中预先采用,其在联合国欧洲经济委员会的框架范围内。该批准书与关于缔结工业事故跨境影响公约的理事会决定(理事会决定 98/685/EC)一起于 1998 年 3 月 23 日生效。指令 96/82/EC 将公约中共同体的义务变成了共同体法律,请见第 9 章和附录 1。

2.3.4 包装及包装废弃物指令

包装及包装废弃物指令 94/62/EU 于 1994 年获得欧盟许可,对制浆造纸业有着重要的影响。它只在统一成员国对包装及包装废弃物的立法,减轻有害的环境影响并促使商品在欧盟内部市场的自由流通。

成员国应采取包括国家层面在内的措施来防止包装废弃物的生成,同时发展包装再利用体系。

成员国必须引入对已利用包装的返回收集体系以达到如下目标:

(1)在 2001 年 6 月 30 日前,包装废弃物质量 50% ~65% 可被回收或在垃圾焚烧厂焚烧并回收能源。

(2)在 2008 年 12 月 31 日前,包装废弃物质量的至少 60% 可被回收或在垃圾焚烧厂焚烧并回收能源。

(3)在 2001 年 6 月 30 日前,包装废弃物总质量的 25% ~45% 可以被回收再利用(包材总质量的至少 15%)。

(4)在 2008 年 12 月 31 日前,包装废弃物总质量 55% ~80% 可以被回收再利用。

(5)在 2008 年 12 月 31 日前,包装废弃物中包含的材料比例应满足如下要求:

——回收玻璃、纸张和纸板的 60%

——回收金属的 50%

——回收塑料的 22.5%

——回收木材的 15%

2.3.5 REACH 法规

与化学品注册、评估、授权和管制相关的欧盟新化学品法规(REACH)于 2006 年 12 月通过。欧盟 1907/2006 号 REACH 法规及在指令 67/548/EEC 基础上进行修订的指令 2006/121/EC 于 2007 年 6 月 1 日开始实施。

新法规旨在保持欧盟化工业竞争力和创新力的同时提升对人类健康和环境的保护。REACH 将加强行业在控制化学品风险方面的责任,并为整个供应链提供安全信息。

所有化学品年产量大于 1t 的生产商都要进行注册。除注册之外,生产商和进口商还需要承担数据收集和风险评估的职责。在 2008 年 6 月 1 日的到 2008 年 12 月 1 日期间需进行预注册,而整个注册过程将长达 10 年以上。

对于供应链下游的使用者来说,他们的职责在于收集所了解情况的数据。就制浆造纸业而言,该法规对化学品的可用性产生影响。REACH 法规包括了该行业的副产品如塔罗油、松节油及在某些情况下用来漂白的化学品。然而,如果副产品能够在其产生的工厂被使用或消耗,则可不受 REACH 法规管辖。REACH 法规同时适用于制剂和产品。但是该法规不包括天然物质,如对制浆和绝大多数造纸业非常重要的矿物质。固体废弃物包括回收纸不受 REACH 管辖。

制浆造纸工业副产品如塔罗油、木质素磺酸盐和附录中列出的可回收利用的材料被准许可不进行 REACH 注册至今仍备受争议。

作为新政策的一部分,一个新的欧盟化学品机构(ECHA)在芬兰赫尔辛基成立。

2.3.6 填埋场指令

与废弃物填埋相关的指令 1999/31/EC 旨在阻止或减少垃圾填埋场对环境尤其是对地表水、地下水、土壤、大气和人类健康的不良影响。它定义了不同种类的废弃物(市政垃圾、有害废物、无害废弃物和惰性废弃物),并由此定义了用于地下或地上对废弃物进行处置的填埋场。垃圾填埋场被分为以下 3 个等级:

——有害废弃物填埋场

——无害废弃物填埋场

——惰性废弃物填埋场

该指令设置了应用于垃圾填埋场的控制和技术规范,同时确定了即将进入垃圾填埋场进行处置的可生物降解的市政垃圾的数量限值。绝大多数类似的垃圾填埋场也同时受到 IPPC 许可制度的管辖。

制定了垃圾填埋场对废弃物进行接收的条款和规程的委员会决议 2003/33/EC 是对填埋场指令的补充。它规定了不同等级的填埋场对废弃物进行接收的详细程序:

——在进行填埋之前,需要对废弃物进行处理

——指令中定义的有害废弃物必须运输到有害废弃物填埋场进行填埋

——无害废弃物填埋场用于市政垃圾和无害废弃物的处理

——惰性废弃物填埋场仅用于对惰性废弃物的处理

以下废弃物不能进行填埋:

——液体废弃物

——易燃废弃物
——易爆或者易氧化的废弃物
——带有传染性的医院或者其他医疗废弃物
——废弃的轮胎(有特殊例外情形)
——其他任何不能符合附件Ⅱ中列出接收规则的废弃物

2.3.7 挥发性有机溶剂指令

对在某些活动或设施中使用有机溶剂而产生的挥发性有机污染物排放进行限制的指令1999/13/EC 是欧盟减少挥发性有机物(VOCs)工业排放的政策工具。它覆盖了大范围的溶剂使用项目,如印刷、表面清洁、汽车涂料、干洗以及鞋袜和医药产品制造。挥发性有机溶剂指令设置了废气中 VOCs 的排放限值以及溶剂逃逸性排放(表示为投入溶剂的百分比)的最大水平。挥发性有机溶剂指令也规定了对于某些工业经营者如果他们可以通过其他方式达到相同减排效果,则可免除限值规定。可选的减排措施有:通过低溶剂使用或无溶剂的产品来替代高溶剂产品,使用无溶剂生产过程来实现。即经营者可以选择最经济有效的方式来减少 VOCs 的排放。

指令要求成员国执行挥发性有机溶剂指令中设置的排放限值或对现有的设施设计并且执行一项国家法案来达到同样的减排效果。对现有设施执行的日期是 2007 年 10 月 31 日。为了避免投资周期的突然中断并尽可能地使用过程结合的解决措施和替代解决措施,而不是强制行业执行末端控制技术,挥发性有机溶剂指令设置了一个较长的执行时间。

2.3.8 废弃物焚烧指令

废弃物焚烧指令 2000/76/EC 旨在防止或尽可能限制废弃物焚烧或者混烧对环境、人类健康带来的不良影响和风险。指令对欧盟境内的垃圾焚烧和混烧厂设置了严格的运营条件和技术要求,同时也设置了排放限值。将此指令转换为国家法律的最后期限是 2002 年 12 月 28 日。

2.3.9 大型火电厂指令

限制某些大型火电厂的污染物大气排放指令 2001/80/EC(LCP 指令)旨在通过控制大型火电厂(额定热输入功率等于或者大于 50MW)排放而减少酸性污染物、颗粒物和臭氧前体物的排放。

该指令于 2001 年生效,伴随着该领域的技术进步,它加强了对新建工厂污染物排放控制的要求。

LCP 指令鼓励热电联合发电厂对燃料等生物量的使用并设置明确的排放限值,它同时也包括了氮氧化物的排放限值。指令对 1987 年之前以及 2002 年前后获得许可的工厂设置了排放限值。对于 2002 年 11 月 27 日后获得许可的工厂设置了更加严格的二氧化硫、氮氧化物和灰尘的排放限值。合规的选择通过对某些工厂实行国家减排计划和对其他可满足排放限值的方法来实现。

LCP 指令包括的工厂同样也受 ICCP 指令的管辖。从这个层面讲,LCP 指令只是设置了不需要完全满足 IPPC 指令的最低义务。这些义务有可能会涉及更加严格的排放限值、对其他物质的排放限值及其他适当的条件。对于大型火电厂和其他工业来源的排放详细信息可以通过欧盟污染物排放注册机构获取(EPER)。

2.3.10 温室气体排放交易指令

多年以来,欧盟一直致力于应对内部和国际的气候变化并将其作为欧盟的重要议程。温室气体减排是欧盟气候变化政策的重要组成部分。欧盟已经建立了监测机制来定期追踪这些气体的排放和吸收情况。为了实现逐步减排,根据 2003 年 10 月 25 日生效的指令 2003/87/EC,欧盟建立了一个基于市场规则的机制——欧盟温室气体排放交易机制(EU ETS)。该交易机制旨在通过鼓励行业减少其温室气体排放而达到有成本效益的减排。该机制使委员会和成员国符合以东京议定书为背景的温室气体减排协议。

能源领域、钢铁冶炼和加工、矿业和制浆造纸行业相关的设施将自动受排放交易机制的管辖。在整个欧盟,80% 的排放来自于 15% 的大型排放源。

每个成员国需起草国家总体排放指标分配计划。在 2008 年期间,至少 95% 的指标被分配到无排放的设施,从 2008 年 1 月 1 日开始的 5 年期间减少到 90% 。

从 2005 年 1 月 1 日生效开始,所有被列出会产生温室气体排放的活或设置都被要求对二氧化碳的排放量进行测量和记录,同时还需要得到主管部门的许可。设施的经营者必须交出与前一年总排放量相当的排放指标。对于未能足量缴纳与之排放量相当的排放指标的经营者将被处以超量排放的罚金,每吨二氧化碳约合 100 欧元(2008 年前是 40 欧元),超出了差额本身的成本。经营者可以通过减排来履行他们的义务。如果经营者经过减排将排放量减少到了排放指标之下,他们可以出售多余的指标,如果他们产生的排放超过了分配的指标,他们可以向其他 EU ETS 的参与者购买指标。如果经营者的排放量超过了其排放指标,他们将不得不在向市场购买多余指标和进行技术投资来减排之间做出选择。EU ETS 内部交易的排放指标是不能被打印的,而是存放在成员国建立的电子账户中。所有的交易都在欧盟层面的中心管理员的监控之下进行。

共计超过 10000 家欧盟公司的 12000 个设施受到 EU ETS 的影响。在第一阶段,只有二氧化碳被包括在该交易机制内,但预计从 2008 年开始,其他 5 种温室气体也有希望被包括在内。只有在附件 I 中包括的行业包括在 1 阶段内(主要的发电厂和加工业),但是指令也说明了从 2008 年开始会覆盖更多的行业包括化学和交通等。

2.3.11 环境责任指令

新的环境责任指令(2004/35/CE 号指令)于 2004 年 4 月 30 日正式实施,这是一部关于预防和修复对环境造成损害的指令。欧盟成员国有 3 年的时间来执行这项指令,并将其纳入到国家法律之中。

新指令的实施明确了“污染者治理”的原则,其基本目标为:由造成环境损害的实施者,承担起修复环境损害的责任。能够预期的是,这将起到提高预防环境损害的目的。这也使得那些即将给环境造成威胁的行为要提前采取预防措施。所有这些方面都将环境保护工作提到一个更高的水准。

该指令适用于专业的实施者,或者由于实施者的大意和疏忽而引起对环境已有或者潜在危害的行为。这些行为包括:在欧盟综合污染预防与控制指令下需要得到许可的工业和农业活动，污染物处理活动、向大气或者水体中排放污染物，生产、储存及排放危险化学品，及运输、使用及释放转基因生物的行为。

通常所指的造成伤害，主要是指对在欧盟 1992 年栖息地及 1979 年的鸟类指令中受保护的栖息地及物种，以及在 2000 年水资源框架指令中涉及的所有欧盟水体所造成的危害，另外还包括了土壤污染对人类身体健康所造成的危害。

环境责任指令仅是针对广义环境所造成的危害。

2.4 其余措施及议题

通常情况下，国际协定构成了不同国家环境保护活动的基准。对芬兰而言，最为重要的是波罗的海条约。近年来，出现了范围越来越广的协定，包括针对大气环境污染控制的里约地球高峰会，还包括了与气候变化相关的京都议定协议。这些协定的出现不仅影响了国家立法，也使得与环境相关的项目更容易获得资金支持。例如可以通过给予优惠利率的方式来减轻借款负担。

在出口贸易中，反补贴机制对于恶意的竞争环境十分重要。相关建议已经纳入国际经济合作组织的考虑之中。

2.4.1 气候变化政策

京都议定书于 2005 年 2 月 16 日正式实施，议定书的实施得到了各个国家的认可，这些国家在 1990 年排放了工业化国家 55% 的温室气体。

京都议定书中对于工业化国家在 2008—2012 年间的温室气体排放设定了目标。1997 年，欧盟成员 15 国就已经按照京都议定书的要求，制定出要在 2008—2012 年间，将整个温室气体的排放量相比 1990 年下降 8% 的目标。欧盟委员会以 COM(2007)2 号征求意见，在后京都气候政策中，建议欧盟单边承诺要在 2020 年年底前通过排放交易、气候及能源政策等措施，削减 20% 温室气体的排放量。

在欧盟的制浆造纸行业中，这种排放交易基于二氧化碳的允许排放限额，从而买卖排放限额。欧盟排放交易的第一阶段为 2005—2007 年，主要包括了二氧化碳排放强度较大的行业，这其中就包括了制浆造纸行业。欧盟委员会也制定了相应的导则，以引导和报道在欧盟排放交易中温室气体的排放。所有成员国将在本国的配额分配方案的指导下进入第二阶段，时间段为 2008—2012 年。

2.4.2 可持续消费及生产

欧盟关于自然资源的可持续利用专题战略是一个长期战略[COM(2005)670]，历时 25 年之久，而这也是第 6 届欧盟环境行动计划的一部分，旨在减少因经济增长带来的自然资源消耗而引发的环境影响。而这也与欧盟委员会的其余两个措施相关联，即整合性产品政策、减少废物产生及提高废物循环利用率政策。此政策也建议在当下及未来政策的制定中要更加广泛的应用生命周期分析法。

欧盟委员会在 2007 年针对“可持续消费、生产”及“实现可持续工业生产”发起了公众咨询，以便找到更好的应对挑战方案。在公众咨询的过程中出现了关于创新、更优质清洁的产品及更明智的消费等提案。而这也基于欧盟范围内与产品和资源相关的已有政策,引导出下一步的行动计划,如自然资源可持续利用政策、工业化政策、整合性产品政策、对欧洲的能源政策及相关产品法规制度。

基于自然资源的,必须要有可再生、可循环利用及可生物降解的产品等构成可持续消费模式的组成部分。

2.4.3 整合性产品政策

整合性产品政策[COM(2003)302]是2003年6月发布的,这项政策旨在鼓励生产更加绿色环保的产品。整合性产品政策的主要目标不是为了减少消费,恰恰相反,是为了寻求一种减轻由于消费增长而造成的环境影响的方案。整合性产品政策通过激发产品在整个生命周期中不断减轻不利环境影响。

对于环境改善最有潜力的产品通常要在工业、商业及消费者的协作下,将其定位为需要更加环保的产品。整合性产品的方法对于环境保护而言,是一种新的方法,其关注的是产品从摇篮到坟墓的整个生命周期,致力于寻找出减轻产品在不同的阶段对于环境所造成的危害。这种方式很适合于在整个生命周期中发现有问题的阶段,同样也避免了将环境影响从生命周期的一个阶段推向下一个阶段,取而代之的是减少了在整个过程对于环境的影响。

目前现有的与产品相关的环境政策,更多的倾向于将大量的资源聚焦于污染治理,例如工业污染排放以及污染物的治理、而没有关注到产品本身在其不同的生命周期阶段,尤其是使用阶段,对于环境退化的影响。

一些企业被要求志愿参与一个最先开始的引导实践项目,在实施阶段,通过改善已有设备,使其更加关注产品本身,包括通过环境管理体系(如欧盟的生态管理与审核计划)、环境认证以及提供生命周期信息,来改善那些有对环境改善有最大潜力的产品,提升其环境表现,第一批对于环境改善有最大潜力的产品名录将在2007年颁布。

造纸业是基于可再生的原材料,应从欧盟的整合性产品政策中获益。

基于整合性产品的方法将是可持续消费和生产计划中一个不可或缺的组成部分,欧盟委员会于2008年上半年公布这项计划。

2.4.4 绿色公共采购

公共采购指令于2004年修订,作为整合性产品政策的一部分,欧盟委员会于2004年发布了绿色采购目录,新的指令在政府采购方面更多的关注对于环境的影响。在此新指令下,欧盟成员国也将利用公共采购来提升其环保形象。

纸产品的公共需求份额是相当大的,任何在公共采购方面的改变都会引导私人的消费需求。在公共采购过程中,与造纸相关的包括森林认证、生态标签、回用纤维及可再生能源。一些欧盟成员国,特别是一些进口国,已经在准备对于纸产品等方面的公共采购制定相关政策,以保证木材来源合法,是可再生的资源。特别是目前与非法采伐以及采伐热带雨林相关的议题是备受关注的,而这也有来自于非政府环保组织的压力。例如,英国、丹麦、荷兰、比利时、德国、法国都已经准备在绿色政策采购方面发布相关政策,在芬兰,这些工作已经启动,由内阁及工业贸易部共同合作完成。

欧盟关于绿色政府采购的意见征求已于2007年12月开始。

2.4.5 欧盟污染物框架指令

污染物框架指令(形成于 1975 年 7 月 15 日的 72/552/EEC,由 91/156/EEC 和 2006/12/EC 进行修订)制定了对于欧盟成员国在污染治理方面的最基本要求,而且明确了污染的明确定义。对于污染控制的一般性及优先性措施设置如下:

——最优先考虑在源头控制和减少污染物的产生

——不断提高可循环利用性及再生利用

——基于更高环境保护要求,制定了焚烧以及倾倒污染物的处理标准体系

——加强了现有的关于污染物转移的法规

——对于被污染的场地需要进行清理修复

欧盟成员国必须保证在污染物的处理和再生利用过程中不能给水体、空气、土壤、植物及动物带来威胁或者对农村环境造成不利影响。欧盟成员国必须限制污染物倾倒排放,必须制定污染物的控制计划,保证污染物的处置操作获得相应的许可。污染物的收集者必须获得批准认可或者登记备案,另外从事污染物收集和处理的公司必须要接受周期性的检查。

污染物框架指引下,判例法对于污染物的定义已经由欧盟法院的裁定予以延伸,关于此的进一步说明将在关于框架指引的后续章节中予以阐述,具体见第 8 章第 6 节。

污染物框架指令的修订

欧盟委员会所颁布的 COM(2005)667 提案是作为污染物框架指引 75/442/EEC 的修订版本,这一版本也是 2005 年 12 月在 91/156/EEC 的基础上进行修改的,而这一提案又与以污染物的再生利用的预防污染提案 COM(2005)666 相关,这也为延伸欧盟的污染物政策及如何达成这些政策的措施给出了建议目标。

对于污染物框架指引的回顾包含了环境任务,旨在预防污染物的产生,通过对污染物的控制管理及考虑资源的整个生命周期过程,减轻对环境的影响。对于污染的基本定义没有被修改,而是明确了一个主要概念,即成为污染物的最终标准。基于欧盟委员会专家团所接受的标准,提出了如下建议,即污染物可以变为可再生的产品或者是作为二次原材料时,可不再作为一个污染物被单独提出。对于废弃处理和回收利用之间的界定也将明确,另外对于再循环及副产品也将被重新定义。接下来,在已修订过的污染物框架指引中,提出了污染控制的五个层级:① 预防;② 再利用;③ 再循环;④ 其他再生;⑤ 处理处置。

2.4.6 生态管理及审核计划

欧盟的生态管理及审核计划(EMAS)致力于鼓励企业以自愿的方式引入环境管理体系。同时,EMAS 也是欧盟更多的通过市场压力而非法律控制将环境压力转向企业的一种尝试。环境政策、目标、计划、回顾、及审核对于企业而言都是关注内部因素。但对企业而言,为了取得 EMAS 这个外部授权认可的登记,就必须确认这些内部因素。企业必须颁布环境政策声明,这也需要外部的核实。EMAS 意味着环境保护将成为企业整个运行过程中不可或缺的组成部分。关于 EMAS,将在第 10 章进行更深入的讨论。

2.4.7 环境标签

环境标签是为了给消费者提供更多关于产品环境影响的信息,并且通过更加环境友好的

方案来控制生产和消费。对于同类产品而言,环境标签只会授予那些对于环境压力更小的产品。大部分多准则的环境标签体系已经开始国际化,但是也有例外,例如非常著名的在北欧国家广泛认可的北欧天鹅标签及欧盟之花标签。北欧天鹅标签已经授予了 70 个产品库(截止 2007 年年底),其中超过 15 类均是造纸产品,或与此相关的类别。欧盟也在发展自己的环境标签体系,欧盟之花标签开始于 1992 年。更多关于环境标签的介绍,以及纸产品标签见第 10 章。

2.5 经济及市场手段

通过市场调节来制定的环境政策及自然资源管理的手段,主要包括:环境相关税费、环境鼓励补贴、交易特权许可及补偿保证金体系等。

与法律政策主要采取强制和限制不同,经济措施主要提供了更多积极的金融激励来促进更加有利的产品和消费。经济手段对于个人及企业均适用,措施主要包括:可选税费、多重补贴、奖励及免税。所有这些措施的核心特征在于在这些金融业务实施的最后阶段均有官方介入。通过其他形式的经济措施,官方也可以为私营企业制定更为有利的金融业务框架。例如在芬兰,包括了多种经济手段,如:燃油税、可回收饮料瓶的回收保证金、排放交易收费、排污收费、危险污染物处置费用、处理报废车辆费用、市政垃圾收集与处理费用、废旧轮胎的再利用与污染物控制费用、不能回收利用的饮料瓶税、运输污染物服务费用、油类污染及油类污染物的征税等。其他欧盟成员国也有类似的税费,如自然状态聚合物萃取、气候变化征税,贸易许可及对于非化石燃料发电的补贴等。

芬兰引入的环境税,也日益成为一种经济约束,其影响着所有的末端处理措施,如可能直接影响垃圾填埋的成本,而这也提供了增加废物减量化的有效途径,同时也会提高废物的回收利用率。

税费在很多方面影响着相关产业,而这取决于企业服务于国内还是国外市场。对于服务于国内市场的产业,通常可以比较容易的将外部成本转嫁给消费者,比如能源类产品。而出口型产业通常无法灵活调整自身的价格水平。

在得出计算环境保护成本的方案之前,成本信息是必须的。国际经济合作与发展组织已经起草了一些类似的计算依据,一些国家也有自己的核算方法。一些案例中,这些计算方法通常与国际基准进行比较。20 世纪 90 年代初,芬兰统计局于制定了自己的一套统计体系。随着时间的推移,一些其他的计算方法也在不断发展,但是在使用它们之前,研究其发布的目的非常必要。

经济措施是非常明确而有效的,为了确保能发挥出最大的预期效果,这些政策必须得到有效引导,而且要考虑到科技进步等诸多因素,进行充分的修订。

市场工具在这里是作为一个总括,具体是通过市场来传递环境保护的需求。案例如下:

——对于出口市场的法规引入,如要求使用循环纤维

——环境标签

——终端消费者的环境需求,例如禁止制浆氯漂,抵制以原始森林或乱砍乱伐作为原材料的纸制品及优先选择有环境标签的产品

对于那些依赖于出口的从业者而言,由于建立起一种有效的对话机制非常困难且价格缺乏弹性,处境通常较为尴尬。环境保护通常与一些无关因素混淆,例如不同国家产业之间的竞

争等。唯一可持续的方法就是适应环境,留出足够长的时间去等待改进。

基于市场的压力,生命周期分析方法也在逐渐的引入,这套分析方法始于包装行业。生命周期分析方法在减少产品的环境排放规划方面十分有效。有关于生命周期分析方法更多的内容见第 10 章。

在一些情形下,市场的力量通常要比一些排放指导方针更能发挥作用(以欧盟制浆的氯漂为例)。造纸业通常期望从他们的主要市场有更多的需求,而这通常具有很多的不确定性。

在欧盟,利用经济手段来达成环境及能源政策目标的措施包括:能源税费,排放交易,环境支持计划及寻求不同的税费,补助及排放交易之间的联系,以上因素对于公司行为所造成的影响也是欧盟委员会在 2007 年所磋商的议题。

作为可持续的环境及能源政策的一部分,造纸业通常被认为是基于可再生自然资源来提供产品,而且不断增长的可再生、可回收及生物可降解产品使用需求,有助于实现环境和气候目标。

2.6 芬兰的法规控制

2.6.1 芬兰的环境保护法

自从芬兰 1995 年加入欧盟,许多芬兰国内的环境法均源于欧盟。现存的法律也随着欧盟环境保护法规而不断进化,如防治水体污染、大气污染控制、地下水保护、噪声防护及污染物管理,这些都包含在了一个广泛的环境保护法规体系中,而这将与 2000 年实施的欧盟法规也同样对芬兰的法律进行改变。有关芬兰环境保护法律更加详细的信息将在附录 1 中给出。

最重要的环境污染控制法律是环境保护法案(86/2000)及与之相关的环境保护法令(168/2000),这几乎适用于所有可能引起污染的行为。欧盟关于综合性污染防治与控制的指引(96/61/EC)于 2000 年随着环境保护法案而得以实施。这个单项法律也使得环境许可形成一个更和谐的体系,另外对于大部分的工业活动,如造纸业而言,通过此指引,也可以将多个环境要素作为一个整体来获得环境许可。不管是地方环境主管部门或者是区域环境主管部门,都开始受理关于环境许可的申请。这也避免了出现多种体系和申请,也有助于形成一致的环境影响评价方法,也减少了之前向不同的环境要素排放需要单独进行申请的数量。

过去芬兰的很多法令都是针对单个环境要素进行污染控制,例如:1961 年的水污染控制法案(264/41),空气污染控制法案(67/82),工业污染物控制,有关许可、监测的噪声控制法案(382/87),而这些已经存在的污染管理法案在 2000 年的欧盟环境法案中都被废除了,而且对环境许可管理程序,也引入了综合的许可体系,在土地利用规划法的指导下,选址许可依照公共安全法案,而大气污染控制报告则在大气污染控制法案下进行。

环境保护法案并未涵盖土地利用及自然保护。这些在单独的法令中予以涉及。其他的单项法规涉及基因技术、化学品、海洋环境保护及环境影响评价。污染法案则涉及污染物的管理及再生利用。

芬兰关于污染的法律绝大部分基于欧盟法律,但是在某些方面,如标准以限制方面相比欧盟适用的整体标准要更加严格。芬兰也有一些欧盟尚未涉及到有关污染的法规。尽管一些税费包含在污染法规中,但通常情况下污染税费还是包括在有关税费的法规中。其他涉及特定经济行为的法令同样也包括了某些污染控制内容。

2.6.2 芬兰的环境保护行政管理机构

内阁以及国家委员会对于环境部的职责确定如下:负责处理所有与环境保护及自然保护相关的事宜,水资源的整体规划使用,水污染控制及管理及其他与水体相关的事宜,另外也包括环境的休闲利用。

环境部由以下几个部门组成:

——综合管理部门

——环境保护部门

——环境政策部门

——土地利用部门

——房屋管理部门

其中,环境保护部门主要负责处理与工业污染相关的环境保护工作。

芬兰环境学院是环境部下属的一个咨询单位,同时也是一个研究中心,进行国家有关环境实践的研究。

20 世纪 90 年代早期,环境许可的程序还是相当复杂,其中批准和申请涉及多个部门:环境部、地方政府、区域水管理处。1991 年,关于环境许可程序的法令得以实施,所有的环境许可均集中到一个部门负责:区域环境中心或者地区环境保护局。环境部负责监督当地的 13 个区域环境中心。而且芬兰环境学院具备专家支撑体系,与各环境部门之间均保持着密切的合作关系。

2000 年,随着欧盟的综合保护法规指引以环境保护法案及环境保护法令的形式实施,芬兰的环境法规也实现了充分的集中,适用于所有可能引起污染的行为,且规定只需要一个环境许可。

环境许可的责任

有 3 个环境许可机关,来决定重要的环境许可。地方的重大环境许可事项仍然由 13 个区域环境中心来处理。其余的环境许可将由当地的环境保护部门来负责处理,具体见表 2-1。

表 2-1 行政机构和职权范围——来自 2000 年的环境保护法案

环境许可办公室	区域环境中心	地区环境保护局
环境保护法 YSL3 §1	环境保护法 YSL3 §2	环境保护法 YSL3 §3
大部分重大环境许可 区域环境中心提交的重大申请 综合性项目/担保 水体恶化补偿	重大的区域环境许可 水体恶化补偿 向水体或污水管道排污	其余环境许可 与水法保持一致 与水法相关的其他内容 其他补偿

参考文献

[1]ymparistonsuojelun taloudellinen ohjaus,komitean mietinto 1989:18,Helsinki,1989,pp,17

[2]Council Directive 90/313/EEC on the freedom of access to information on the environment,(official Journal No L158 Page 56,Volume 1990,23 june 1990)

[3] Watkins, G, 2007, "environment management" lecture materials from Helsinki university of technology, course Puu - 127, 4010, Espoo

扩展阅读

[1] SYKE, 2007. Continuum_Rethinking BAT Emissions of the pulp and paper industry in the European Union, the Finnish Environment 12/2007, Environmental protection, Helsinki, P. 41. URN: ISBN: 978 - 952 - 11 - 2642 - 0, ISBN: 978 - 952 - 11 - 2642 - 0 (PDF). URL - nov 2007: http://www. environment. fi/down. asp contented = 65130&Ian = en.

[2] UNECE (1998) "Convention on access to information, public participation in decision making and access to justice in environmental matters" (the Aarhus convention), UN Economic commission for Europe, Geneva.

[3] European commission (2001b) "environment 2010 - our future, our choice, the sixth Environmental Action programme of the European community 2001 - 2010", COM (2001) 31final, Brussels.

[4] European Environment Agency (2003) Europe's Environment - the third Assessment, Office for Official publications of the European Communities, Luxemburg.

[5] European commission (2002) choices for a greener future - the EU and the environment, Office for the official publications of the European Communities, Luxemburg.

[6] UN (2004) The United Nations Framework Convention On Climate Change website is at http://unfccc. imt/.

第3章 工业环境许可

3.1 基于位置的环境许可

关于环境保护，芬兰拥有广泛的立法。大多数立法都可在不同时期的法律中找到。

工业厂房的建设及运营通常需要从有关当局获取很多的许可或批准。一般说来，以下活动均受许可证或立法的管制：

——建设地选址和建设内容及性质

——大气、水体和下水道排污

——废弃物管理

——噪声治理

——公共健康和工作安全

——有毒或其他危险物质的储存和运输

——压力容器的建造和使用

——电力供应

——辐射源的使用、储存和处置

——危险废物的运输、废物的跨境运输等

——重大危险事故的控制

上述要点对环境保护而言都非常重要。过去，为建筑物选址或建设授予许可证通常要求提供上述部分或全部要点的书面记录。许可证申请、必要的报告和裁定请求通常都在市级进行处理。各种法律法令及各种建议都是此类控制的基础。经环境许可程序法案（735/91）的要求修订后，当今做法也基本一样。环境许可程序法案的大部分内容作为环境保护法案（86/2000）和相关环境保护法令（168/2000）变更的基础。环境保护法案（86/2000）和相关环境保护法令（168/2000）适用于可能导致环境污染的所有活动并引入协调许可体系。

3.2 环境影响评价

环境影响评价是在做出决策前将决策的环境影响纳入思考的程序。环境评价的过程包括对可能存在的环境影响进行分析、对分析的结果做报告、进行公共资讯并将这些结论纳入决策中。

环境影响评价（EIA）是达成环境保护裁决的主要考虑因素。申请者通常将必要的调查研究委托给具有必备资质的公司进行,调查研究的范围通常都有详细的规定。

环境影响评价(EIA)指令 85/337/EEC(在 1997 年经指令 97/11/EC 修订)在欧盟成员国中引入了环境影响评价的共同制度。其适用于可能对环境造成重大影响的公共或私营项目。在制浆造纸业中,所有新建的日产量超过 200t 的制浆厂、造纸厂和纸板厂都必须强制执行环境影响评价(EIA)。

对于需要进行评价的项目(第 4/1 条或指令附件 Ⅰ 中的项目)及只有当成员国认为需要进行评价的项目(第 4/2 条或指令附件Ⅱ中的项目),该项指令是有区别的。指令附件 Ⅰ 中列出的项目包括制浆厂、原油炼油厂、热电站和其他燃烧厂、核电站、铸铁和钢铁业、废弃物处理厂及各种公共基础设施投资。指令附件Ⅱ中的项目包括用于发电的某些工业场所、部分化工和食品工业、纺织品、皮革、木材和造纸工业。

程序包括 3 个大阶段:

(1)投资方必须编写关于可能造成的主要环境影响的详细信息。为了帮助投资方,公共机构必须提供他们掌握的有关环境信息。需要包含哪些信息,投资方也可询问“主管当局”的意见。由投资方最终编写的信息被称为“环境报告”(ES)。

(2)环境报告(ES)(和申请报告)必须被公开。关于项目和环境报告(ES),负有环境责任的公共机构及公众均有发表他们观点的机会。

(3)环境报告(ES)及对其做出的任何相关信息、评论和陈述都须纳入主管当局是否批准该发展项目的决定中。大众必须知晓该决定及做出该决定的主要原因。

在决定进行评价的方面,指令本来给成员国相当大的自由。但是, 1997 年随着修正指令 97/11/EC 的生效,这种自主权被大大缩小,关于评价项目是否属于指令附件 I 所属项目的共同标准方面更是如此。

如果进行环境影响评价(EIA),则下述信息和申请书需要由投资方提交:

——建设项目的说明(大小、设计和规模)

——评价主要环境影响所必需的数据

——项目对人类、植物群、动物群、土壤、水体、大气、气候、景观、物资和文化遗产可能造成的直接和间接影响

——采取的用于避免、减少或修复不良影响的措施

——投资方主要备选方案的概述

——对上述信息的非技术性总结

虽然指令 97/11/EC 的附件 IV 对报告的详细内容做了进一步阐述,但是大多数内容还是取决于各成员国主管当局的要求。

一般而言,单项工程项目,例如水坝、高速公路、机场或制浆厂等要进行环境影响评价(EIA);战略方案,例如计划、规划和政策等进行战略环境评价(SEA)(2004年生效,指令 2001/42/EC)。

在芬兰,环境影响评价程序法案(468/1994)和相关法令(268/1999)对环境影响评价(EIA)的程序进行了修改,使其与其他欧洲国家采用的程序相一致,详见附录 1。

3.3 综合污染预防与控制(IPPC)

综合污染预防与控制(IPPC)体系将一套综合的环境方法用于某些高污染工业活动的管

理。这就意味着综合考虑大气、水体和土壤及一系列其他环境影响因素。这也意味着监管部门必须设置能够从整体上实现高水平环境保护的许可条件。这些条件都基于"最佳可行技术(BAT)"的使用,旨在平衡运营商所需的成本和它对环境带来的益处。综合污染预防与控制(IPPC)方法的目标是防止污染物排放和废弃物生成,如果不能够实现,则应将污染物排放降低至可接受的程度。

实际上,IPPC 指令是为了将欧盟范围内各种工业来源的污染降至最低,附件Ⅰ涵盖的工业场所营运商必须从欧盟国家的主管当局获取批准(环境许可)。

从 1999 年 10 月 30 日起,新建工业场所及发生"实质性改变"的现有厂址都必须满足IPPC指令的要求。截止到 2007 年 10 月 30 日,其他的现有厂址也都已经达标。这是该项指令全面执行的关键最后期限。

IPPC 指令基于多项原则,即:① 综合方法;② 最佳可行技术;③ 灵活性;④ 公众参与。

强制性环境条件

为了获得许可,工业或农业场所必须遵守如下基本义务:

——使用适当的污染预防措施,即最佳可行技术(产生最少的废弃物、使用危害最小的物质、恢复和回收生成的废弃物等)

——防止大规模的污染

——以污染最小的方式防治、回收或处理废弃物

——高效地使用能源

——防止事故和减少损害

——当项目停止后,将场所恢复原貌

此外,颁发许可证的决定还必须纳入若干特定的要求,包括:

——污染物质的排放限值(如果使用排放交易计划,温室气体可除外—— 见下)

——必需的土壤、水体和大气保护措施

——废弃物管理措施

——非正常工况(泄漏、故障、临时或永久停工等)应采取的措施

——长距离或跨境污染最小化

——排放监控

——所有其他适用的措施

为了协调 IPPC 指令和排放交易计划要求,如果企业符合排放交易计划,且不会造成区域大气污染,则不受温室气体排放限值的限制。主管部门也可要求企业改进能源效率措施。

许可证申请:必需的信息和协商程序

所有的许可申请书都必须提交给有关的成员国主管当局,由他们决定是否批准该申请。申请书必须包含以下要点:

——工作场所的说明、项目性质和规模、选址情况

——使用或生成的材料、物质和能源

——工作场所产生的污染源、排放污染物的性质和数量及它们对环境造成的影响

——防止或减少工作场所污染物排放的拟用技术和其他技术

——监控排放的措施

——可能的备选方案

根据工商机密条例和做法,必须向有关各方提供信息:

——以适当的方式向公众(包括电子方式)提供关于许可程序的信息、负责批准或否决工程项目的当局联系信息及公众参与过程的联系信息

——如果项目可能有跨境影响,向成员国提供相关信息

每个成员国必须将信息提供给各自国家的有关各方,以便有关方提出他们的意见。

有关方必须有足够的时间来做出反应。他们的意见必须被纳入许可程序中。

行政管理和监控措施

批准或否决一个工程项目的决定、做出该项决定的依据及为减少工程项目带来的负面影响而可能采取的措施必须向公众公开,并提交给其他相关的成员国。有关各方可通过上诉机制在法庭上对该项决定提出反对,成员国必须根据自己的国家立法为此做好准备。

指令的执行有一定的过渡期(直至 2007 年 10 月 30 日),在此期间,现有的工作场所应逐步符合该项指令的要求。

成员国应负责检查工业场所并确保它们符合指令要求。委员会、成员国以及相关行业应定期进行最佳可行技术(作为排放限值的依据)的信息交换。关于指令执行情况的报告应每 3 年起草 1 次。

建立欧洲污染物排放和转移登记(PRTR)的第 166/2006 号条例(EC)协调了成员国定期向委员会报告污染物信息的规则。

最佳可行技术(BAT)

在 IPPC 制度下发展出来的最佳可行技术(BAT),已经应用到制浆和造纸领域相当长一段时间,这是因为该行业是第一个由欧盟综合污染防治局(EIPPCB)参考最可行技术(或 BREF 指导说明)发展的行业。但是,该行业处理系统中的变化很大,且不同的工作场所,制浆造纸厂的污染物排放也有所不同,这取决于生产过程。最佳可行技术(BAT)方法指出了可减小环境负荷的工序可能性。这并不表示所述的最佳可行技术(BAT)过程可一尘不变的被使用,因为新技术和过程也在不断的发展中。

芬兰于 1996 年开始为制浆和造纸领域制定最佳可行技术参考文件(或 BREFs)做准备,欧洲综合污染预防与控制局(EIPPCB)于 1997 年开始工作。第一届技术工作组(TWG)会议于 1997 年 5 月举行,第七届会议于 2000 年 2 月举行,也就是说起草制浆和造纸领域的最佳可行技术参考文件(BREF)耗费了将近 3 年的时间。欧洲委员会于 2001 年 12 月批准了该文件。虽然文件中所包含的物质主要来自于 20 世纪 90 年代后期,但其仍然是制浆和造纸领域中环境污染控制的最高水平总结。最佳可行技术参考文件(BREF)于 2005 年开始正式更新,并计划于 2007 年出版更新版的最佳可行技术参考文件(BREF),但最终出版时间延迟到了 2009 年,但芬兰已经为审核过程做出了贡献。

一般概念

(1)最佳可行技术(BAT)的本质是选择能够实现成本和环境利益平衡的技术。

(2)最佳可行技术(BAT)的评价会在各种层面上进行。在欧洲,欧洲委员会为每个行业领域都发行了最佳可行技术参考文件(BREF)。其指出了引导性的最佳可行技术(BAT)[或指导性的最佳可行技术(BAT)]。授予特定工厂的单独综合污染预防与控制(IPPC)许可证即是在工厂层面确定最佳可行技术(BAT)。

(3)最佳可行技术参考文件(BREF)是信息交换的结果,成员国在确定最佳可行技术(BAT)时应予以考虑,在其应用过程中,最佳可行技术参考文件(BREF)也给成员国保留了灵活性。

(4)尽管最佳可行技术(BAT)可能更加严格,但首先应该满足的还是强制性的欧盟排放限值。最佳可行技术(BAT)方法与固定的国家排放限值可能有所不同。

(5)如果花费合理的费用便能够进一步降低或防止污染物排放,那么不管排放是否符合某项环境质量标准,都应该这么做。

(6)局部因素(从局部层面出发考虑技术特点、地理位置和局部环境条件/接受介质的敏感性)。

(7)被认定为最佳可行技术(BAT)的技术首先应平衡该领域中典型先进企业的成本和利益。

(8)技术通常应该价格实惠,而不应该让某个领域在整体上失去竞争力,无论是在欧洲,还是在世界范围内。但是,个别公司的盈利能力不成为考虑因素。

最佳可行技术(BAT)可通过以下方式论证:

使用最佳可行技术参考文件(BREF)中描述的领域引导性最佳可行技术(BAT)或在下列情况下,进行工作场所/地点特定的备选技术及其环境影响评估:

——当最佳可行技术(BAT)的备选方案大于一种时

——当运营商想偏离引导性最佳可行技术(BAT)时

——当没有最佳可行技术(BAT)可供使用或当推荐的技术是一种新技术/新工艺时

第10章和附录1进一步阐述了最佳可行技术(BAT)的一般概念。章节标题为大气、水体和废弃物分别对关于制浆和造纸工业环境排放的技术方面进行了说明。

参考文献

[1]EIPPCB,2001. European Integrated Pollution Prevention and Control Bureau – Integrated Pollution Prevention and Control – Reference Documents on Best Available Techniques (Council Directive 96/61/EC),BAT in the Pulp and Paper Industry,First Edition (multilingual),Brussels Office for Official Publications of the European Communities,p. 475. ISBN 92 – 894 – 3678 – 6.

[2]SYKE,2007. Continuum – Rethinking BAT Emissions of the Pulp and Paper Industry in the European Union, The Finnish Environment 12/2007, Environmental protection, Helsinki, p. 41. URN: ISBN: 978 – 952 – 11 – 2642 – 0,ISBN:978 – 952 – 11 – 2642 – 0 (PDF). URL – Nov 2007: http://www. environment. fi/download. asp contentid = 65130&lan = en.

第4章 给水处理

4.1 水质要求

制浆造纸工业的原水主要是来自湖泊和河流水系的地表水。原水的来源决定生产用水的基本品质。在芬兰,对原水质量的主要要求涉及颜色、铁和锰元素浓度,因为这些物质本身就存在于原水中。因为制浆造纸企业采用不同的生产工艺而且各个加工厂遇到的问题也不相同,所以各个加工厂对水质的要求也不尽相同。相应地,在加工过程中对使用的原水水质的要求也不同。当然,水质可通过一系列的处理措施或在加工过程中抵消某些不良特性来进行改进。例如美国制浆与造纸工业技术协会(TAPPI[1])发布的标准和测试方法包含了水的质量指标,规定了特定产品生产中需要用到的水的质量指标。表4-1列出了公共饮用水使用的原水及制浆造纸业不同加工过程使用的生产用水的典型质量指标。附录5列出了用于评估水质的主要标准方法。

表4-1　　自来水、物理处理和化学处理水的给水水质指标

水质参数	化学处理		物理处理
质量要求	自来水	漂白浆	非漂白浆
pH	6.5~9.5	6.0~6.5	/
温度/℃	<25	/	/
浊度(FTU/NTU)	<4(FTU)	<40(NTU)	<100(NTU)
色度/(Pt/L)	<15	<25	/
恶臭、异味/(mg/L)	<2(12℃)/<3(25℃)	/	/
硬度/(mg/L)	<60	<100	<100
碱度/(mg/L)	<30	<75	<150
电导率/(ms/m)	<40	/	/
活性氯含量/(mg/L)	<1.0	/	/
铝含量/(mg/L)	<0.2	/	/
钙含量/(mg/L)	<100	/	/
氯化物含量/(mg/L)	<100	<200	<200
铜含量/(mg/L)	<1.0	/	/
锰含量/(mg/L)	<0.05	<0.1	<0.5

续表

水质参数	化学处理		物理处理
质量要求	自来水	漂白浆	非漂白浆
铁含量/(mg/L)	<0. 2	<0. 2	<1. 0
锌含量/(mg/L)	<3. 0	/	/
钠含量/(mg/L)	<150	/	/
钾含量/(mg/L)	<12	/	/
镁含量/(mg/L)	<50	/	/
硅酸盐含量/(mg/L)	/	<50	<100
银含量/(mg/L)	<0. 01	/	/
总悬浮物含量/(mg/L)	1500(180℃)	/	/
溶解性总固形物含量/(mg/L)	/	<300	<500
总有机碳含量/(mg/L)	<20	/	/
COD(Cr/Mn)/(mg/L)	<3. 0(Mn)	/	/
高锰酸盐指数/(mg/L)	<12	/	/
氨离子含量/(mg/L)	<0. 5	/	/
氨氮含量/(mg/L)	<0. 4	/	/
硫酸盐含量/(mg/L)	<150	/	/
磷酸盐含量/(mg/L)	<0. 1	/	/
亚氯酸盐含量/(mg/L)	<0. 2	/	/
EDTA 含量/(μg/L)	<200	/	/
总氮含量/(mg/L)	<150	/	/
溶解性碳氢化合物含量/(mg/L)	<0. 01	/	/
苯酚含量/(mg/L)	<0. 0005	/	/
表面活性剂含量/(mg/L)	<0. 2	/	/

注 “/”表示无要求。

4. 2 杂质

从表 4 - 1 可以看出,许多参数都可用于评估水质。关于分析方法的更多内容,请见附录 5。对于制浆造纸企业工艺用水,需要降低或去除给水中的主要因子和杂质如下:

色度。地表水中常常含有腐殖质,造成水体颜色呈褐色或浅黄色,通常地表水含铁呈浅黄色,含铜呈浅绿色,含镁呈浅黄色。水体的色度单位采用铂度表示,通过比色法测量,即对比检测样品和标准样品的铂度来进行测量。

浊度。地表水一般都会含有非常细小的悬浮有机物和无机物颗粒,这些颗粒会使水变得模糊或浑浊。通过与含有已知浓度的二氧化硅(SiO_2)的溶液进行对比来测量水的浊度。也可以使用光反向散射的方法来测量水的浊度。

硬度。水的硬度几乎完全是由于水中存在溶解的钙盐和镁盐所造成的。在芬兰,大多数天然水都是软水。水的硬度单位采用德国度(°d)表示*,1 德国度相当于 1L 水中含有 10mg/L 溶解的钙盐和镁盐,通常以氧化钙计算。

碱度。水的碱度取决于水中碳酸盐、碳酸氢盐和氢氧化物的含量。它是对溶液酸性中和能力的一种度量。碱度通常以毫克当量/升(meq/L)来进行计量。

铁和锰。这些元素与一系列的化合物一起存在于水中。在水中,它们有不同的氧化态。在地表水中,铁元素总是以胶体态的氧化铁(Ⅲ)水合物存在,尽管也可能有铁(Ⅱ)存在。在地下水中,铁元素通常都是以碳酸氢铁(Ⅱ)存在。化学浆纤维会吸附铁化合物,导致纸浆或纸呈现出轻微的黄色和灰色。铁化合物也会形成絮体,导致纸张出现小型的色块。锰的影响与铁的影响相似。但是,在漂白过程中,锰元素会被氧化成高锰酸盐,这会导致纸浆呈现出颜色。锰元素也会形成其他的有色化合物。

游离二氧化碳和氧。当 pH 较低时,这些溶解的气体会导致工艺设备和管线的强烈腐蚀。

氯化物。在高浓度和特定条件下,氯化物也可能导致腐蚀,尽管它们并不是经常干扰造纸加工过程。但是,在绝缘纸等某些特殊纸品的生产中,它们的存在可能会引起麻烦。

4.3 处理方法和设备

在制浆造纸工业中,水处理通常包括以下工艺单元:

——去除固体颗粒物杂质

——去除颜色和有机物质

——去除铁和锰元素

——消减硬度并去除溶解盐

——消毒灭菌

制浆造纸厂中给水若用于饮用水,需要考虑去除水中恶臭和异味。去除颗粒物工艺单元除外,上述其他给水处理工艺单元需要采用一些化学处理工艺。化学处理工艺通常由以下工艺单元组成:

——水流经隔栅和滤网处理

——添加适当的化学品

——快速搅拌

——絮凝(必要时,添加凝结剂)

——沉淀(净化澄清)

——过滤

——进一步添加化学品

各处理单元对水质的处理效果见表 4-2。对于锅炉给水处理将在“离子交换”章节单独讨论。

---

* 我国的国家标准规定,水的硬度用 mmol/L 表示 1°d = 0.35663mmol/L——译者注。

影响最终处理方法和处理设备选择的其他因素还包括需处理的水量、用于建设给水处理厂的空间及处理厂的运作和监管。

表 4-2　各处理单元对水质的处理效果

属性	曝气	絮凝沉淀	慢滤池（单独）	快滤池（絮凝沉淀后）	消毒（氯气）
微生物	0	+	+++	+++	+++
色度	0	++	+	+++	0
浊度	0	++	+++		0
异味	+	(+)	+	(+)	+++
恶臭					-
腐蚀性	+++	(-)	0	(-)	0
特性	-				
铁和锰	++	++	+++	+++	0

注　“+”表示影响程度。

4.3.1　物理处理

在化学处理之前进行的物理处理通常有：

——引水系统，如管道和取水泵站

——格栅和滤网

——给水站和给水泵站

取水站一般临近水源，取水口位于水流速较慢的区域，这样可以大大减少取水中夹带的粗大颗粒物。如果取水口区域水流速过快，可以建设集水池以沉淀或澄清水中的颗粒物，达到给水处理前降低了颗粒物含量的目的。建设集水池还有其他好处，如可以缓冲因上游用水等造成河水季节性流量变化。

取水管通常铺设在地下，并且不同的取水管需要在取水口采用不同的过滤设施。取水管水流速度为0.8～1.0m/s，管径较小（管径小于600mm）的取水管一般采用聚乙烯材质，而管径较大的取水管一般采用聚乙烯或钢铁。

安装引水管末端过滤器中的滤孔总面积应是管道截面积3倍以上。过滤器中各个滤孔的直径应为15～20 mm。物理处理通常是从滤网开始的，在大多数情况下，处理效果都很好。在完全自由的流域取水流速设定为0.2～0.5m/s，在有封冻或冰川的河流取水处可采用的取水流速为0.2m/s，水库取水流速采用0.5m/s。推荐格栅间隙为10～25mm。会在筛网的大小计算中应考虑筛板效果及水的含杂率。可用式（4-1）计算：

$$A=(Q/v)\times k_1k_2k_3 \quad (4-1)$$

式中　A——滤孔的总表面积，m^2

Q——设计流速，m^3/s

v——经过筛孔的水流速度（0.2～0.5m/s）

k_1——形状系数（圆钢为1.1、矩形条钢为1.25）

k_2——钢筋产生的筛网缩减系数：$k_2=(a+d)/a$

d——钢筋产生的面积缩减

a——有效截面面积

k_3——阻塞因素（～1.25）

隔栅需要定期清理以防止堵塞，对于水处理量小于1.0m^3/s的情况则不需经常清理格栅。

影响泵站水泵选择的主要因素包括取水量、维修和检修方面的考虑。小型泵站一般使用立式潜水泵，而大型泵站更多地依赖于安装在地面上的卧式离心泵。泵站按需装配备用泵。

物理处理的第一步是粗滤微生物、树叶、草皮和其他杂质。根据筛孔尺寸，过滤器分为两组：

——孔径大于0.1 mm的粗滤器

——孔径小于0.1 mm的微孔过滤器

过滤器可分为鼓轮形和扁形，为清洁滤孔均需用高压水反冲洗，冲洗采用压降进行控制。筛孔尺寸的选择由被除去的物质决定。例如，为了除去藻类，筛孔尺寸则需要小于100 μm（通常为30～60μm）。

过滤器通常安置于集水池或水泵池中，池的设计容量为15～30min的取水量，然后水被泵送到输水管道系统，水压约为0.3MPa。如果需要更高水压应采用高压泵。

4.3.2 化学处理

图4－1所示为化学净化水的全过程。

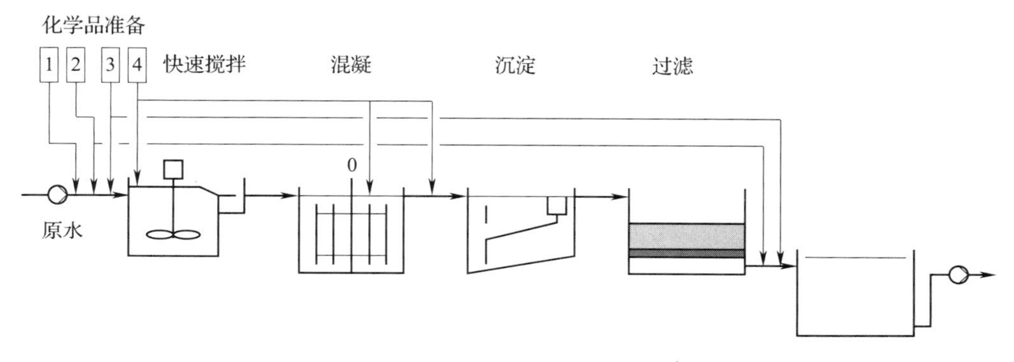

图4－1 化学净化水生产工艺流程

1—硫酸铝 2—碱化物 3—消毒化学品 4—其他化学品（活性炭、催化剂、硅酸或草酸等）

4.3.2.1 使用的化学品

在芬兰，原水一般都是有颜色的，这是因为浑浊的地表水可能含有腐殖质以及以氧化物形式存在或附着于有机物的铁和锰元素。使用以下组合对这类水进行处理：

曝气＋絮凝＋添加碱＋净化澄清＋砂滤

制浆造纸企业最关注给水中颜色、铁元素和镁元素的含量，除了可以采用上述方案去除这些污染物外，还可以采用其他方法。给水中色度和有机化合物的去除通常需要化学沉淀，采用简单的过滤可以达到降低水中有机物浓度的效果。要去除水中的铁和镁元素通常需要采取如下方法步骤：

（1）将铁（Ⅱ）和锰（Ⅱ）转换成氧化态

（2）将三价阳离子水解以生成水合氢氧化物

（3）使水合氢氧化物絮凝

（4）去除絮凝物

可使用多种方法和化学品来去除氧化和絮凝物。化学处理过程中的第一步通常是曝气，尽管这在制浆造纸工业中并不常用。曝气是为了实现以下目的：

——去除铁离子和锰离子

——降低二氧化碳含量和腐蚀风险

——除去恶臭成分，例如，甲烷和硫化氢，这有助于改善气味和减少异味

可使用氧化剂，例如氯气、高锰酸盐或臭氧对水进行氧化。下一步通常采用混凝和絮凝化

学处理，即通过化学反应形成聚合物并形成沉淀物。这一过程的顺序是：添加化学品、快速混合以及轻轻搅拌。添加化学品会生成微絮凝物(凝结物)，当混合物被轻轻搅拌时，这些微絮凝物会形成大絮凝物。首先应进行测试以确定需要添加的絮凝剂量。

最常用的一种化学品便是硫酸铝。可通过测量电动电势来计算适宜的添加速度，方法如下：

——绘制硫酸铝添加量与电位的曲线关系图

——使用该曲线来确定符合于 -7mV 至 -10mV 电动电势的硫酸铝添加量

——通过添加聚合电解质将电动电势尽量调整至 0

硫酸铝自然地与水中的碱性化合物及添加的石灰或碳酸钠发生反应，反应式如下：

(1) 自然碱度

$$Al_2(SO_4)_3 + 3Ca(HCO_3)_2 \longleftrightarrow 2Al(OH)_3 + 3CaSO_4 + 6CO_2 \qquad (4-2)$$

(2) 石灰

$$Al_2(SO_4)_3 + 3Ca(OH)_2 \longleftrightarrow 2Al(OH)_3 + 3CaSO_4 \qquad (4-3)$$

(3) 碳酸钠

$$Al_2(SO_4)_3 + 3Na_2CO_3 + 3H_2O \longleftrightarrow 2Al(OH)_3 + 3Na_2SO_4 + 3CO \qquad (4-4)$$

尽管式(4-2)~式(4-4)并未给出凝结反应的全部情况，但是这些反应式还是可用于计算所需的各种化学品的理论数量。

另一种常用的絮凝剂是铝酸钠，其常被作为补充絮凝剂以确保对冷水的适当处理并让残余的硫酸铝凝结。对于后者，反应式为：

$$Na_2Al_2SO_4 + Al_2SO_4 + 12H_2O \longleftrightarrow 8Al(OH)_3 + 3Na_2SO_4 \qquad (4-5)$$

补充絮凝剂一般在悬浮物形成没有达到理想效果的条件下使用。最常用的此类药剂为活性硅酸、某些天然的有机化合物及合成聚合电解质。

使用的其他化学品主要用于 pH 调节，包括某些钙和钠化合物。因为芬兰的原水一般都是软水，所以石灰的添加并不会过度地增加水的硬度。在小型水处理厂中，水的储存和化学品的添加可证明碳酸钠和氢氧化钠的使用是合理的。

4.3.2.2 快速混合

化学品的混合应快速、均匀。为达到混合效果一般使用机械搅拌器，在水体形成湍流或在原水取水泵处混合。机械搅拌装置的种类很多，其有关参数如下：

——混合时间：0.2~2min

——圆周速度：0.6~2m/s

——能源消耗：$1.0 \sim 4W \cdot h/m^3$

将化学品加入原水泵的进水管中，化学品在泵体内实现快速混合。也可以将化学品加入到加压管中，在这种情况下，管内的挡板会实现化学品的快速混合。当使用湍流流动来进行混合时，需要有 0.2~0.8m 的压差来产生湍流。

4.3.2.3 絮凝

快速混合会导致微絮凝物的形成，如果让这些微絮凝物形成较大的絮凝物，就必须进行搅拌。这些较大的絮凝物随后会沉淀到水的底部。湍流流动或机械搅拌都可以达到这种效果。在芬兰，大部分使用机械搅拌方式。机械混合器可以是立式的，也可以是卧式的。特定搅拌器的速度梯度值 G 可根据式(4-6)进行计算：

$$G = \sqrt{C_0 A v^3 / (2V\nu)} \qquad (4-6)$$

式中 A——叶片面积，m^2

v——叶片相对于水流的速度(通常水流速度是叶片绝对速度的 3/4)

V——絮凝池的容积,m^3

ν——水流的运动黏度,m^2/s

C_0——混合器的比阻系数(光滑的直叶片为 1.8)

在絮凝开始时,G 值应为 100 左右;在絮凝结束时,G 值应为 10 左右。机械搅拌器的其他参数通常在以下限值范围内变动:

——保持时间(t),30 ~ 60min

——输入(G_t),104 ~ 105

——初始圆周速度,0.4 ~ 0.8 m/s

——最终圆周速度,0.1 ~ 0.3m/s

——叶片面积,水流直角冲击面积的 10% ~ 25%

搅拌器的设计应能够使生成絮凝物与原水中胶体物质间的碰撞次数达到最大。

4.3.2.4 沉淀

大部分絮凝物(通常占 90%)在搅拌絮凝过程发生聚合并在澄清过程去除。澄清方式有沉淀或气浮。澄清的方法按以下分类:

——平流式沉淀池

——辐流式沉淀池

——浮选

——其他方式

最常用的净化澄清方法是浮选和平流式沉淀池。下面将对这两种方法进行详细介绍。

水流在平流沉淀池的流动方向为水平方向,而水中的颗粒物垂直沉淀去除。平流沉淀池的横截面一般为矩形或弧形,数量可配置单个或多个。水流泵入平流沉淀池时流到阻力墙上的速度不超过 0.3 ~ 0.5m/s。一般使用两个沉淀池,以便定期清理。平流沉淀池的尺寸计算要求如下:

——表面负荷:0.75 ~ 1.5m/h(通常为 1.0m/h)

——深度:3 ~ 4m

——长度为深度的 3 ~ 6 倍(通常是 4 ~ 5 倍)

——雷诺数尽可能低于 1000

——弗劳德数大于 10^{-5}

——底部坡度:1:20 ~ 1:100

——保持时间:2 ~ 4h

——有效容积为总容积的 75%

平流池的表面负荷一般决定了其面积。平流池的水力特性通过计算雷诺数和弗劳德数来进行检查核算,絮体的沉淀速度也可用于确定平流沉淀池尺寸。

澄清后的水通常通过可调节的溢流堰流出,边缘负荷通常为 5 ~ 10m^3/(m·h),水流速为 0.2 ~ 0.3m/s。

在浮选方法中,固体颗粒物被气泡带到表面,这样,可通过撇去浮沫的方式来除去这些固体颗粒物,或通过不定期地抬升水平面来将固体颗粒物作为溢出物收集。气泡作为溶气水被引入到澄清池中,当然,空气首先要溶解在加压罐中。浮选的优势在于其占地相对较小且对含腐殖质的软水处理效果更佳。使用浮选方法时,应采用以下设计参数:

——表面负荷:4 ~ 10m/h(通常为 5 m/h)

——澄清池深度:2 ~3m

——保持时间:15 ~30min

——溶气水为加入原水的10%左右

——溶气罐中的压力为0.5 ~0.8MPa

其他澄清系统还包括板式沉淀池和管式沉淀池(具体见第6章图6 -2和图6 -3),板式和管式沉淀池,都是使水流形成层流,可用于老的澄清系统以提高处理能力。

4.3.2.5 过滤

制浆造纸工业所用的新鲜水,是在化学处理过程中形成的絮体经过过滤池过滤后的澄清水。过滤池的设计和处理能力由最大可降低压力和给水水质要求来决定。过滤池滤料可以为单层、双层或多层。

单层砂滤池滤料由细小砂粒构成,滤料粒径为0.4 ~1.2mm。多层滤料滤池,滤床由多层不同粒径滤料组成,其过滤速度通常大大高于单层滤料的过滤池。对于单层滤料滤池,滤料砂粒安置于一个基座之上,基座下留有一定的空间用于收集过滤后的清水和安置反冲洗系统。

过滤池的过滤速度一般为5 ~7m^3/(m^2·h)。水流依靠滤床的孔隙和布水系统分流通过滤床。滤池的反冲洗可以用清水或清水与空气混合物,直接从基座下方向上反冲洗。反冲洗水压达到0.08 ~0.1MPa,滤料体积膨胀增加至少30% ~40%(通常为50%)反冲洗工作才算完成,反冲洗用水量为过滤水量的2% ~4%。当过滤阻力达到0.015 ~0.020MPa时通常意味着滤床需要进行反冲洗。除上述提到的滤池外,以上内容也可适用于压力过滤池和反滤池,如接触滤池。有关滤池的典型型号见图4 -2。

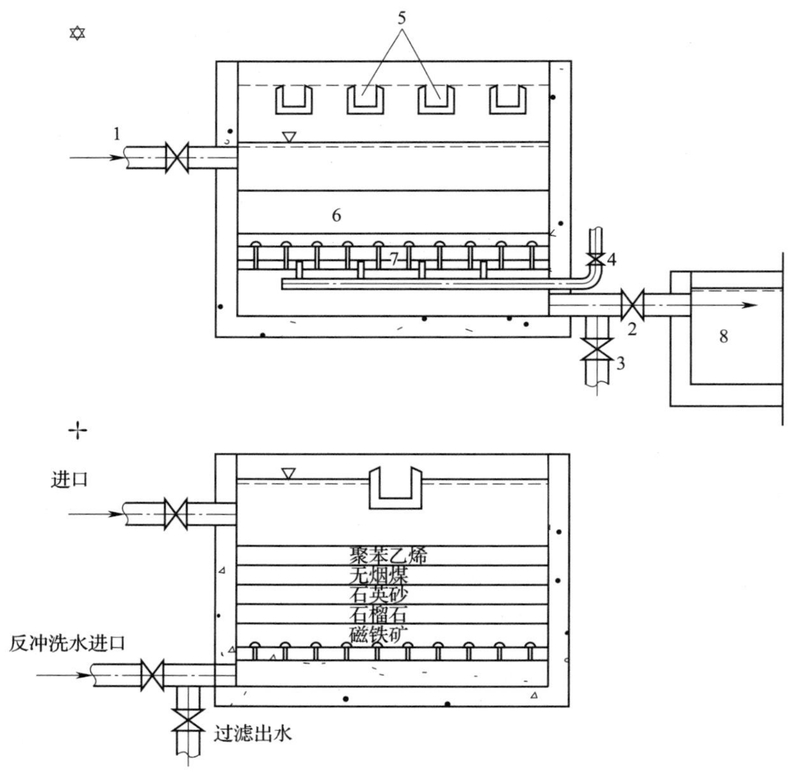

图4 -2 单层和多层滤料滤池的剖面图

1—进水取水 2—过滤出水 3—反冲洗水 4—反冲洗空气 5—反冲洗水系统 6—砂粒 7—滤床 8—清水池

压力滤池多采用网状物或织物为滤料。压力滤池可用于大水量过滤，通常应用于部分设备的特殊用途。压力滤池通常用于循环回用水的前端过滤。这样的滤池通常需要有效的自动冲洗系统，以确保它们正常运行。

4.3.2.6 消毒

滤池出水在进入清水池或给水管网之前需要进行消毒，尤其作为饮用水更应消毒。给水厂使用的消毒剂通常为氧化剂，如氯气、次氯酸盐和臭氧，其他方法如紫外线照射也已经过试验并进行应用(见附录 5)。清水池设计容积通常为全厂 4h 的用水量。

4.3.3 其他处理方法

其他用于制浆造纸厂的给水处理技术方法，最常用的有离子交换法。图 4－3 所示工艺流程是用于处理制浆造纸厂热电站冷凝水回用和热电站补充水生产的示例。在大多数制浆造纸厂，冷凝水需要首先过滤在管道输送过程中产生的杂质，这样的过滤池设计既要考虑耐高温，也要考虑机械磨损。通常采用混合离子交换床(包含阴离子交换床和阳离子交换床)，一般阳离子交换单元位于最前端。在生产热电站补充水时，经过化学处理后的清水再依次进入阴离子交换床、阳离子交换床和混合床进行处理。

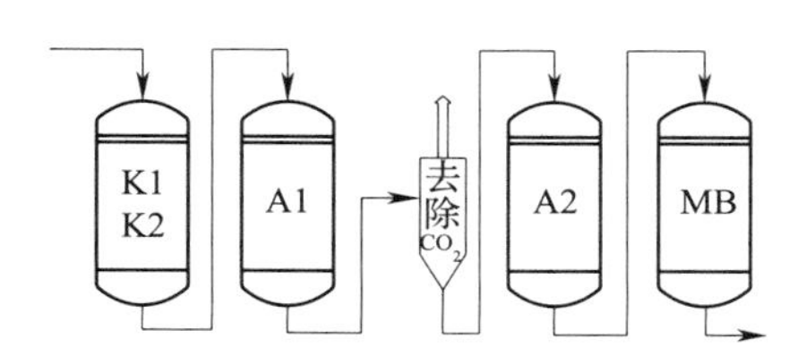

图 4－3 生产优质去离子水典型工艺流程

注 K1—弱阳离子交换床 K2—强阳离子交换床
A1—弱阴离子交换床 A2—强阴离子交换床
MB—混合离子交换床(即强阳离子和阴离子交换床)

根据离子交换床所用树脂种类，采用酸、碱或氯化钠溶液再生。再生废水在进入污水处理站前需进行中和处理。其中反冲洗再生树脂需要消耗的去离子水量通常为去离子水总产量的 3% ～10%，在反冲洗树脂过程也使用压缩空气增加膨胀树脂体积。在计算去离子水水池容积时，需要考虑反冲洗时去离子水平均消耗量和再生时离子交换器停产等因素。

4.4 供水系统

制浆造纸厂的供水系统必须要修建用于输送不同类型水的管道。以下是常用的水类型：

——物理处理水

——化学处理水

——饮用水

——消防用水

消防用水通常都是化学处理水且在 1～1.2 MPa 的压力下进行输送。如果有必要，可使用柴油泵直接从河流或湖泊向系统提供原水。安装在泵站的泵可以是立式泵，也可以是卧式泵，泵的大小取决于需要的水量。根据泵的使用方式，立式泵有 3 种类型：安装在井中的立式泵、悬臂式潜水泵和潜水泵。选择和安装泵时，需要考虑的因素包括：水道的类型、自动控制、空间要求及维修需求。

大型水处理厂通常需要使用卧式泵，在这种情况下，泵应安装在进水池的表面之上。泵站需要建于进水池的旁边，但这种情况在发生洪水时存在风险。取水管尺寸规格根据水力条件计算得出，对此需要考虑各种因素条件。推荐的最大取水水流速度如下：

——进水管:1.0 ~1.5m/s

——加压管:1.5 ~2.5m/s

——自由流动管道:1m/s

当设计管道时,必须预留足够的空间用于维护和维修。管道材料的选择取决于压力要求、位置以及必需的抗腐蚀性。主要管道中的阀门为滑阀和蝶阀。必须防止阀门快速关闭导致的浪涌。

参考文献

[1] Virkola, N. E.. Production of Wood Pulp, Part Ⅱ, Turku, 1983, pp. 1376 - 1380.

[2] Turner, P&Williamson, P. 1994. Water Use Reduction in the Pulp and Paper Industry, 1994. 1. p. Vancouver, Canada, Canadian Pulp and Paper Association 154 p. ISBN 1 - 895288 - 67 - 3.

[3] Soveltamisopas Sosiaali - ja terveysministeriön päätökseen talousveden laatuvaatimuksista ja valvontatutkimuksisita. Helsinki 1994, Vesi - ja viemärilatosyhdistys, 24p.

第5章 降低废水污染负荷的工艺改进

5.1 综述

制浆造纸工业的污染物主要源自生产过程中产生的工艺废水。正如第一章所述，在减少制浆造纸废水对江河湖泊系统的影响方面，我们已经取得了长足的进步。这完全归功于生产工艺的改进：减少新鲜水用量、增大水循环利用率、加强系统封闭程度等。

20 世纪 90 年代末期，欧盟发布了一系列详细的指导文件，该文件提供了降低制浆造纸工业污染负荷的最佳适用技术（BAT）方法。这些 BAT 参考文件（也被称为 BREF）针对不同制浆工艺，就如何最大限度的减少污染负荷，提供了宝贵的技术方法。

下面，本章将从环保角度，对近年来发挥积极作用的工艺改造进展作简短介绍。在本丛书系列的第 5、第 6、第 7、第 8 册中，对如何改造生产工艺降低其对水、大气、固废的影响及其应用作了详细的阐述，在本书的第 6、第 7、第 8 章也将对这部分作简要概述。

图 5－1 与图 5－2 描述了如何降低污水排放量的过程。通常来说，在做任何工艺改造前，我们首先需要收集不同工艺运行时的准确信息与数据。大多数情况下，实际生产中可能产生的变化（无论是定性还是定量的），都需要尽可能的预测准确。

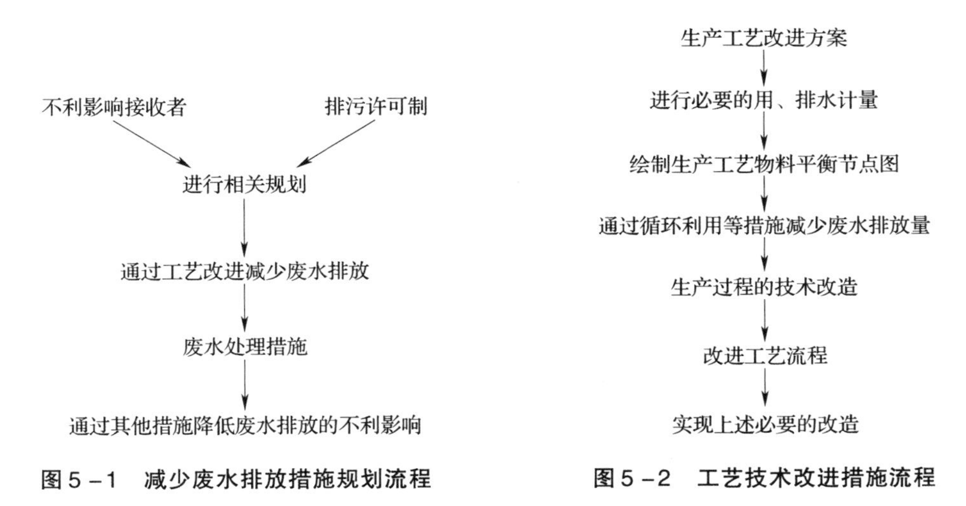

图 5－1 减少废水排放措施规划流程

图 5－2 工艺技术改进措施流程

5.2 硫酸盐法制浆

硫酸盐法制浆（见图 5－3）是目前化学制浆的主要方法，并且在未来很长一段时间内也将会是主流制浆方法。图5－4展示了现代硫酸盐法制浆厂不同工段产生的污水的主要来源，不同污染物在每一工段中产生的排放量在表5－1中列出。

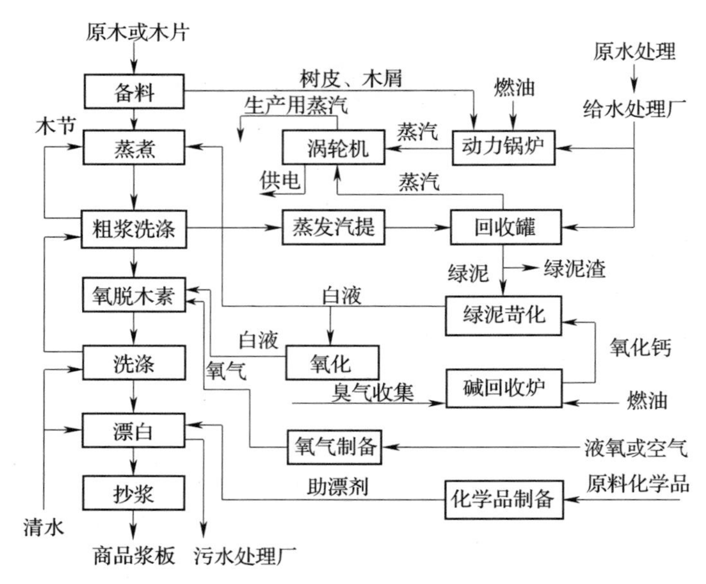

图5－3　漂白硫酸盐浆生产工艺流程图

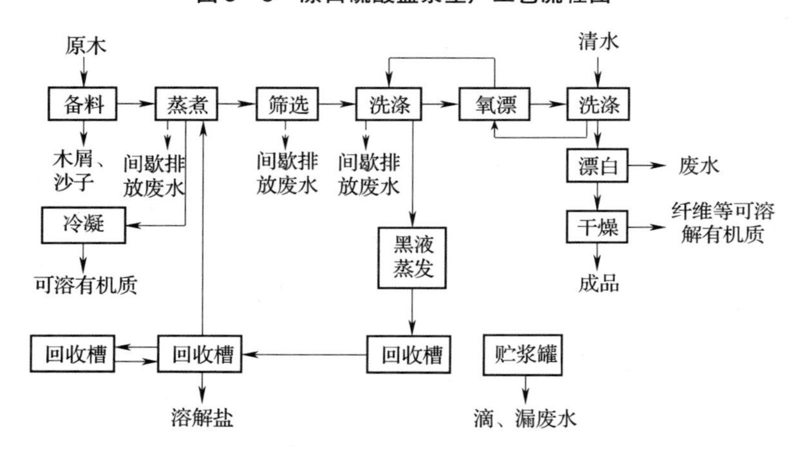

图5－4　采用硫酸盐法制浆工艺废水排放示意图

表5－1　浆厂各工段废水主要污染物负荷

工段	流量/〔m^3/t(风干)〕	SS/〔kg/t(风干)〕	BOD/〔kg/t(风干)〕	AOX/〔kg/t(风干)〕	COD/〔kg/t(风干)〕	P/〔g/t(风干)〕	N/〔g/t(风干)〕
备料	2.5	4	2	0	5	20	<200
洗涤筛选	0.5	3	1	0	2	1	15
漂白	31	2	10	1.2	35	47	75
冷凝	1	0	1	0	3	0	0
其他	3	4	4	0	10	7	2
合计	38	13	18	1.2	55	75	300

对于该制浆工艺,可考虑采用如下方法进行污染控制:

——干法备料

——改进的加氧蒸煮工艺——增强脱木素效果

——高效洗浆与封闭筛选技术

——降低 AOX 发生的无元素氯(ECF)漂白或全无氯(TCF)漂白

——将漂白废水在洗涤工段循环使用

——有效的泄漏监测、控制与回收系统

——蒸煮工段冷凝物的回收与再利用

——设置黑液蒸发装置及回收锅炉来处理多余的蒸煮废液及固形物

——清洁冷却水的收集与再利用

——提供足够容量的储罐以存放泄漏的蒸煮黑液与冷凝物,以预防突发事故导致污染负荷剧增、减少其对污水处理厂可能造成的冲击

由于污水中的绝大部分来源于漂白工段,因此,降低含氯制浆漂白化学物质的使用,成为硫酸盐法制浆发展的主要技术环节。图 5-5 给出了漂白工段产生的 AOX 负荷与元素氯使用量的对应关系。

传统的元素氯漂白工段产生的 AOX 浓度在 2~5kgCl/t(纸浆)左右,而现代的无元素氯漂白工艺产生的 AOX 浓度仅为 0.2~1.0kgCl/t(纸浆)。

漂白剂的用量与纸浆中的木素含量(通常用卡伯值表示,见图 5-6)成正比,因此,为了降低漂白剂用量。在进行漂白前降低纸浆中的木素含量变得极为重要。另外,漂白工段几乎是整个制浆工艺中所排放废水中污染负荷最大的工段,因此,最终的污水负荷与蒸煮工段后的纸浆木素含量也成正比(见图 5-7)。

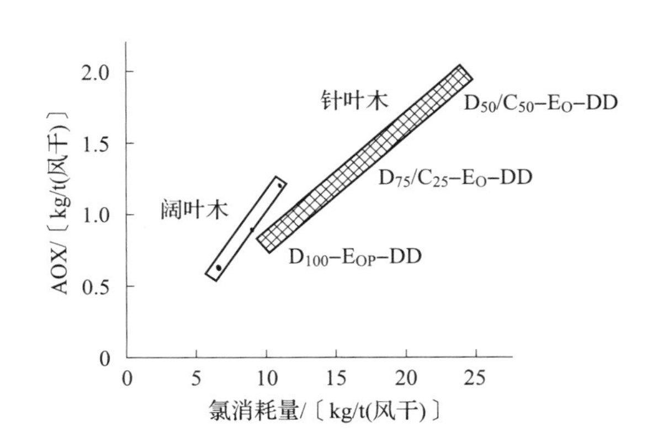

图 5-5 氯元素消耗与 AOX 负荷变化关系图

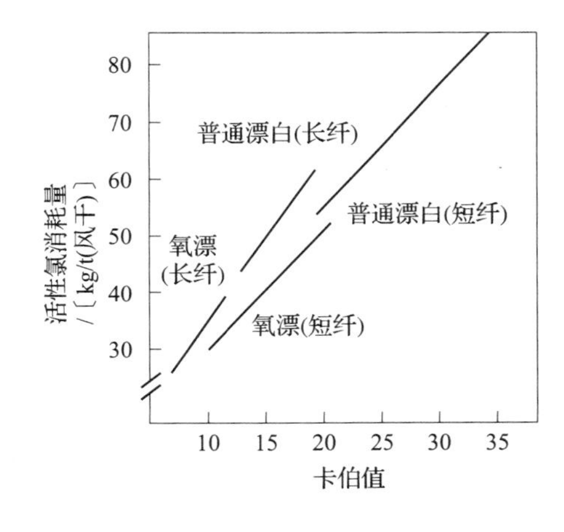

图 5-6 活性氯消耗与卡伯值变化关系图

目前,用于降低纸浆卡伯值的方法有如下两种:

——扩展蒸煮工段

——氧脱木素法

扩展蒸煮工段,即选择合适的加药方案后,在整个蒸煮过程中添加高浓度的活性碱。氧脱木素法则指对于蒸煮后的纸浆在碱性条件下通氧,从而去除木素。这一过程中产生的制浆废液随即被集中蒸发并燃烧回收。

ECF技术利用二氧化氯或氧化物(例如过氧化氢、臭氧)进行漂白,该技术已经逐渐替代利用氯气和二氧化氯进行漂白的传统工艺。这一改变,降低了含氯物在漂白工段的使用,从而降低了AOX负荷。同时,由于COD(污水中的有机物含量)与卡伯值成正比的关系,这一过程也降低了COD的负荷。

后续引进的纯氧漂白技术、全无氯(TCF)漂白,对于降低AOX负荷具有很好的效果。然而,该技术对于去除排放污染物的急性毒性效果欠佳。有毒化合物,例如脂肪酸、树脂酸,在工艺中无法分解,并最终进入排放的污水中。另外,该技术的应用降低了纸浆的最终质量,其中最主要的问题在于降低了纸浆的亮度,弱化了造纸机的脱水效果。

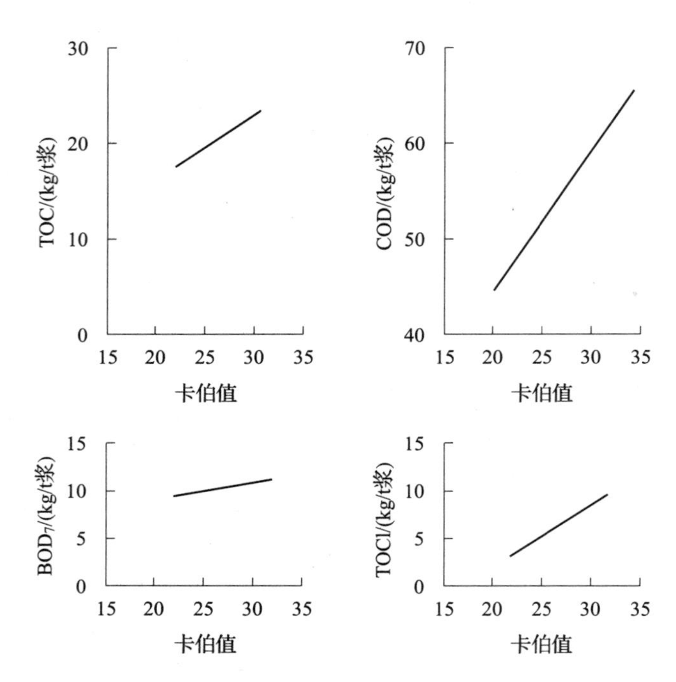

图5-7　主要污染物负荷与卡伯值变化关系图

除以上所述技术外,还有一些技术对硫酸盐法制浆生产进行了改进。例如:干法木料剥皮、提高黑液蒸发的固形物含量(固形物含量大于65%)。其中,干法木料剥皮可降低污水负荷,提高黑液中的固形物含量可减少大气中硫的排放量,这也同样影响到了化学平衡,反过来,这也意味着钠化合物几乎完全被用作了补给化学品。硫酸盐法制浆工艺在未来如何发展取决于其漂白工段如何改进。

图5-8展示了现代硫酸盐法制浆工艺的流程。在该方案中,部分漂白废水用于蒸发工段与燃烧回收。进入洗涤系统或化学回收系统的漂白废水量越大,对设备的腐蚀风险越大,危害性沉积物越多。因此,以上问题在工艺设计时需慎重考虑。

硫酸盐法制浆漂白工段的封闭循环水系统已进行过小厂规模的测试,也是目前所有主要漂白方法研究与测试的目标。首次严谨的测试证明了封闭循环水系统,利用传统直接逆流冲洗法漂白是无法达到效果的。然而,利用ECF法漂白的小厂规模测试仍在研究中,并有了一定进展。现在普遍认为,在实现完全封闭循环水系统之前,必须做到以下几点:

(1)为了使处理后的水中氯离子浓度降低,必须将二氧化氯的用量降到最小。如果使用二氧化氯作为漂白剂,要防止氯离子在制浆工艺整个系统中的累积。

(2)选择合适的逆流冲洗系统,尽量将酸性流与碱性流分离以避免设备中的沉淀问题,并将污水负荷降到最低。

(3)碱性污水原则上必须通过逆流冲洗系统回到循环系统,而酸性污水需选择合适的方法进行净化处理,再作为补充水重新引回漂白工段。

需要补充的是,无论漂白系统采用何种方法,以下问题及其对化学平衡带来的影响需要慎重考虑:

——整个系统内的水平衡

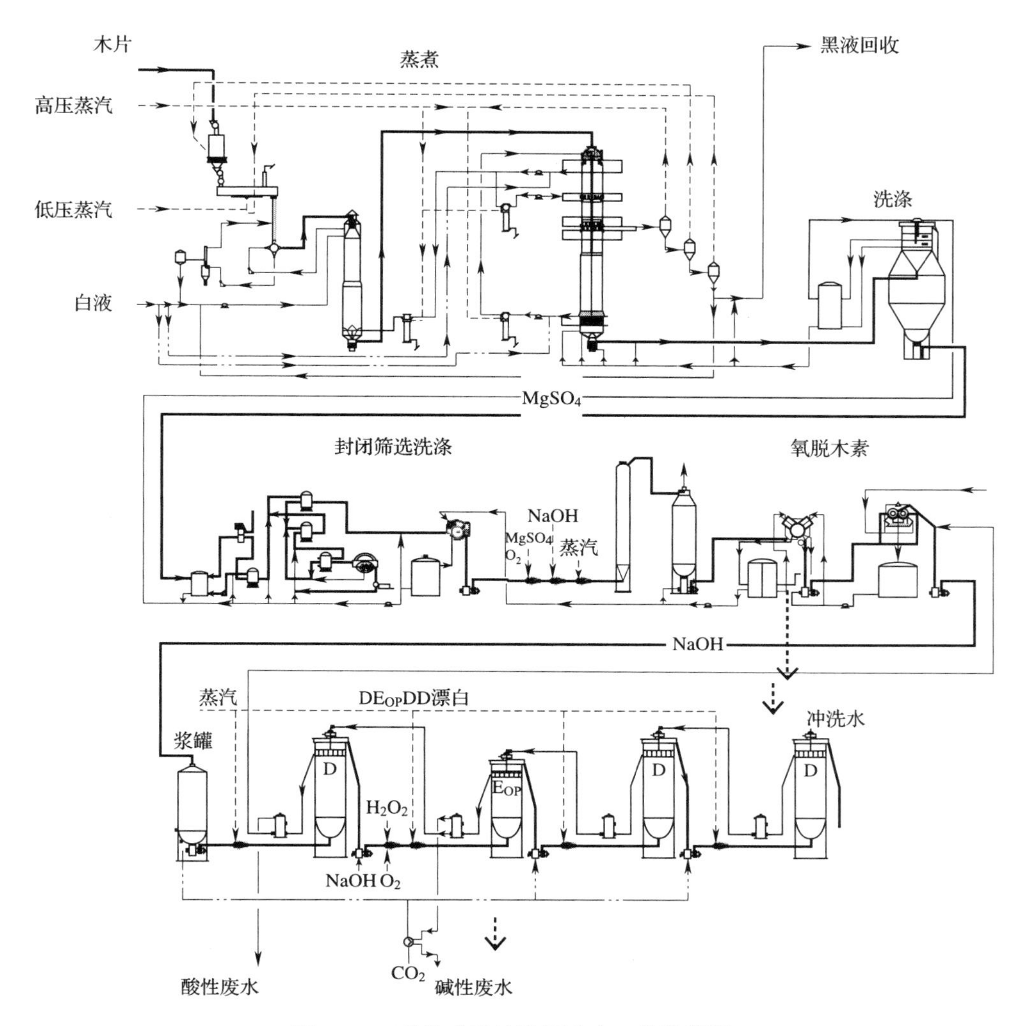

图 5－8 现代硫酸盐浆厂生产工艺流程图

——钠－硫的化学平衡

——氯离子、钾离子以及其他处理过程未涉及的元素(NPE’s)的积累

——挥发性有机物的积累

——沉积盐对设备造成的污垢

尽管有这些发展进步,废液负荷还是取决于外部废液处理的有效性,尽管硫酸盐法制浆工艺已有了诸多改进,污水负荷的多少仍取决于外部污水处理的效果,在今后一段时间内也是如此。另外,一些科研成果也被引入来改进工艺,例如在三级处理后净化处理污水,将污水循环回用至漂白工段。然而,该成果无法解决溶解性非有机物(主要是氯离子)对漂白设备产生腐蚀与沉积的问题。

5.3 机械法制浆

图 5－9 展示了机械法制浆的主要流程,图 5－10 描述了现代 CTMP 工厂制浆产生的

污水的主要来源。对于机械法制浆,降低其污水负荷的方法有以下几种:

——干法木料去皮

——加入循环水系统

——利用增稠剂将制浆与造纸的水系统有效分离

——根据整合程度,将逆流白水系统由造纸厂转移到制浆厂

——利用足够大的缓冲池储存处理后的废液

——提高制浆与造纸厂间的洗涤效率

在机械法制浆的生产过程中,对污染负荷影响最大的因素是纸浆的产量(见表 5-2),而纸浆产量很大程度上取决于纸浆是否进行漂白。如图 5-11 所示,过氧化氢漂白工段是污染物的最大来源。过氧化氢从木材中溶解了更多的有机物进入到工艺用水中,并在污水中形成醋酸。

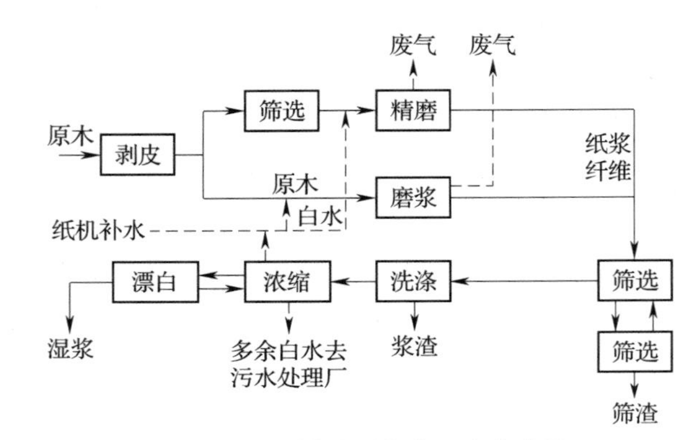

图 5-9 机械法制浆主要生产步骤

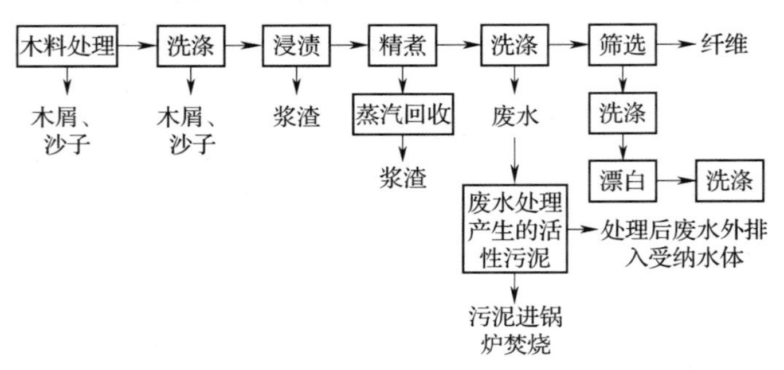

图 5-10 CTMP 浆厂废水排放流程图

表 5-2 各制浆法废水(净化处理前)中 BOD_5、COD、N、P 负荷

制浆工艺	产量/%	BOD_5/(kg/t)	COD/(kg/t)	N/(g/t)	P/(g/t)
普通磨木浆	96~97	8.5~10	20~30	80~110	20~25
压力磨木浆	95~96	10~13	30~50	90~110	20~30
超压磨木浆	95~96	11~14	45~55	—	—
盘磨机械浆	95~96	10~15	40~60	90~110	20~30
热磨机械浆	94~95	13~22	50~80	100~130	30~40
预浸热磨机械浆	92~94	17~30	60~100	110~140	35~45
漂白化学机械浆	91~93	25~50	80~130	130~140	50~60

机械浆的主要类型有磨木浆、压力磨木浆、热磨机械浆,机械浆的种类并不会对污水负荷的多少产生影响。大部分污水负荷被机械处理去除,剩余部分则通过生物处理,几乎可完全去除。然而,即使如此,剩余污水仍对受纳水体产生一定影响。这是由于剩余污水中含有从原始木料中带来的危害性物质,这些物质通常与小固形物颗粒及营养物质一起存在于污水中。

目前,没有特定的工艺可以降低机械制浆厂的污水及其他环境类负荷,干法木料去皮也许是最具有改进效果的一种。在污水处理工段中,部分污水蒸发与浓缩物燃烧的成功是一项重要的改进,具体流程见图 5-12。除此以外,还有一些改进工艺也进行了测试,例如将污水冷凝后回收其中的新鲜用水。

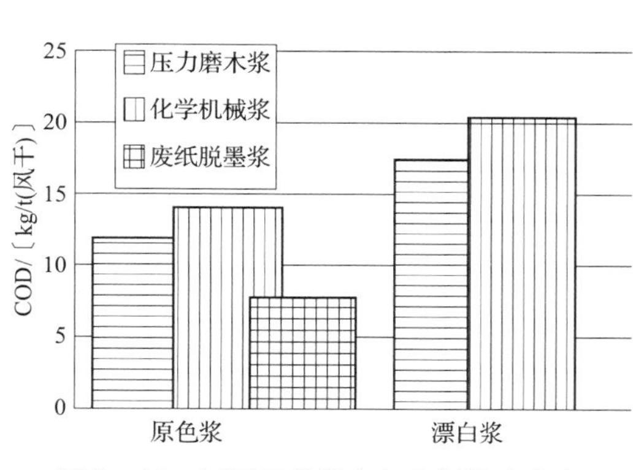

图 5－11 不同工艺漂白与未漂浆废水中 COD 污染负荷对比

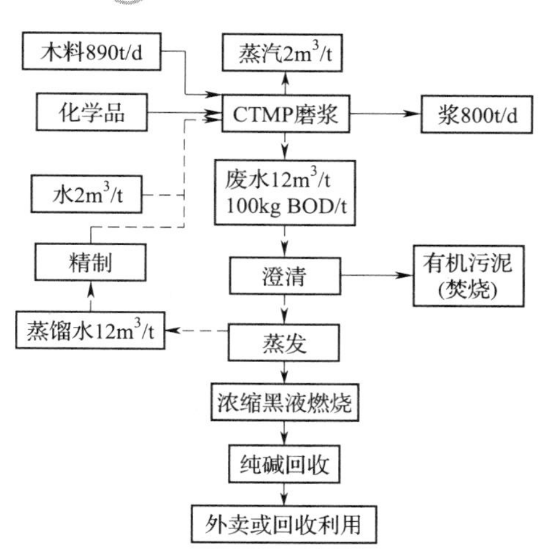

图 5－12 Meadow Lake CTMP 浆厂水循环系统

最新的一项研究表明,将新 CTMP 浆厂的水循环系统与已存在的化学制浆厂的系统连接,并将由蒸发污水产生的浓缩物改送往化学制浆厂的化学回收系统,而不进行分离焚烧,可实现机械制浆厂水循环系统的完全封闭。利用这种方法,可将 CTMP 浆厂产生的污水体积降到几乎为零,目前,芬兰有两家工厂完全以该种方式运行。

5.4 再生纤维

造纸纤维的回收利用中,其中部分损耗为固体废物,部分为溶于处理污水中的物质,图5－13 展示了废纸回收后生产再生纸的工艺流程。通过几种方法的联用可降低新鲜水的用量,从而降低污水流量,可选择的方法有:

——少量污染流中污染水的分离、工艺用水的循环利用

——优化用水管理,通过沉降、气浮、过滤净化来水,将处理后的水循环利用

——通过水循环与逆流的严格分离,降低新鲜水用量

——净化后的水用于脱墨厂(气浮)

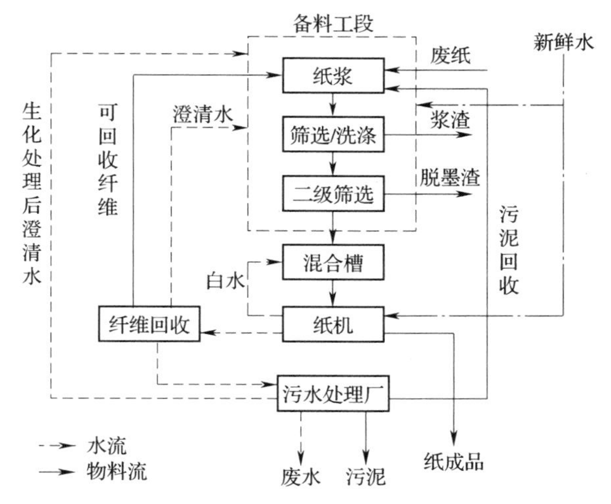

图 5－13 废纸造纸(板)工艺流程图

随着再生纸用量的不断增加,污泥的控制与处理也成为一个越来越严峻的问题。然而,在工艺改进方面,再生纸的情况与机械制浆比较类似,目前没有工厂规模的改进工艺用于再生纸厂。

5.5 纸张和纸板

在降低纸张和纸板制造过程中的污水负荷过程中,最重要的是详细分析各工艺的作用,即

解决水与纸浆的平衡问题，并利用其结果合理化工艺，从而将污水负荷降到最小。可以改进的地方有以下几方面：

——非污染水的冷却、密封水的分离处理或再利用

——回收利用，必要的话对真空泵里的水进行冷却

——仅在几个点排放处理后的水(最好只有一个)

在造纸生产过程中，当用水量降低到某一水平时，一些表征污水的参数需要引起关注。例如，在机械印刷纸的生产过程中，当把用水量降低至10～12m^3/t 时，固体去除率是水处理过程中首要的考虑目标；当用水量为4～8m^3/t 时，溶解性有机物的去除是处理过程中必须考虑的目标之一；当用水量降低至2～4m^3/t 时，需要对盐浓度加强控制。

通常来说，根据选择工艺的不同，处理效果也不尽相同。生物处理可有效去除溶解性有机物，然而，循环利用生物处理后的水会降低产纸的亮度，因此该法的使用较受限制。这也同样要求在去除固体物质时需选择更有效的工艺，而非传统的气浮或砂滤工艺。但当考虑去除成本时，通常选择残留微生物处理来达到适当的去除效果。

运用纳滤和超滤技术可有效去除循环水中的极小固体颗粒与溶解性高分子材料，为了达到良好的去除效果，需对制造生产过程中表面化学的应用予以关注。表5－3列出了不同造纸厂在生物处理前后典型的污水负荷值。

表5－3　不同产品工艺废水处理前后的主要污染物负荷情况

纸产品类型	TSS/(kg/t)		COD/(kg/t)		BOD_5/(kg/t)	
	处理前	处理后	处理前	处理后	处理前	处理后
胶版印刷纸	12～25	0.3～2	7～15	1.5～4.0	4～8	0.4～0.8
纸板	2～8	0.3～1	5～15	1.2～3.0	3～7	0.3～0.6
面巾纸	2～30	0.3～3	8～15	1.2～6.0	5～7	0.3～2
特种纸	20～100	0.1～6	—	1.5～8.0	—	0.3～6

注　“—”代表无相关数据。

参考文献

[1] BAT Reference document BREF for the Pulp and Paper Industry MS/EIPPCB/pp_bref final, July 2000. * (Revised December 2000).

[2] Saunamaki, R. 1993. Water use in chemical pulp mill. In: 1993 Insko seminar Chemical recovery of chemical pulp mill (in Finnish), Kouvola, Finland, 26p.

[3] Hynninen, P. Papermaking Science and Technology, Book 19, Environmental Control. Jyvaskyla 1998, Fapet Oy. 234p.

[4] Verta, M, Tnan, J., Langi, A., et al. 1994. Environmental effects of using oxygen based bleaching chemicals in chemical pulp bleaching. Conclusion report, step I (1993－1994Spring) (in Finnish). Water and Environmental Government, 28p.

[5] Lehtinen, K－J. 1992. Environmental effects of chlorine bleaching facts neglected. Paper and

Timber, Vol 74, nro 9, pp. 715 – 719.

[6] Reeve, DW. 1977. The effluent – free bleached kraft pulp mill Part Ⅷ – bleach plant renovation and design. Pulp&Paper Canada, Vol 78, nro 3, pp. T50 – T56.

[7] Reeve, DW. 1984. The effluent – free bleached kraft pulp mill – Part Ⅷ: The second fifteen years of development. . Pulp&Paper Canada, Vol 85, nro 2, pp. T24 – T27.

[8] Pattyson, GW. , Rae, RG. , Reeve, DW. & Rapson, WH. 1981 Bleaching in the closed cycle mill at Great Lakes Forest Products Ltd. Pulp and Paper Canada, Vol 82, nro 6, pp. T212 – T219.

[9] Maples, G. , Ambady, R. , Caron, JR. , Stratton, S. , Vega Canovas, RE. 1994. BFR™: A new process toward bleach plant closure. Tappi Journal, vol 77, nro 11, pp. 71 – 80.

[10] Caron, RJ. , Fleck, j. 1995. The next step toward closure of a bleached kraft mill: the bleach filtrate recycle process. In: Tappi Engineering Conference, Dallas, USA, pp. 277 – 281.

[11] Myreen, B. , Johansson, H. 1996. Closing up ECF bleach plants. In: 1996 International Non – Chlorine Bleaching Conference, Orlando, USA, 12p.

[12] Myreen, B. 1998. Separate treatment of bleaching effluent. In 1998 Insko – seminar Chemical recovery of chemical pulp mill(in Finnish), Vantaa, Finland, 11p.

[13] Fontanier, V. , Albet, J. , Baig, S. , et al. 2005. Simulation of pulp mill wastewater recycling after teriary treatment. Environmental Technology, Volume 26, Number 12, pp. 1335 – 1344.

[14] Malinen, R. , Wartiovaara, I. , Valttila, O. . Scenario analysis of possible courses of development up to the year 2010, sytyke 22(in Finnish), Helsinki, 1993, pp. 85.

扩展阅读

[1] Gullichsen, J. &Paulapuro, H. (Series editors), Gullichsen, J. &Fogelholm, C. – J. (Book editors). Papermaking Science and Technology, Book 6 A. Chemical Pulping. Jyvaskyla 2000, Fapet Oy. 693p.

[2] Gullichsen, J. &Paulapuro, H. (Series editors), Gullichsen, J. &Fogelholm, C. – J. (Book editors). Papermaking Science and Technology, Book 6 B. Chemical Pulping. Jyvaskyla 2000, Fapet Oy. 497p.

[3] Gullichsen, J. &Paulapuro, H. (Series editors), Sundholm, J. (Book editors). Papermaking Science and Technology, Book 5. Mechanical Pulping. Jyvaskyla 2000, Fapet Oy. 693p.

[4] Gullichsen, J. &Paulapuro, H. (Series editors), Gottsching, L. &Pakarinee, H. (Book editors). Papermaking Science and Technology, Book 7. Recycled Fiber and Deinking. Jyvaskyla 2000, Fapet Oy. 649p.

[5] Gullichsen, J. &Paulapuro, H. (Series editors), Paulapuro, H. (Book editors). Papermaking Science and Technology, Book 8. Papermaking Part 1, Stock Preparation and Wet End. Jyvaskyla 2000, Fapet Oy. 461p.

[6] Borton, et al. (2004) Pulp & Paper Mill Effluent Environmental Fate&Effects. DEStech Publications, Pennsylvania, USA 575p.

第⑥章 废水处理

6.1 废水污染负荷

6.1.1 综述

可以通过生产工艺改进(如第5章所述的内部方法)和对产生的废水进行处理(外部末端治理方法)来减少造纸业产生的废水负荷。实际上,根据项目所在地的环境保护要求,企业一般都采用内部和外部相结合的方式,在确保达到水质目标的同时降低生产成本。由于末端污水处理工艺并不会影响主体生产工艺,因此造纸企业通常选择加强污水处理技术,换言之,末端污水处理仅仅涉及经济投资而非技术问题。

生产工艺改进可以从源头上削减污染负荷,并在原辅料消耗(纤维、填料或添加剂)和能源消耗上节约成本。普遍来说,造纸企业可通过加强内部管理以提高工艺改进的效率,但是,如果要进一步减少污染产生量,就需要在工艺改进上花费大量的成本,因为工艺再度升级需要采用更为先进的技术。尽管工艺改进不可避免地会增加成本,但是造纸企业减污的重点应该放在源头治理上。

内部工艺技改、外部污染治理及内外兼施的防治措施技术不断更新,污染物排放量也将随之减少。造纸行业的废水主要成分是纤维、填料和漂白所用的化学品物质,上述物质在生产过程中以原态或经改性后存在于废水中,其中大部分以固体悬浮物的形式存在,也有一部分呈胶状或溶于废水。造纸行业的外排废水中,胶质含量一般较高,与城市生活污水相比,其营养物质如氮、磷的含量往往较低。经化学法生产的造纸废水颜色较深,从电化学角度来分析,废水带负电荷,且电动电势通常在 -60 ~ -10mV。某些未经处理的废水,如原木剥皮工段产生的废水,其对受纳水体中的鱼类及生物群来说均具有一定毒性,目前已知的有毒化合物有脂肪酸和树脂酸等。再如含二氧化硫的废水则对污水处理厂的生物处理工段产生冲击。

一般来说,废水处理包括废水流量和废水成分的处理两类,成分处理主要指通过物理或化学反应去除不溶沉淀物及低分子污染物(最大为800u左右),后者可去除胶体物质和溶解性高分子物质。物化处理方法主要去除的是固体物和高分子胶体,而单纯生物或物理处理方法(如蒸馏),则去除的是低分子化合物。

6.1.2 废水排放量

制浆和造纸工业产生的废水包含以其原有形式或以其改变形式存在("木素")的木材、工艺过程化学品及其反应产物、各种填料和辅助化学品。

废水的成分种类很多。用于定性测量废水的最常用指标有：生物需氧量（BOD）、化学需氧量（COD）、悬浮固体物（GF/A 过滤器）、营养物（磷和氮）、可吸附有机卤素（AOX）、含氯有机物、颜色和毒性。

就废水的化学成分来讲，废水的全部成分目前并没有完全被标定出来，尤其是化学制浆废水。以漂白废水为例，只有 10% ~30% 的化合物是被标定出来。正因如此，各成分的总和参数，如化学需氧量（COD）、生物需氧量（BOD）和可吸附有机卤素（AOX）才成为评估对水体产生较大影响成分的有效测量方法。

另一方面，那些未被定义的化合物将会对正确评价废水影响程度及如何对其进行有效处理造成困扰。废水的定性一般由废水处理技术需要的测量方法而确定，虽然这种做法基本可靠，但是其还是具有很明显的缺点。无论使用何种方法，都应提及所使用的分析方法（标准）（见附录 5）。尽管在标准化方面已经取得了进步，但是不同国家之间的比较还是存在一定难度。

在芬兰，生物需氧量（BOD）是以 BOD_7 来进行测量和引用的。这是指微生物 7 天内分解废水中固体和其他可降解有机物所需的氧气量。除北欧国家外，五日生物需氧量（BOD）较为常用。在特殊的情况下，生物需氧量（BOD）的测量会持续 20 天或 24 天。

化学需氧量（COD_{cr}）是指以化学方法分解污染物所需的氧气量。化学需氧量（COD_{cr}）反映的不只是有机物的量，因此其不应作为衡量“有机”物含量的唯一测量标准，虽然现在的普遍情况是：单独的分析方法及灼烧残渣的蒸发测量均可用于有机物的测定。

高锰酸钾过去常被用作为氧化剂，记为 Mn。现在，这种氧化剂不再用于废水测定，主要是因为其氧化并不完全。克耶达测氮法通常被用来测定氮等营养物质。

在北欧国家，孔径为 1.6μm 的 GF/A 过滤器通常被用来测定废水的固体悬浮物含量。当然，其他孔径尺寸的过滤器也可被用来测定固体悬浮物含量。孔径尺寸会对所测定结果产生较大的影响，特别是测定制浆造纸废水时更是如此，因为该废水具有较高的胶体含量。制浆造纸厂废水中的各种污染物的尺寸如图 6－1 所示。

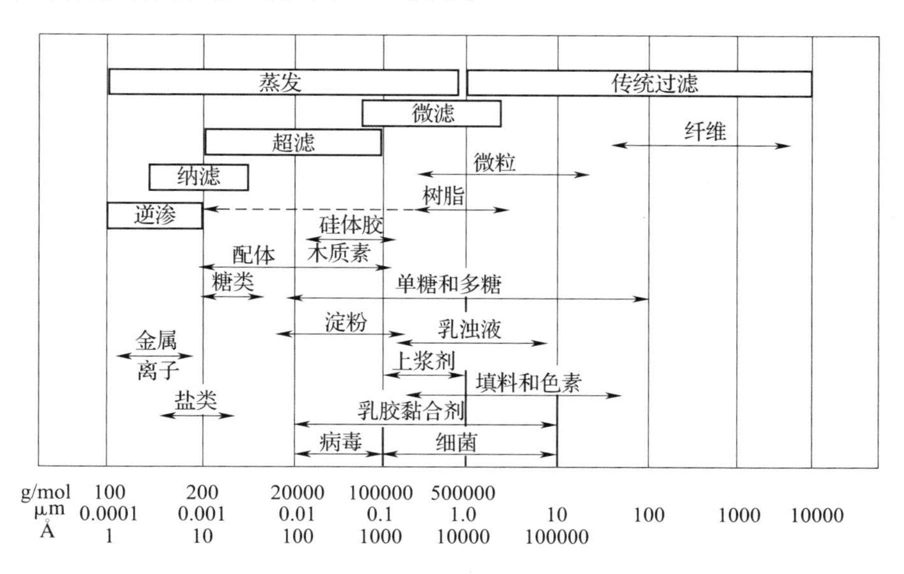

图 6－1　制浆造纸废水中的各种污染物杂质的尺寸[1]

可吸附有机卤素(AOX)是对有机物中卤素的测量。在造纸废水中,卤素基本上全部是氯。芬兰标准协会(SFS)已经出版了现有的大部分测定方法。芬兰标准(SFS)、ISO(国际标准)和EN(欧洲标准)也会定期对其进行更新和完善。但在芬兰和其他地方使用某些方法测定的结果不一定具有可比性(见附录5)。

选用上述废水参数是因为它们与水体影响具有相关性。至少在生物需氧量(BOD)、氮和磷的测定上,是较为准确的。用于定性废水的其他重要指标还包括颜色和毒性。

6.1.3 工艺过程废水污染负荷

正如前所述(见第1章),即使是产品相同的企业,废水排放情况仍主要取决于所使用的原料、添加剂、工艺技术和条件。表6-1提供了制浆造纸生产中各种工艺过程产生的废水污染负荷。但表中提供的排放数据仅作为同类企业的参考。

表6-1 林木产品生产所产生的废水负荷

产品	废水/(m^3/t)	SS/(kg/t)	BOD/(kg/t)	COD/(kg/t)	N/(g/t)	P/(g/t)
纸浆						
未漂白硫酸盐纸浆	20~60	12~15	5~10	20~30	200~400	80
传统漂白硫酸盐纸浆	60~100	12~18	18~25	60~120	300~500	120
ECF或TCF漂白硫酸盐纸浆	30~50	10~15	14~18	25~40	400~600	100
传统漂白亚硫酸盐纸浆	150~200	20~40	30~40	60~100	100~200	60
未漂白磨木浆	6~10	10~30	10~15	30~50	100~200	50
未漂白热磨机械纸浆(TMP)	6~15	10~30	15~25	40~80	100~200	70
过氧化物漂白热磨机械纸浆(TMP)	6~15	10~30	20~40	60~100	200~300	100
回收纤维脱墨浆	10~20	5~10	20~40	40~60	100~200	40
纸张和纸板						
高级铜版纸	30~50	10~20	3~8	10~20	50~100	5
新闻纸	10~25	5~10	1~3	2~4	10~20	5
折叠纸板	10~25	5~10	2~4	3~6	50~100	8
纸袋	15~30	5~10	2~4	4~8	100~200	15
纸巾	20~40	5~10	1~3	3~6	50~80	8

6.2 固体物去除

6.2.1 沉淀、浮选和过滤

用于去除废水中固体物质的主要方法有沉淀/净化澄清、浮选和过滤。方法的选择取决于固体物质的特性及对出水水质的纯度要求[2]。

净化澄清(沉淀、沉降)的原理是固体颗粒的相对密度比水大,废水流经一个停留时间为几小时的沉淀池时,固体物质沉淀到池底并从池底去除。造纸废水的最常用的末端处理方法为机械净化澄清,该工艺过程可以分为 3 个阶段:预处理、沉淀净化和污泥处理。

预处理由粗筛、沉砂、中和、冷却等工段组成。澄清净化去除了 60% ~95% 的固体物质。未有效沉淀的细小悬浮物就需要用机械浮选或添加化学品的方法来去除。净化澄清之后获得的污泥通常很稠厚、干燥,这些污泥或被回收利用,或被处理/处置。在沉淀池中会进行 4 类沉淀:

——单个颗粒的自由沉淀

——絮凝物的沉淀

——受阻沉降

——增稠

自由沉淀不受其他固体颗粒物的影响,在这种情况下,颗粒物具有其特定的沉淀速度,这种沉淀速度由颗粒物的形状、颗粒物相对密度及相对流速决定。自由沉淀适用于固体物质,如粗砂石。但颗粒物有时会结合在一起形成絮凝物,而絮凝物又有其自己的沉淀特性,絮凝物的大小和形状不断地在改变,几乎无法用数学方法预测絮凝物的沉淀速度。絮凝物的沉淀速度一般根据经验进行测定。为了确保理想的沉淀效果,固体物的含量应不超过 1.0 ~ 1.5g/L。

絮凝物下沉时会大量凝聚,在这个阶段就会发生大面积的受阻沉降。这种情况下的污泥浓度都大于 1g/L。可根据经验或采用理论计算对这种沉降类型进行预测[2]。沉降的最终阶段是絮凝物在池底的压实和增厚。根据斯托克斯氏定律,球形颗粒在黏性介质中的沉降速度为:

$$V_s = \{1/18/[(e_p - e_l)/\mu]\} g d^2 \tag{6-1}$$

式中 v_s——颗粒物的速度

e_p和 e_l——颗粒物和液体的密度

μ——液体的速度

g——重力加速度

d——颗粒物直径

由公式(6-1)可以看出,温度升高会增加颗粒物的沉降速度,因为随着温度的升高,密度和速度都会下降。在沉降过程中,斯托克斯氏定律适用于粗砂石或相似颗粒物的沉淀。斯托克斯氏定律只对层流有效,而大多数沉淀池中都以层流为主。根据公式(6-1),颗粒物直径对沉降速度的影响最大。

最常用的一级沉淀池是固体接触式沉淀池。在固体接触式沉淀池中,废水流经池底污泥层时会过滤掉一些固体颗粒物、生成絮凝物并加速沉降,在絮凝区进行缓慢搅动可提高沉淀效率。

也可使用地盆式、立式或卧式沉淀池。与传统设计相比,接触式沉淀池具有以下优点:

——它们的表面接触面积更大

——停留时间的缩短使小容积沉淀池的使用成为了可能

——絮凝区的使用确保流向沉淀池的水流均匀统一

图6-2给出了以利于污泥回收为设计特点的沉淀池(Enso-Eimco HRC和YIT)。沉淀池通常根据表面负荷进行设计。表面负荷是指单位时间内通过沉淀池单位表面积的废水流量。

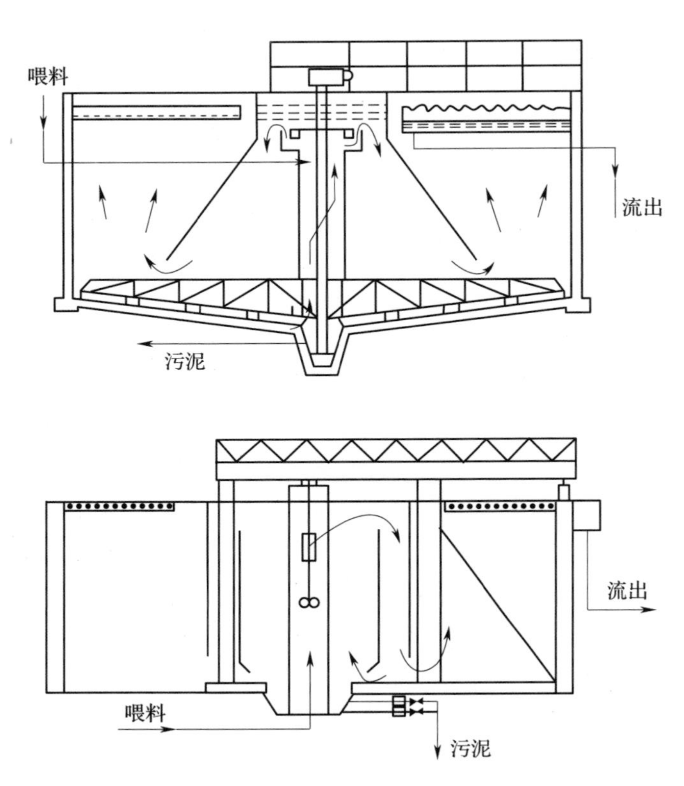

图6-2 循环式沉淀池(Enso-Eimco HRC和YIT)

$$A = k \times Q/v \tag{6-2}$$

式中 v——颗粒物的沉降速度,m/h

Q——流速,m^3/h

A——沉淀池的截面积,m^2

k——安全系数

沉降速度等于或大于表面负荷的颗粒物都会保留在沉淀池中,这对层流和自由沉降有一定要求,如,流入物的固体含量小于1g/L、沉降速度 v 则需根据沉降污泥特性的实验测试数据确定。

实际操作中,沉淀池中存在温差和流动状态的变化,固体物并不是总是作为离散微粒进行沉降,而是作为絮凝物进行沉降。基于此,沉淀池一般都是基于实验测试及其修正数据进行设计的。

侧面负荷(R),是指进入沉淀池的流入物与溢流堰侧面长度的比值,它决定了泄水渠的长度。

在设计溢流堰时，须考虑废水的特点，一级沉淀池的表面负荷通常是 0.8 ~ 1.2m/h，而侧面负荷约为 5 ~ 8m^3/(m · h)。在生物处理阶段，二级沉淀池的表面负荷则较小(通常是 0.5 ~ 0.7m/h)。

其他重要设计因素还包括废水停留时间和底部污泥负荷，如，每小时污泥沉降到底部的数量。在一级沉淀池中，停留时间为 3 ~ 6h，污泥负荷为 50 ~ 150kg · m^2/h。沉淀池的性能根据固体物的去除能力来衡量的。固体物的去除率是指被去除的固体物量与进入沉淀池固体物总量的比值，通常以百分比表示。

废水性质会影响沉淀池的功能和效果。一般来说，剥皮工段废水沉淀池和混合废水沉淀池在固体物去除效果最差。后者尽管固体物去除比例相对较高，但是从制浆造纸厂沉淀池流出的废水及从剥皮工段沉淀池流出的废水仍具有较高的固体物含量。

造纸厂正常运行期，流入沉淀池的废水成分和流速通常都有非常大的变化。细小颗粒物的沉降是一个非常细微的工艺过程，控制条件的细微变化也会导致这些颗粒物穿过水流。此类颗粒物的表面化学作用主要取决于 pH，因此，pH 对这类物质的沉降具有很大的影响，而较大颗粒物的沉降受 pH 的影响则较小。

从纸浆造纸废水中去除纤维的沉淀池取得了很好的效果；从沉淀池中流出的废水具有较低的固形物含量，其去除率可达 90%，通过添加化学品可以改变颗粒物的表面电荷和沉降性质以辅助其凝结和絮凝。

由于分流会大大地干扰细小颗粒物的沉降，因此通过改变沉淀池中不同水体的密度，由此改变水体的流动形态减少分流，进而可以调节水温。废水成分和流速的改变会给制浆造纸企业的污水处理厂带来问题，如：固体悬浮物的沉降差、表面污泥、阻塞和对设备的损坏。添加表面活性剂和在废水中输入空气有助于提高泡沫的形成，表面污泥的问题一般只限于剥皮工段的沉淀池，在此类沉淀池中，针状结晶、树皮和木屑会在表面沉积。

通过自动测量和实验室分析来监控沉淀池的运作。流入沉淀池的废水必须尽量稳定，可通过工艺调整及排水设施的合理布置来稳定废水的流速和成分。这样才能让固体物易于沉淀，对沉淀池运行不利的是废水温度和 pH 发生较大波动，对沉淀池所有控制和改进的主要目的都是为了消除分流。为此，须确定混合器速度、汽缸高度和溢流侧面负荷的最佳值。定期清洗溢流堰有助于减少分流，对传统沉淀池改进之一就是斜板沉淀池(见图 6 - 3)，其已用于单独处理涂料调制工段产生的废水。该类型沉淀池会生成层流，让沉降更有效，其优点是其空间要求小且性能良好；其不足是斜板上会积聚黏泥，导致运行维护工作量增大。

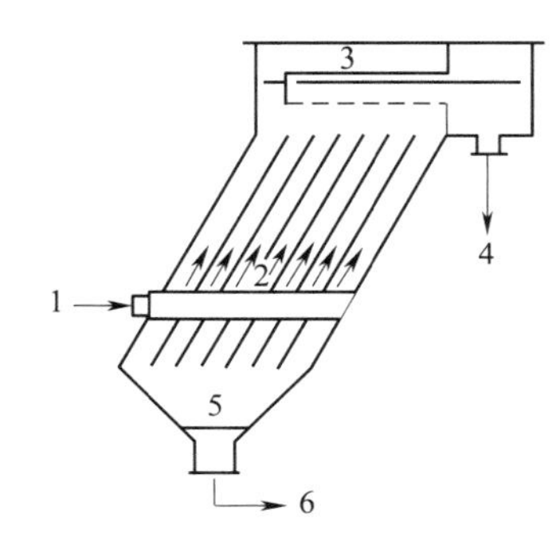

图 6 - 3 斜板沉淀池

1—废水 2—配置段
3—澄清水的去除 4—上层清液流出
5—污泥脱水机 6—污泥排口

浮选沉淀池利用小气泡将悬浮物带到表面(见图 6 - 4)，将空气泵入沉淀池，一部分(5% ~ 20%)澄清水或分散水是由淡水制得。

使用水泵将水的压力提升至 0.4 ~ 0.6MPa，并使用喷射器将空气注入水中来制备分散水。受压后空气溶解于水中，分散水随之被引入到沉淀池的第一部分并通过喷嘴分散。随着压力的下降，小气泡被释放出来。随着这些小气泡升向表面，它们吸附于固体絮凝物并把固体絮凝

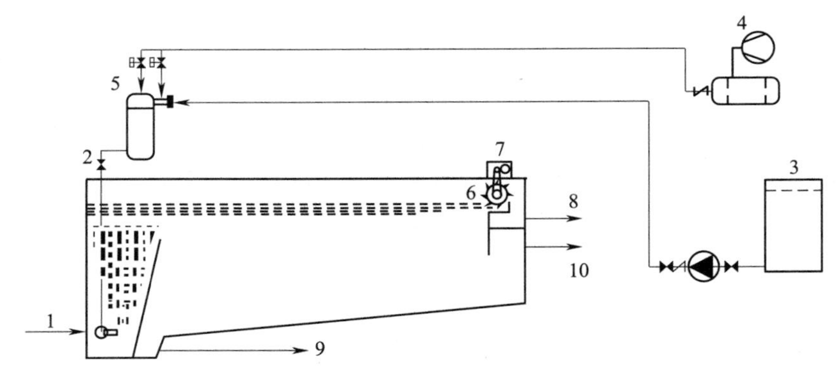

图 6-4　浮选工艺过程

1—流入的废水　2—流入的分散水　3—清水池　4—压缩机　5—分散水池
6—污泥去除辊　7—铲运机电机　8—污泥去除　9—底部污泥去除　10—废水

物一起抬升至表面。空气注入量与悬浮物去除量的比例是评价沉淀性能的重要指标。连续或定期地通过撇去浮渣的方式将在表面形成的污泥排至污泥溢放口中。而废水中的最重颗粒物会沉淀至池底,因此,这些颗粒物需以底泥的形式被去除。

对于含有沉降性差的轻量颗粒物的澄清水来讲,浮选是最佳的方法。这种技术一般应用于给水净化站以及造纸机的纤维回收设备,它也适用于去除生物处理后的固体悬浮物。

积聚在表面的污泥与沉降到池底的污泥具有不同的性质。因为表面污泥含有空气,所以在空气没有被去除前,表面污泥不能用离心泵进行泵送。在不同类型的污泥进行混合之前(如在污泥处理阶段),空气也须被去除。

浮选污泥的固形物含量为 1% ~3% 。浮选净化澄清具有以下优点:

——空间要求小

——对沉降性较差的污泥来讲非常有效

其缺点包括:

——能源消耗较高

——表面污泥很难与其他污泥混合

——运行成本较高

浮选一般用于深度处理(第三级处理),通过在生物处理工段后添加化学品来改善性能较差或生物处理无法去除的化学需氧量(COD)。用于浮选的沉淀池也可用于特殊的表面负荷,通常为 $4 \sim 8m^3/(m^2 \cdot h)$,其中空气与固形物之比一般由经验值确定。

滤除/过滤一般用于纤维回收和固形物含量高的废水外部处理。细小的固体悬浮物和沥青经常会造成过滤器的阻塞,且维修成本也非常高。过滤可在工艺过程中使用以去除某些废水馏分中的固形物,在这种情况下,水和固形物都会返回到工艺过程中。

超滤工艺即是通过多孔膜来将溶液中的乳化物质、悬浮物质、胶体物质和高分子物质去除。溶剂分子和低分子化合物会穿过多孔膜,进而使高分子物质变得更加浓缩。

用 0.1 ~1MPa 的压力来进行薄膜分离。超滤会产生浓缩物和渗透物。浓缩物包括所有不能通过薄膜的物质,而渗透物是所有能通过薄膜的物质。

薄膜分离主要是基于分子质量大小而实现。薄膜的截止值是指被其阻滞的最小摩尔质量[g/mol]。商业超滤膜的截止相对分子质量一般在1000~10000u之间。如,用于处理纸浆漂白废水的薄膜截止相对分子质量一般为6000~8000u。

超滤工艺过程为连续或批量工艺过程。后者通常是基于“开环”原理,在批量工艺过程中,浓缩物会被反馈到系统中,这可使得浓缩物被浓缩至所需浓度。

在连续(“排补”)系统中,浓缩物以特定的比率排出,或当浓缩物达到某个浓度值被排出。渗透物的成分和流速保持恒定。实际上,多个连续超滤单元会被连在一起以形成阶梯式系统。有了这样的布置,浓缩物中的物质浓度即可阶梯式地达到所需的浓度值。一个系统可包含4~8个单元。超滤在纸浆造纸业中的主要用途为:

——用于处理机械纸浆生产中的循环水

——用于去除亚硫酸盐制浆废水中的树脂

——用于回收木素磺酸盐

——用于在制浆厂中回收生产铜版纸的乳胶

纳滤和逆渗也可用于废水处理。与超滤相比,纳滤可用于去除更细小的颗粒物和微生物。逆渗则用于去除无机盐。随着膜物质性能的提高,膜法越来越多地用于制浆造纸业中。

超滤单元性能一般用通量率来表示,如单位面积膜的流量。可达到的平均通量率越高,工艺过程中需要的膜面积就越小。平均通量率和所需的膜面积是主要的设计参数。应进行先期试验以确定特定废水的通量率、去除率和最适宜的膜物质。在工艺设计中需有如下参数:

——待处理废水的流量和成分

——所需的截留相对分子质量

——浓缩物最终浓度

——渗透物成分

用于工艺过程的截留相对分子质量是根据特定参数的去除量或停留量来确定的,在一定范围内,截留相对分子质量取决于截留相对分子质量目标值和膜类型。例如,根据化学需氧量(COD)去除量,截留相对分子质量也取决于溶液的成分和工艺条件。

随着浓缩物的溶解物含量增加,膜的流量减小。因此,在多阶段执行这种工艺可提高通量率并减小所需的膜面积。增加穿过薄膜的压力也可提高通量率,但是压力的增加不能超过临界压力点。通量率也会随着温度的升高而提高。此外,溶液的pH也会对通量率造成影响。可通过管板的配置实现多种类型的系统。

砂滤是让废水通过0.5~1m厚的沙床以去除水中的固体颗粒物。所使用的砂粒粒度为0.8~2mm。通常砂滤都是分阶段地进行的。实际过滤过程会花费几小时甚至一天的时间,当滤床因物质积聚达到出水断流时才算完成。滤床必须定期或在必要时使用逆流洗涤的方法进行清洁。这个过程耗时15min左右。如果流入过滤器的废水含有相当高的固体物,那么过滤过程会缩短且会降低过滤器的性能。如果待处理的废水量较少或待处理的废水需要避免与空气接触,则可使用压力式过滤器。压力式过滤器的原理与开敞式过滤器一样,但其整个系统都是在压力下运行。在有些过滤器中,可以通过冲洗使部分砂粒不断再生。

在开敞式砂滤过程中使用的表面负荷通常为5m/h左右,在压力式过滤器中,表面负荷稍微高一些。一般说来,砂滤最适合处理固形物含量较低的废水,在经生物处理后进行砂滤可去

除残留的固形物;因此,吸附于颗粒物上的有机物和营养物也可被去除。传统砂滤的优点如下:

——可以产出固形物含量非常低的滤液

——也可以去除吸附于固体颗粒物上的化学需氧量(COD)和生物需氧量(BOD)

其缺点如下:

——这种工艺过程不能用于处理高固形物含量的废水

——清洗滤床需要在较短的时间内使用大量的水

——过滤器需要维护才能防止粘泥的形成

在某些情况下,砂滤会作为生物处理和浮选单元的后处理,用于悬浮物质和营养物质的去除。人们设计出了连续砂滤过程,这样过滤和部分滤床的清洗就可同时进行。过滤则以传统的方式进行。

有些过滤器包含许多由内壁隔开的小过滤室。每个过滤室的滤床都可以根据预设程序依次进行冲洗。在其他类型的过滤器中,滤砂不断地从滤床底部移动到单独的冲洗段,然后再返回过滤器中。

在芬兰,连续砂滤已经用于原水净化和纸机的白液处理,这两种用途都取得了一定效果。浮选过滤器是砂滤器和浮选澄清器的组合,在浮选过滤器中,浮选和过滤在同一个池中进行。浮选去除了大部分的污染负荷,因此使得流入滤床的固形物较为稳定。浮选过滤器可承受废水中固形物含量的持续增加。

浮选过滤过程中使用的表面负荷与砂滤过程中的表面负荷较为相似。合理使用化学品可使工艺效果更好。浮选过滤适合用于固形物含量变化非常大的废水;当出水水质要求严格时,也可使用浮选过滤。

6.2.2 化学絮凝

如果要将化学凝结和絮凝物结合起来,那么就必须在含有1~3个过滤室的絮凝池中进行快速混合。这种做法使得小型固体颗粒物能够结合在一起以形成较大的絮凝物,这更利于固形物的去除。在快速混合的过程中加入聚合电解质有助于絮凝,pH的控制也对适当的絮凝物形成有重要作用。

强力地混合确保了所需化学品在絮凝前尽可能充分地与水混合。废水在快速混合池中的停留时间为0.5~3min。

通过轻轻搅拌的方式来保持絮凝池中的废水不断流动。在适当的条件下,固体颗粒物相互结合以形成较大的固形物或絮凝物。轻轻地进行混合是防止絮凝物被破坏。水在絮凝池中的停留时间为20~40min。

化学凝结后,经处理的废水被引入净化澄清单元或进入其他去除固形物的设备当中。这些操作通常都需要进行前期试验才能保证系统的设计合理。用于絮凝的主要化学品有:

——铝盐,例如 $Al_2(SO_4)_3$和 $Al_n(OH)_mCl_{3n-m}$

——铁盐(Ⅲ),例如 $FeCl_3$和 $Fe_2(SO_4)_3$

——铁盐(Ⅱ),例如 $FeSO_4$

——石灰

为了达到最佳的絮凝效果,在缓慢混合过程中一般都需要加入适当的聚合物。

化学凝结是为了中和颗粒物携带的电荷以防止其相互排斥。这就需要添加金属阳离子，因为大多数悬浮有机物都带负电荷。通常，凝结剂本身也会沉淀（如氢氧化物），这使得废水处理效果更佳。因此，pH 控制也非常重要。另一方面，有机聚合电解质通常会与污染颗粒物结合，这样就促进絮凝物的形成。成功的化学凝结需要工作人员对表面化学和胶体化学有一定的了解。

用于确定电荷形态最常用的测量方式为阴离子带电量测定、电动电势测量和颗粒物大小计算。

在废水处理中，化学凝结主要用于浓缩废水馏分（例如漂白、涂料制备和剥皮工段废水）的单独处理。通过沉降、浮选或过滤将水中形成的絮凝物去除。化学凝结的优点在于其便于操作和投资成本低。而其主要的缺点在于其运行成本高和污泥产量大。

由于污泥中含有化学凝结剂，所以污泥很少被返回到工艺过程中。在芬兰，少数的制浆造纸厂将化学凝结与含纤维废水利用重力沉降和浮选处理进行综合处理。化学凝结也可去除不可生物降解的化学需氧量（COD）或提高可生物处理性能。

6.3 生物方法

对于相对分子质量为 800u 或更小的低分子质量有机物来讲，生物处理方法特别有效。生物处理是基于微生物在废水中的生存和繁殖能力。使用生物处理法，微生物会将溶解物和胶体作为营养物进行分解。这样，污染物部分转化为生物质，部分转化为二氧化碳和水。

为确保生物处理效果，需对废水进行预处理。温度、pH、氧气和营养物含量必须保持在一个适于微生物生长的适当水平。生物处理过程可能涉及到不同微生物同时使用，包括最简单的细菌、原生动物，甚至是蠕虫。正是因为这样，许多工艺过程才能经受干扰，甚至是有毒物质的存在。大部分制浆造纸厂都使用生物处理法（多数采用好氧处理）。

6.3.1 活性污泥废水处理法

在好氧处理中，微生物对有机物的分解是在有氧条件下进行的[3-4]。最终产物为二氧化碳、水和新细胞。所涉及的生物化学反应很复杂，酶起着很重要的作用。工艺简图如图 6-5 所示。

在整个反应当中，60% ~70% 的有机碳用于形成新细胞，30% ~40% 的有机碳用于产生能量。溶液中 1kg 的生物需氧量（BOD）以足够营养物产生 0.4 ~0.7kg 的新生物质，这个工艺过程会消耗 0.5 ~0.9kg的氧气。生物质的分解过程也需要氧气，20% 左右的生物质保持原样。好氧废水处理能够成功的关键因素在于：

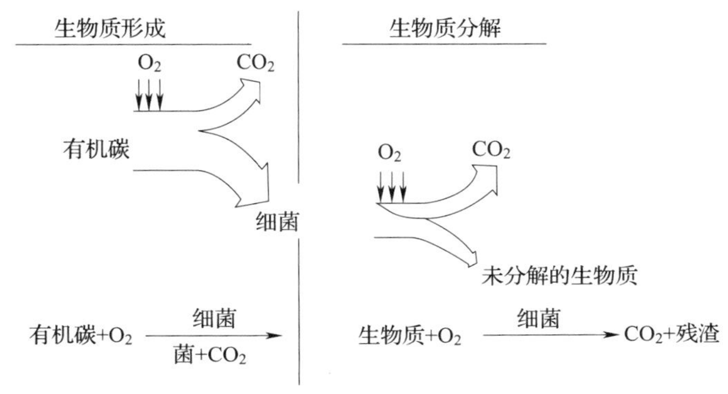

图 6-5 好氧处理的工艺原理

——营养物数量与生物质数量的比例

——营养物的类型(生物质的吸附)

——温度、pH、氧气含量和有毒物质的浓度

废水性质,例如所含营养物类型体现在生物质的吸附能力和分解速度上。提高温度可以大大加快反应速度。35℃的分解速度一般比20℃的分解速度快3~5倍。

最适合于该工艺过程的pH为7.0~7.5,pH为6.8~8的范围也是可行的。较低的pH有利于生物质中酵母的生长。由于二氧化碳的形成,正常运行的生物处理工段具有很大的缓冲能力。

营养物与有机碳的比例也很重要。基于所生成的生物质数量的传统比例为BOD: N: P = 100: 5: 1。测量废水营养物含量是为了控制营养物配量。就如何合理配比营养物,最佳方法是营养物平衡法。

某些微量元素(例如铁、钾和锌等金属元素)也是必需的,但废水通常含有足够的微量元素。在好氧废水处理中,一般都会通过曝气的方式向反应罐中的水或水与污泥的混合悬浮物提供过量氧气。主要的好氧废水处理法有:

(1)活性污泥废水处理法

——连续处理(塞流或完全混合[3])

——批量处理

(2)氧化塘

——曝气氧化塘

——稳定塘

(3)固定床废水处理法

——生物过滤器(固定或活动介质)

——转筒式生物反应罐

芬兰造纸业最常用的工艺过程为活性污泥废水处理法、曝气氧化塘(或塞流)和活动介质生物过滤器。在活性污泥废水处理法中,首先将生物质(如活性污泥)和废水混合以在反应罐中形成均匀的悬浮液,然后再向反应罐中导入空气(图6-6)。

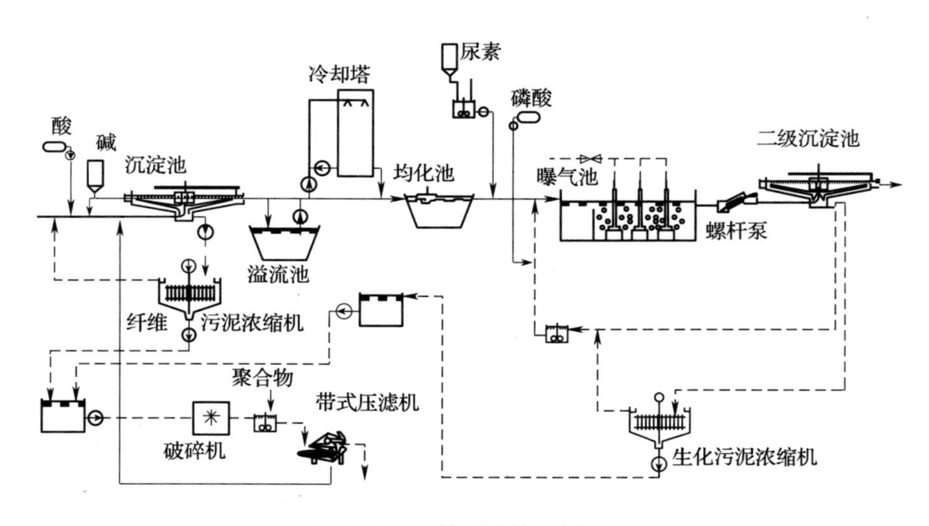

图6-6 活性污泥法工艺原理

污泥和水的悬浊液从反应罐(曝气池)流往沉淀池;在沉淀池中,污泥沉淀到池底。大多数污泥都会被泵送回曝气池中。而过剩的污泥会从该工艺过程中除去,这是工艺过程重要的控制环节。

活性污泥法由两个主要的组成部分:曝气和沉降。两个过程是如何协调一致地发挥作用决定了整个活性污泥法的处理效果。下面的这些概念常用于确定活性污泥处理工段的规模大小:污泥负荷是指曝气池中生物需氧量(BOD)与生物质的比值,例如:

$$F/M = (kgBOD_7)/d/(kgMLVSS) \tag{6-3}$$

混合液挥发性固体悬浮物(MLVSS)是指曝气池中活性或有机固形物的数量。这个概念的使用是为了将惰性污泥计算在内,惰性污泥是指存在于活性污泥法处理过程中,但不参与处理过程的污泥。然而,混合液挥发性固体悬浮物用于处理制浆造纸废水时并不是十分有效,因为造纸废水中含有生物惰性物质(如木质纤维)。

在大多数情况下,纤维占总量的30% ~50% 。污泥负荷常用固形物与总固形物负荷的比例表示,因此,其包括了无机固形物和其他非活性固形物。污泥负荷对制定活性污泥法工艺过程标准非常重要,因为它决定了曝气池的容量。在正常的负荷下,0.1 ~0.25kg BOD/kg的污泥负荷就可保证最佳的运作效果。污泥负荷与污泥停留时间(SRT)的相关性也可用于活性污泥法处理工段的运行管理。

(1)污泥含量是指曝气池中每单位体积污泥的固形物干质量。标准值为2.5 ~4.0kg/m^3。

(2)污泥指数(污泥容积指数、SVI 或稀释污泥容积指数,DSVI,单位 mL/g)反映了活性污泥的沉降性质。目标值一般为100 ~150。如果稀释污泥容积指数(DSVI)超过200,即为膨胀污泥。

(3)絮凝物负荷[COD 的单位质量(g)/活性污泥质量(g)]是指生物污泥能吸附多少化学需氧量(COD)负荷。

(4)曝气池中的含氧量(mg O_2/L)应高于某个最低水平(在使用空气的活性污泥工段中,其为1.5 ~2.0mg/L)以确保活性污泥法处理工段的正常运行。在曝气池的不同位置,氧气含量会有所差异,这种差异的程度取决于曝气池的尺寸大小。

(5)循环数(CN)是指在污泥停留时间(SRT)内,生物污泥通过二级沉淀池的平均次数。计算循环数(CN)的近似公式为 Q_r/Q_w+1,其中,Q_r是指回流污泥量,Q_w是指从系统中除去的过剩污泥量。

(6)污泥停留时间(SRT)是指曝气池中固形物量与从系统中除去的固形物量的比率。污泥停留时间通常为5 ~15 天。

(7)容积负荷是指单位容积废水进入曝气池中的可生物降解的有机物数量。容积负荷是废水污泥负荷与污泥含量之积。

沉淀池的表面负荷

沉淀池是活性污泥法处理工艺关键工序。在设置传统沉淀池的规格时会采用以下参数:

——水力表面负荷

——污泥表面负荷

——污泥容积负荷

水力表面负荷计算为:

$$S_H = Q/A \tag{6-4}$$

式中 S_H——水力表面负荷,$m^3/(m^2h)$或 m/h;(对于一级沉淀池来讲,水力表面负荷一般为0.8m/h 或更低;对于二级沉淀池来讲,水力表面负荷为0.6m/h 或更低)

Q——流速,m^3/h

A——沉淀池的表面积,m^2

建议参数忽略回流污泥的作用。参数取决于曝气池的污泥负荷及沉淀池的形状。

污泥表面负荷为:

$$S_L = M/A \tag{6-5}$$

式中 M——每小时进入沉淀池的活性污泥量

污泥容积负荷计算为:

$$S_{SVI} = S_H \times c \times SVI \times 10^3 \tag{6-6}$$

式中 S_H——水力表面负荷

c——活性污泥的浓度

SVI——污泥容积指数

S_{SVI}——污泥容积负荷

然而,近期实验测试和其他调查研究显示,表面负荷概念不足以正确地设置沉淀池的规格标准。废水停留时间对于评价沉淀池的性能非常有用。对于一级和二级沉淀池来讲,4~5h停留时间已经足够。

污泥回流比

污泥回流比是制浆造纸业从城市生活污水处理中引入的一个概念。污泥回流比取决于:

——回流污泥的稠度

——曝气段中污泥的含量

回流到工艺过程中的污泥稠度取决于污泥的沉降性质,反之,它也是由废水类型和选用工艺确定的。同时引入的另一个概念即絮凝物负荷,其或可取代污泥回流比。对制浆造纸废水而言,在大多数情况下,絮凝物负荷都为0.3或更小。可通过实验室测量来确定适当的数值。

过剩污泥

活性污泥处理工艺中的污泥是由进入到工艺中的生物质和固形物组成的。这种混合物被称作为生物污泥。可根据经验公式(6-7)来计算生物质在曝气池中的生长:

$$dS = aSr - bX \tag{6-7}$$

式中 dS——生物质的形成量,kg VSS/d

Sr——BOD_7的降低量,kg/d

X——曝气池中悬浮固体物的量,kg VSS

a——固体物形成系数

b——内生分解的速率常数。

从公式(6-7)可以看出,新物质的生成与生物需氧量(BOD)的降低量、曝气段中的固形物量及固形物形成和分解的速率相关。在计算物料平衡时,就必须考虑进入和离开废水的质量流。

活性污泥处理工艺的改进

根据负荷把活性污泥法处理工艺进行分类与城市污水处理当中使用的分类相似。就制浆造纸业来讲,下面的方法更为合适:

——延时曝气,$F/M=0.05-1$

——低负荷工艺过程,$F/M=0.1-0.3$

当生物质的量且停留时间充足时,处理即完成(废水溶解的生物需氧量(BOD) $<10mg/L$)。

在过去的20年当中,其他处理厂(比如高负荷)的使用已经大大减少(如在芬兰和其他一些国家)。

根据曝气进行的分类:

——塞流

——彻底混合

——高纯氧工艺过程(或局部氧工艺过程)

在塞流工艺过程中,废水和回流污泥被供给到曝气池中。进口附近的需氧量是最高的,需氧量随着混合物流经曝气池稳定降低。废水/污泥混合物作为“塞流”沿着曝气池流动。

在彻底混合系统中,流入的废水尽量彻底地与曝气池的所有部分混合。这就意味着整个曝气池的需氧量是一样的。峰值负荷均匀地分布于整个曝气池。这种工艺过程的生物部分易于控制管理。

氧气处理工艺与传统的活性污泥法在原理上没有区别。通过调整纯氧的进给量使曝气段处于轻微的压力之下。第一家氧气废水处理厂于1975年在美国建成。

在过去的10~20年当中,其他类型的活性污泥法都已经很少或停止使用。使用“选择区”(3~6个串联的混合液预处理区)来改进化学需氧量(COD)的吸附效果是大势所趋。在制浆造纸业中,合理的设计也使污水厂取得了很好的效果。

与常规的塞流型工艺相比,将曝气池分隔为多个小曝气池,生物质对有机物的吸附作用更加有效。选择区的有氧工作能力对制浆造纸废水的处理至关重要[5]。活性污泥工艺受到以下因素的影响:

氧气

活性污泥工艺是在有氧的条件下运行的。

温度

生化反应的速度取决于温度。用以下公式表示:

$$K_t = k_{20} \cdot Q^{t-20} \tag{6-8}$$

式中 K_t——t(℃)时的反应速率常数

k_{20}——20℃时的速率常数

Q——温度系数

温度系数值一般在1.00~1.03。

活性污泥工艺的工作温度范围很广。然而,快速的温度变化会带来问题。用于处理城市污水时,该工艺应在2~5℃的低温下运作。通常,制浆造纸废水温度较高,活性污泥法废水处理工艺过程在高达35~37℃的温度下也可良好运行。但是,如果温度高于40℃,废水就必须先被冷却。

营养物

营养物浓度与有机物浓度的比值对废水处理来讲非常重要。通常,制浆造纸废水的BOD: N: P比值为100: (1~2): (0.15~0.3)(见表6-1)。生物处理必须要有最低的营养物质(主要是磷和氮)浓度,而且这些营养物通常必须进行添加。如活性污泥法需要添加废水中化学需氧量(COD)的0.8%~3.5%的氮和0.3%~0.5%的磷。

通过营养物平衡(流入的营养物等于流出的营养物)来计算需要添加的营养物量是最准确的。计算时,经处理废水的磷含量取0.1~0.2mg/L,氮含量取2~2.5mg/L。

氮和磷含量不足会导致污泥的沉降性差、生物需氧量(BOD)和化学需氧量(COD)降低或污泥量减少。但添加过量的营养物会增加受纳水体的负荷。

有毒物质

控制毒性物质部分或完全取决于毒性物质的浓度。毒性物质对系统的影响取决于温度、营养物水平、存在的微生物类型以及微生物的适应能力等因素。高浓度的过氧化氢物会对生物污泥造成损害。脂肪酸和树脂酸对活性污泥具有一定毒性。

制浆造纸废水的排放一般不会造成毒性问题,尽管制浆造纸企业偶尔出现高浓度有机化合物排放会扰乱废水处理工艺过程。

活性污泥法处理工艺一般不会降低色值。但在在某些特殊情况下,色值也可能会降低20% ~50% 。

好氧处理法可将化学需氧量(COD)降低60% ~85% ,这取决于废水的性质,而生物需氧量(BOD)的目标则是降低95% 以上。

可通过多种方法来计算活性污泥处理工段的规模大小;其中一个方法[3]如下。

曝气池容量

假设所设计的活性污泥处理工段为彻底混合型。其计算过程基于有机物分解公式:

$$\frac{S_0(S_0 - S_e)}{X_v t} = K(S_e - y) \tag{6-9}$$

式中 S_0——流入废水的总生物需氧量(BOD)、化学需氧量(COD)或总有机碳(TOC),mg/L

S_e——出水的可溶生物需氧量(BOD)、化学需氧量(COD)或总有机碳(TOC),mg/L

X_v——混合液挥发性悬浮固体(MLVSS)浓度,mg/L

t——在曝气池中的时间

K——有机物分解的速率系数,d^{-1}

y——有机物的未分解部分,mg/L

当生物需氧量(BOD)作为有机物含量的来计算时,y 一般取零。速率系数,K 取决于温度,公式如下:

$$K_2 = K_1 \theta^{T_2 - T_1} \tag{6-10}$$

式中 K_1和K_2分别为温度T_1和T_2时的生物降解速率系数

θ 为温度系数

θ 通常在1.03 ~1.09 之间,但是实际上是根据经验来确定其数值。同时需要进行测试来确定污泥负荷、F/M 和污泥停留时间 G,因为它们决定了曝气池的容量。用于确定污泥负荷和 F/M 的公式如下:

$$F/M = S_0/X_v t \tag{6-11}$$

用于确定污泥停留时间,G 的计算公式为:

$$G = \frac{X_V}{\Delta X_V} \tag{6-12}$$

式中 S_0——流入废水的总生物需氧量(BOD)、化学需氧量(COD)或总有机碳(TOC),kg/d

X_v——曝气池中的平均 MLVSS(混合液挥发性悬浮固体),kg/d

ΔX_v——过剩生物污泥(VSS)的产生量,kg VSS/d

t——在曝气池中的时间,d

一旦确定了必需的污泥负荷,曝气时间和曝气池容积即可通过公式(6 -11)算出。最长的曝气时间也可使用公式(6 -9)进行核算,获得的这些数值的峰值可用于废水处理厂的设计。需注意的是确定污泥负荷是为了获得沉降性最好的污泥。

生物污泥的生物可降解能力

在设计阶段必须进行实验室测试以确定生物污泥可降解的比例。据相关测试报告称，这个比例为77%。不能被生物降解的有机物比例(X)会随着污泥停留时间的增加而增大。可通过以下公式计算该比例：

$$x = \frac{aS_r + bX_v - \sqrt{(aS_r + bX_v)^2(0.77aS_r)}}{2bX_v} \qquad (6-13)$$

式中 x——混合液挥发性悬浮固体(MLVSS)的可生物降解部分

a——污泥产率系数，生成的挥发性固体悬浮物(VSS，kg)/去除的有机物质量(kg)

S_r——去除的有机物[生物需氧量(BOD)、化学需氧量(COD)或总有机碳(TOC)]，kg/d

b——污泥降解系数，被分解的挥发性固体悬浮物(VSS，kg)/曝气池中的混合液挥发性固体悬浮物(MLVSS，d^{-1})

X_v——曝气池中的平均混合液挥发性悬浮固体(MLVSS，kg)

在计算有机物和氧气的需求量时，需要 x。

营养物需求量

有机物分解过程中形成的生物质含有12.3%的氮和2.6%的磷，那么随着污泥停留时间的增加和生物质的分解，氮含量会降低至7%，磷含量会降低至1%，这些数值可用于下列公式中氮和磷需求量的计算：

$$\text{氮需求量(kg/d)} = \frac{0.123 \times \Delta X_V}{0.77} + \frac{0.07(0.77 - x)\Delta X_V}{0.77} \qquad (6-14)$$

$$\text{磷需求量(kg/d)} = \frac{0.26 \times \Delta X_V}{0.77} + \frac{0.01(0.77 - x)\Delta X_V}{0.77} \qquad (6-15)$$

式中 ΔX_v——过剩污泥的产生量，kg VSS/d

氧气需求量

下列四种类型决定了氧气的需求量：

(a)用于生物降解有机物消耗的氧气($a'S_r$)

(b)细胞分解消耗的氧气($b'X_v$)

(c)化学需氧量(R_c)

(d)将氮化合物氧化成硝酸盐消耗的氧气(R_n)

因此，氧气总需求量为：

$$R_r = a'S_r + b'X_v + R_c + R_n \qquad (6-16)$$

式中 R_r——氧气需总求量，kgO_2/d

a'——每天被去除的有机物细胞合成消耗的氧气，kgO_2/d

b'——每天混合液挥发性固体悬浮物细胞分解消耗的氧气，kgO_2/d

R_c——化学需氧量(测量值)，kgO_2/d

R_n——将氮化合物氧化成硝酸盐消耗的氧气，kgO_2/d

X_c——每天曝气池中平均MLVSS(混合液挥发性悬浮固体)

生物污泥产量

工艺过程中生成的某些生物污泥必须定时去除以进行干燥和清理。在计算去除率时，必须考虑以下因素：

(a)进入污水处理厂的不可降解悬浮固体，SS(fX_i)

(b)通过细胞合成实现的生物污泥生成(aS_r)

(c)由于生物污泥分解导致的生物污泥消耗(bX_v)

(d)与处理废水一起溢出的污泥(X_e)

过剩污泥量从以下公式得出：

$$\Delta X_v = aS_r + b_X X_V \tag{6-17}$$

总污泥量从公式(6－18)得出。

$$\Delta X = fX_i + \frac{\Delta X_v}{f_v} - X_e \tag{6-18}$$

式中 ΔX——污泥产量，kg SS/d

f——流入废水中不可生物降解的固体物的比例，kg SS/d

X_i——进入流入废水的固体悬浮物，kg SS/d

f_v——曝气池中的混合液挥发性固体悬浮物(MLVSS)与混合液固体悬浮颗粒的比值(MLVSS/MLSS)

X_e——流出废水中的固体悬浮物，kg SS/d

ΔX_v——过剩生物污泥产量，kgV SS/d

X_v——曝气池中平均MLVSS(混合液挥发性悬浮固体)

根据经验推导出的公式也用于计算曝气池在冬天和夏天的温度。此类计算尽管是基于理论的假设，但是在不同公式中所使用的系数还是应在设计阶段通过实验室测试确定。现有企业的运行记录也有助于这些系数的确定。现有企业也为出现干扰的原因提供了研究调查的实例。

工艺管理薄弱、事故废水或设备运行故障(临时或连续故障)都可能对污水处理厂产生干扰和冲击。

活性污泥法废水处理的第一步为吸附，在这个阶段中，固形物、胶体物质和溶解的化合物会吸附到生物污泥上。从二级沉淀池流出的回流污泥沉降性良好且其可持续生长。污泥回流率与废水中可吸附物质的进入率之间的比例应调解适当。一般是按单位时间的回流污泥(kg CODinf/kg)计。术语絮凝物负荷[5]和冲击负荷也会被使用。用回流污泥来吸附物质最好是在选择区或塞流池中完成。就制浆造纸业的浓缩废水来讲，最常见的一个调节错误就是超絮凝物负荷。有机物稍后会在工艺过程中被吸附，甚至是被沉降性差的污泥吸附。

造纸废水中的氮磷含量较少，无法满足处理过程中的营养物需求量。营养物配比失调是导致活性污泥处理工艺出问题的最常见原因(尽管这种情况已经有了改善)，其影响了在后续生物降解过程中的吸附作用。

在射流活性污泥处理工艺中，氧气消耗量通常在吸附开始后的1.5～3.0h达到最大值，并在吸附开始后的6～8h降低到最小值。这就需要正确分布曝气量，当然，充分的混合也必不可少。一般说来，必须向曝气池的前三分之一段提供50%的曝气量。但曝气量没在曝气池中适当地分布确是常有的事。为解决这一问题，有时废水会被逐步地导入曝气系统中以使得池中的氧气负荷均等。但是，这会存在沉降性差的生物质吸附污染物的弊端。

如果污泥在系统中停留的时间太长，例如，好氧的污泥量太大，则会超过工厂的曝气量。延长污泥停留时间可减少生物质的产量、提升处理效率、降低营养物的需求，进而并使得营养物质的配量不再那么重要。在不超过曝气量的前提下延长污泥停留时间非常有益。

导致活性污泥处理工艺过程出问题的其他原因还包括 pH 调节不当、树脂酸和脂肪酸的浓度太高、缺乏某些微量元素等。

就生产过程中使用的有毒化学品来讲,纸浆漂白过程中使用的过氧化物和二氧化硫溶液在某些情况下也会干扰活性污泥工艺,当大量使用过氧化物和二氧化硫溶液时更是如此。在某些氧化塘或生物过滤器与活性污泥串联的污水处理厂中,活性污泥工段的处理效率比标准效率要低。主要问题就是处理后的废水中的悬浮固形物很多。这可能是由于大量的沉降性差的污泥进入了活性污泥处理工段。测试表明,在进入活性污泥处理工艺的金属当中,铁、锌、锰和钾的吸附作用特别有效。测试还发现,铁等金属的添加可提高污水处理厂的处理效率。

至于处理设施,确保废水处理成功的关键在于一级沉淀、曝气机及其位置、稳定可靠的压缩机、备用压缩机以及污泥干燥。不当或有故障的在线测量仪器是导致工艺过程运行管理不利的主要原因。在线测量仪器最常用于流量和氧气含量的测量。测量不准也会给曝气池和二级沉淀池的设置带来严重缺陷。

6.3.2 其他好氧处理工艺

曝气氧化塘已经用于处理有一定温度的工业废水。曝气氧化塘类似于没有污泥循环过程的活性污泥处理工艺。在曝气氧化塘中生成的生物质沉降性较差,其生物需氧量(BOD)去除率只有 30% ~50% ,有些生物质可通过沉降或浮选去除。在某些情况下,修建曝气氧化塘比修建活性污泥法污水处理厂成本更低,只要空间足够且地势适宜(如大坝可以紧邻受纳水体建立)。北欧国家曝气氧化塘的生物需氧量(BOD)去除率可高达 90% (冬季为 75% ~80%)。

在工艺过程中使用固体生物膜,生物质就会在表面形成一层固体支撑介质(薄层发酵)。在大多数现有的制浆造纸厂中[如流化法、上流式厌氧污泥床(UASB)法],这种介质都会穿过废水。

生物质的生长会导致薄膜变厚从而使得介质层形成厌氧条件。这导致了薄膜和生物质相分离,随后薄膜在沉淀池中作为过量污泥被去除。在生物过滤[上流式厌氧污泥床(UASB)反应罐]中,废水被泵送到惰性塑性材料的移动(浮动)床上。通过正常通气,空气向上通过过滤塔(如逆流通过废水流)。离开过滤塔的废水进入到沉淀池中。可通过多种方法来进行循环和净化澄清。

碎石曾经也被用作为惰性过滤介质,但当今行业中更倾向使用塑料质或塑料粒料系统。这样做是为了实现更大的接触面积($100m^2/m^3$,甚至 $200m^2/m^3$)。

生物过滤能力不仅是由生物需氧量(BOD)负荷决定,还由回流率决定。在下列情况下,生物过滤为可行方案:

——作为浓缩废水(600 ~700mg BOD/L)的预处理

——用于局部生物处理[生物需氧量(BOD)去除率 50% ~80%]

——用于温热废水的预处理(生物过滤器也可用作为冷却塔)

如果生物过滤器用于活性污泥法污水处理厂中的预处理,那么在设计阶段必须检查这个工段的生物需氧量(BOD)去除率是否足够低,从生物过滤器流出的大量沉降性差的污泥可能会干扰沉降。同样,为适当地调节营养物,生物需氧量(BOD)去除效率也不应太高。

6.3.3 厌氧处理工艺

在厌氧处理工艺中,有机物在没有氧气存在的条件下被微生物活动分解(见图6-7)。图6-8说明了厌氧处理系统的工艺流程。上流式厌氧污泥床(UASB)见图6-9。

使用的基质为有机化合物和含氧化合物。厌氧形成新细胞并释放了能量。厌氧的产物为甲烷、二氧化碳、水和其他气体(如氢气、氮气和硫化氢)。

厌氧工艺过程可在两种温度范围内进行:中温范围(29~38℃)和高温范围(49~57℃)。尽管高温范围的反应速率更快,但由于其容易中断,所以较少被采用。厌氧废水处理主要被用于3个工段:

(1)水解/液化过程。

(2)酸解过程。

(3)甲烷形成过程。

甲烷的形成在pH为6.6~7.6的范围内进行,最好为7.0左右。如果pH超出这个范围,甲烷就不再生成,且系统的二氧化碳含量开始升高。因此,pH的调节控制非常关键。用于pH调节控制最常用的试剂为石灰和碳酸氢钠。低浓度的某些无机盐也可促进这个工艺过程。

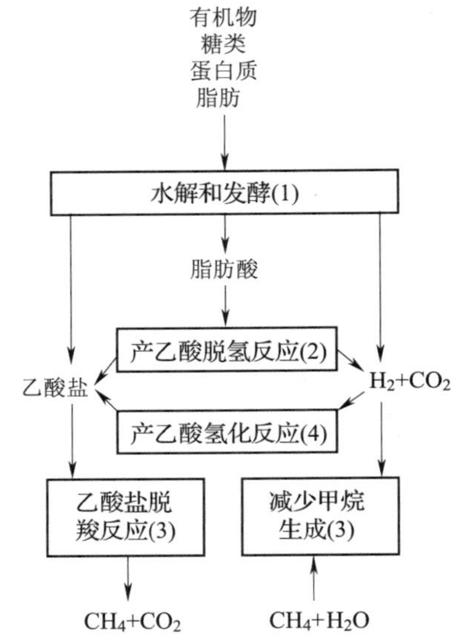

图6-7 厌氧处理的主要工艺流程

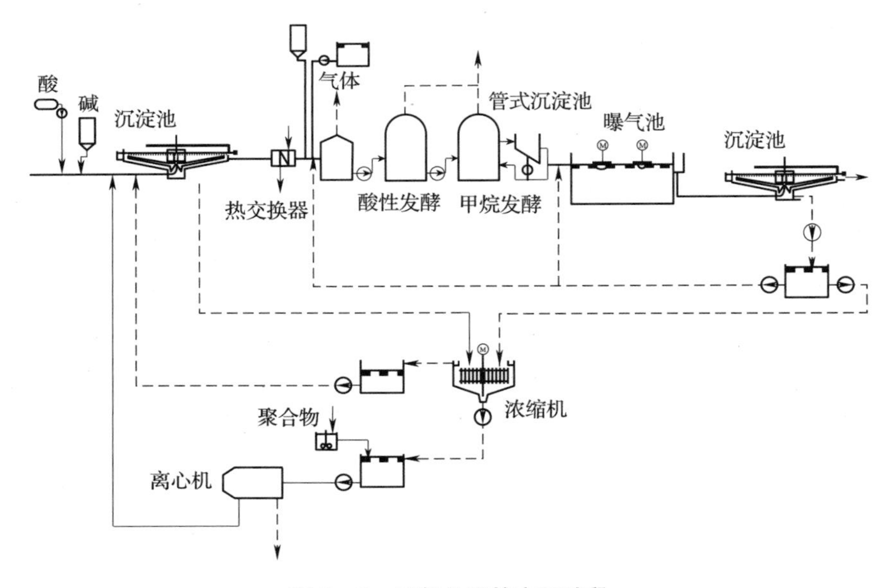

图6-8 厌氧处理的主要阶段

厌氧处理工艺很早就被用于食品和饮料行业,也被用于其污泥的处理,近来,厌氧处理工艺也已应用于处理制浆造纸废水。使用厌氧工艺来进一步分解活性污泥工段的生物污泥的效果不佳。但是,对于某些工段的废水来说(如冷凝物)厌氧处理工艺还是很有效的。厌氧反应器主要有两种类型:

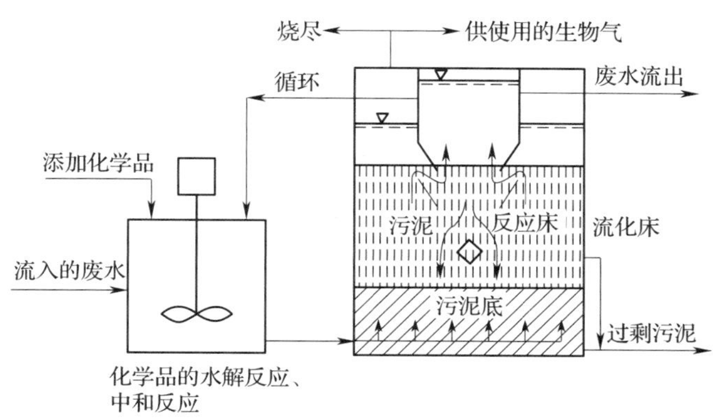

图 6－9 上流式厌氧污泥床(UASB)法厌氧处理[4]

(1)微生物与废水均匀混合的反应器(污泥反应器)。这是现在使用的主要反应器类型。

(2)微生物停留在某种介质上的反应器(生物膜反应器)。

最早的厌氧处理最简单,它是一个池子形状的反应器(或发酵器),有无加热功能都可以。一般来说,水力停留时间要足够长才能确保固体有机物有足够的时间分解。最初,漫长的废水生物处理就是化粪池中完成厌氧处理工艺的。使用这种方法达到的 BOD_7 去除率为 60% ~ 80%,具体取决于处理时间,其水力停留时间为几天或更长。

制浆造纸业使用的反应器类型主要是基于厌氧发酵院里,主要包括流化床和上流式厌氧污泥床(UASB),其中,反应床由颗粒剂构成。厌氧处理工艺优点在于:

——厌氧处理不需要曝气系统,这降低了投资和运营成本

——与好氧处理工艺相比,厌氧处理生成的细胞质更少

——厌氧处理工艺适用于多种不同类型的废水

——营养物需求量较低

——氧气由硫酸盐和硝酸盐提供

——生成的甲烷和二氧化碳的混合物可被燃烧用作能源

厌氧处理工艺的缺点在于:

——厌氧处理需要比环境温度更高的温度

——较短的水力停留时间需要较高的生物质浓度

——生成足够的产甲烷细菌需要花费 2 ~ 11 天,即固形停留时间更长

——厌氧处理工艺对环境的突发变化很敏感

——在达到平衡前,厌氧处理工艺需要 20 ~ 30 天的诱导期

——在某些情况下,厌氧处理会产生恶臭

——厌氧处理工艺通常需要和好氧工艺联合使用

厌氧处理工艺已成功地用于处理制浆造纸废水。

6.4 其他废水处理工艺

6.4.1 活性炭吸附

活性炭可从溶液中吸附某些化合物,因此活性炭早已用于污染物的净化工艺中。活性炭的吸附能力归功于碳具有很好的比表面积(600 ~ 1000m^2/g)及其多孔的结构。活性炭吸附工

艺主要类型有：

——吸附到活性炭柱中的颗粒状活性炭上

——吸附到活性炭罐中的粉末状活性炭上，然后进行净化澄清(聚合氯化铝(PAC))

活性炭柱上的连续吸附工艺非常易于进行。影响颜色的有机化合物被逐渐地吸附到活性炭的小孔中。一旦饱和，活性炭须经再生后使用。

将饱和的活性炭从活性炭柱中取出进行干燥和加热，通过这种方法再生后的活性炭被放回活性炭柱中，加热时的活性炭再生损失率为5% ~15% 。

活性炭也有去除有机物的能力，活性炭的需求量通常是废水的 3 ~ $10kg/m^3$，随着接触时间的减少，活性炭的需求量增加。目前已对使用活性炭处理硫酸盐法制浆漂白工段产生的废水进行了测试。

6.4.2 蒸发

蒸发是一种单元工艺过程，在蒸发过程中，溶剂被转化为蒸汽，这样溶解的固形物就可以被析出。这是由于与溶剂相比，溶解固形物在蒸发温度下的蒸汽压力可以忽略不计。

根据蒸发原理，我们可以假设当废水被蒸发时，蒸汽压力比水的蒸汽压力高的成分将被转移到浓缩物中，而冷凝物包含了废水中大多数非挥发性成分。另外一个假设即是基于这样一个事实，即随着总固形物的增加，水溶性低的离子会形成不溶性盐或复合体。然而，这两种假设都没有考虑到随着浓缩物中总固形物含量的增加可能出现的化学反应，其可能在冷凝物中和浓缩物中生成意想不到的化合物。可通过提前中和废水的 pH 来改进冷凝物的质量。

一般说来，废水的蒸发或蒸馏的成本都太高了，不是一个现实的选择方案。但是，其可全面用于备料工段废水和某些漂白废水的处理。这种方法看起来有很好的前景，但这还依赖于更多的工艺过程和设备发展。对所有的处理方法来讲，能源效率也是非常重要的。

6.4.3 汽提

汽提也是一种从废水中去除挥发性化合物的方法。可使用加热和/或 pH 调节来为挥发性化合物提供适当的汽提条件。汽提是在汽提塔中进行的。废水从汽提塔的顶部进入，气体(通常为蒸汽或空气)从汽提塔的底部进入，这样就使得运作是逆流的。

废水经热交换器从汽提塔底流出。汽提塔可填充一些惰性材料或其可包含一些薄板。填充塔主要用于去除恶臭的硫化合物，具有较低的容量。填充颗粒物可以是塑料或者不锈钢。

带钟罩或隙孔板汽提塔可以在较宽的容量范围内高效地运作。在给定的蒸汽负荷下，压力损失是恒定的。在林木业中，汽提主要用于：

——清洁被污染的冷凝物

——去除废水中的二氧化硫(SO_2)

——去除废水中的氨气(NH_3)

空气或蒸汽汽提是用于去除化学纸浆蒸炼器和蒸发单元产生的被污染冷凝物中的还原态硫化物和挥发性有机物。在亚硫酸盐纸浆厂中，二氧化硫汽提主要用于在厌氧废水处理前处理冷凝物。对于氨含量较高的废水来讲，汽提也可用于去除其中的氨。

6.4.4 化学氧化反应

通过使用适当的氧化剂进行处理，废水中的有机化合物可以被部分或完全氧化。这使得总有机负荷得以降低，同时，有机物也会变得更加易于生物降解。最常用的氧化剂为：

——氯气

——臭氧

——过氧化物

——氧气和空气

化学氧化反应工艺过程包括用于储存和配量氧化剂的设备。在某些情况下，可在现场生产氧化剂。废水需要有足够的时间与氧化剂发生反应。如果有必要，可以从水相或气相中回收剩余的未使用的氧化剂。使用氯气作为氧化剂会导致氯化有机化合物的形成。有时候会使用超临界水来处理某些有害的废弃物，其包括使用超高压和超高温的水进行处理。

6.5 废水处理中的有机物质去除

一般说来，会根据某些参数实现的降低百分比，以及处理后残留的各种成分来对废水处理进行统计。图 6－10 和图 6－11 分别显示了用净化澄清（未添加化学品）和活性污泥废水处理法处理传统漂白纸浆厂和含磨木浆造纸厂的废水所取得的有机负荷降低程度。净化澄清法去除了大量的废弃物，特别是用于处理造纸厂的废水时更为明显。

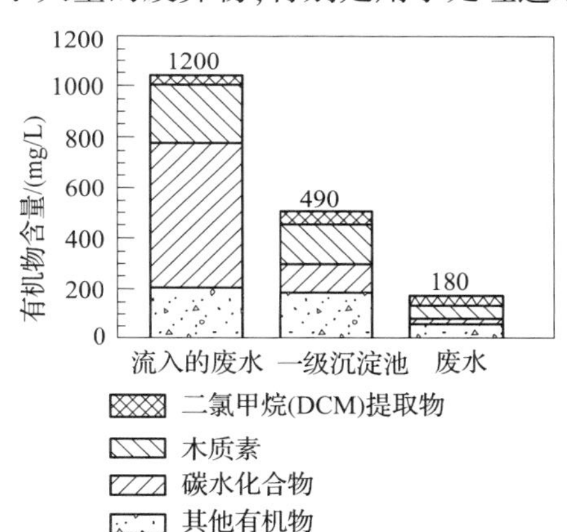

图 6－10 化学制浆废水在处理期间的有机物含量降低程度

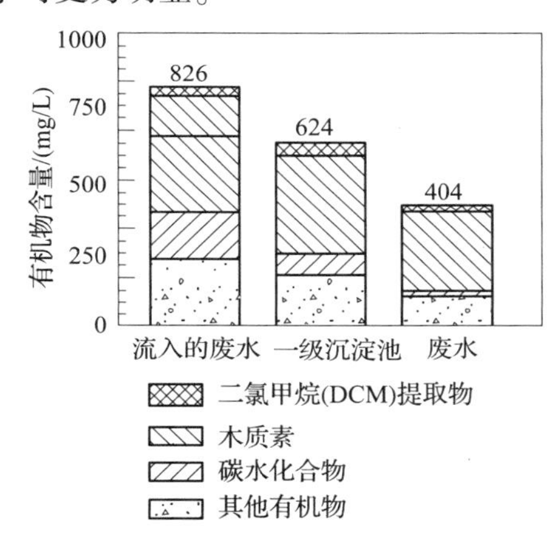

图 6－11 含磨木浆造纸厂废水在处理期间的有机物含量降低程度

然而，处理后的废水将大量的废弃物带入了受纳水体中，尽管其没有反映在生物需氧量（BOD）负荷中。在加拿大人们对这个主题进行了相关的长期研究。生物污泥处理法取得的典型结果如表 6－2 所示。

表 6－2 采用活性污泥工艺进行废水处理

	生物需氧量（BOD）去除率/%	化学需氧量（COD）去除率/%
硫酸盐法浆厂	92～98	40～75 *
机械浆	92～98	70～90 *
耐火陶瓷纤维（RCF）纸板	94～98	80～90
一般来讲，废水的氮含量为 2～3mg/L，磷含量为 0.1～0.2mg/L。		

注 * 化学需氧量（COD）降低程度取决于使用的漂白方法。采用选择性脱木质素作用的方法的降低程度最低。

参考文献

[1]BAT Reference document BREF for the Pulp and Paper Industry MS/EIPPCB/PP_bref final, July 2000. * (Revised December 2000).

[2]Vikola, N. E., Ed.. Production of Wood Pulp, Part II, Turku, , 1983, pp. 1399 – 1406.

[3]Eckenfelder, W. W. Jr.. Industrial Water Pollution Control, McGraw – Hill Book Co., Singapore, 1989, pp. 145 – 231.

[4]Springer, A. M., Industrial Environmental Control, Pulp and Paper Industry, TAPPI PRESS, Atlanta, 1993, pp. 304 – 446.

[5]Hynninen, P., Ingman, L.. Pulp Paper Intl. 40(11):63(1998).

[6]Dahl. Olli. 1999. Evapeoration of acidic effluent from kraff pulp bleaching, reuse of the condensate and further processing of the concentrate. Academic dissertation. University of Oulu. Department of Process and Environmental Engineering. 121p.

扩展阅读

[1]Schlegel, H. G.. General Microbiology, Cambridge Univercity Press, Cambridge, 1988.

[2]Jorgensen, S. E., Gromiec, M. J.. Mathematical Models In Biological Wastewater Treatment, Elsevier Publishing, Delft, 1985.

[3]Metcalf and Eddy, Inc.. Wastewater Engineering: Collection, Treatment, Disposal, 2nd ed., McGraw – Hill, New York, 1979.

[4]Cox, M., Ne'gre', P., Yurramendi, L.. A Guide Book on the Treatment Of Effluents from the Mining/Metallurgy, Paper, Plating and Textile Industries, Inasmet Tecnalia, San Sebastian, 2007.

第 7 章　减少废气排放

7.1　废气排放

7.1.1　综述

一般来讲,降低各种工艺过程的废气排放可以通过多种方法实现。然而,选择切实可行的外部净化方法或组合方法并不是那么简单。选择方法时需要综合考虑到主管部门制定的排放限值及项目投资、运行和维护成本等多方面因素。

消除污染排放的最佳方案是源头治理,而非依靠末端处理系统。本章第 2 节将会简要地论述针对过程控制的工艺改造(内部方法)所提供的潜力。但是,由于工艺运行过程中涉及诸多因素,且需要考虑其对产品质量的影响,因此,工艺改造的进程也是有限的。表 7－1 介绍了用于去除废气排放中的颗粒物和气态污染物的各种方法。

涉及与工艺过程运行情况相关的问题以及对主要产品质量的影响,工艺改进最多也只能达到某个程度而已。表 7－1 介绍了用于去除废气排放中的颗粒物和气态污染物的各种装置。

表 7－1　　各种污染物排放类型及其控制方法一览表

	挥发性无机化合物	挥发性有机化合物(VOC)	微粒	SO_x/NO_x	CO_2
吸收法	×	×			×
吸附法		×			×
静电除尘法			×	×	
化学还原法				×	
冷凝法		×			
湿法洗涤法	×		×	×	
焚化法(改造)				×	
焚烧法		×			
织物过滤法			×	×	

基于上述原因,每个加工工业,包括制浆和造纸工业,都要其自己的典型废气排放控制系统。在纸浆和造纸工业中,废气排放主要来自化学漂白(硫酸盐法工艺过程)和能源生产,如第1章所述。我们在第1章简要地讨论了废气排放。出于这个原因,本章的余下部分将主要讨论化学漂白产生的废气排放,其同时覆盖了化学漂白和能源生产这两个部分。

综上,每个制浆造纸企业,都应根据各自的工艺特点设置相应的废气控制系统。如第1节所述,制浆造纸行业中,废气主要来自化学漂白(硫酸盐工艺)工段和能源燃烧。我们在第1节大致介绍了废气类型。因此,本章的余下部分将主要讨论化学漂白废气的产生和排放,并同时对能源燃料废气进行论述。

造纸工艺过程的废气排放量[主要是挥发性有机化合物(VOC)和含有一些纤维的水蒸气]相对较低,是因为其生产温度相对较低。但造纸工艺过程需要消耗大量的蒸汽和电能,所以,造纸的废气排放总量则在很大程度上取决于项目一体化程度。

7.1.2 制造工艺过程产生的排放

化学浆的生产废气主要来自如下工段:备料、蒸煮器、洗浆、漂白、漂白化学品制备、化学品回收、蒸发设备、动力锅炉、碱回收炉、白液制备、储罐以及抄纸等,各工段废气污染物产生情况如图7-1所示。

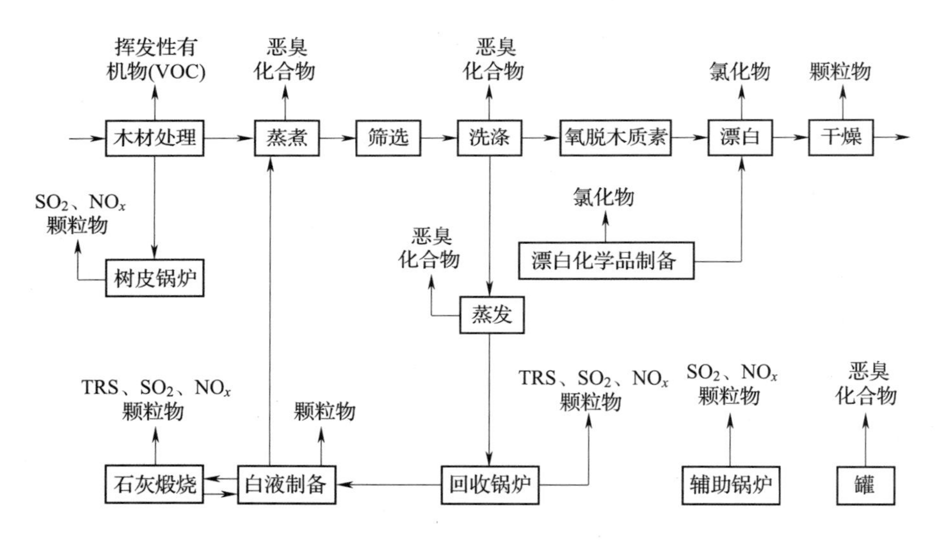

图7-1 硫酸盐浆厂产生的废气排放[1]

废气中主要含硫化物,如二氧化硫、还原硫化物,其中还原硫化物一般被称为总还原性硫(TRS),如甲硫醇、二甲基硫化物和硫化氢等,其因有恶臭的气味也叫做恶臭气体。锅炉废气中主要包括氮氧化物、少量粉尘(固体颗粒物)和飞灰。

氯化物(氯气和二氧化氯)和挥发性有机化合物(VOC),如三氯甲烷和甲醇可能从漂白设备和漂白化学品制备过程中排放到大气中。而其他挥发性有机化合物(VOC),主要是萜烯,则从储存在户外的木屑堆挥发到大气中。

木屑堆产生的挥发性有机化合物(VOC)会随着木屑储存时间、温度和木材种类的不同而不同。表7-2给出了硫酸盐浆厂的废气排放情况,假设其采用外部综合净化法。

表 7－2　漂白和本色硫酸盐浆厂的废气排放情况（不包括辅助锅炉）[1]

	粉尘含量/〔kg/t（风干）〕	SO_2（以 S 计）含量/〔kg/t（风干）〕	NO_x（$NO + NO_2$ 以 NO_2 计）含量/〔kg/t（风干）〕	总还原性硫（TRS）（以 S 计）含量/〔kg/t（风干）〕
漂白和本色硫酸盐法制浆	0.2～0.5	0.2～0.4	1.0～1.5	0.1～0.2

7.2　降低废气排放的工艺过程改造

7.2.1　综述

硫酸盐法制浆厂的废气排放得以降低的重要的原因之一就是工艺过程改造（内部方法）的不断发展进步。硫酸盐法制浆厂用于控制废气排放的主要工艺方法如下：

——收集并焚烧高浓恶臭气体及控制 SO_2 排放量，可在碱回收锅炉、石灰窑或单独的低氮燃烧炉中燃烧高浓度的气体。后者的烟道气中含有经洗涤器回收的高浓度 SO_2

——收集并焚烧各种来源的稀释性恶臭气体以及控制 SO_2 的产生量

——通过有效的燃烧控制和 CO 测量来减轻回收锅炉总还原性硫（TRS）的排放量

——通过控制过量的氧气、使用低硫燃料以及控制供石灰窑的石灰渣中的残碱含量，减轻石灰窑总还原性硫（TRS）的产生量

——通过燃烧固形物含量高的浓缩黑液或使用烟道气洗涤器来控制碱回收锅炉产生的 SO_2

——通过控制燃烧条件及合理设置碱回收锅炉、石灰窑和辅助锅炉的位置（新建或改建项目中）来控制其 NO_x 排放，以确保空气在锅炉中的均匀分布

——通过使用树皮、气体、低硫燃油和煤炭或使用洗涤器控制硫排放来降低辅助锅炉的 SO_2 排放

7.2.2　恶臭气体控制

硫酸盐法制浆产生了含硫化氢和还原性有机硫化物的恶臭气体，见表 7－3。高浓度的这些挥发性化合物会出现在蒸煮器和蒸发器产生的尾气和冷凝物中。

这些物质被称为浓缩性恶臭气体。另一方面，稀释性恶臭气体可从纤维和蒸煮液工段上的各点收集。当浓度较低时，这些气体的体积通常较大。浓缩性气体中的违规化合物的浓度通常超过 10%，而稀释性气体中的违规化合物的浓度只有千分之几。恶臭气体之所以会有臭味是因为其还原性硫化物的含量，它们的气味阈值非常低。

表 7－3　硫酸盐法制浆产生的恶臭气体

气味来源	数量	
	m^3/t 纸浆	kg S/t 纸浆
浓缩性气体	5～15	0.4～0.8
鼓风气体（间歇蒸煮器）	1～3	0.1～0.2

续表

气味来源	数量	
	m^3/t 纸浆	kgS/t 纸浆
排出气体(间歇蒸煮器)	0.5~1.5	0.1~0.4
鼓风气体(连续蒸煮器)	0.5~1.5	0.1~0.4
蒸发器产生的不凝结气体	1~10	0.4~0.8
受污染冷凝物的汽提	15~25	0.5~1.0
烟道气		
石灰窑产生的烟道气		
回收锅炉产生的烟道气	800~1500	0.2~0.8
(干)		
(湿)		
-现代回收锅炉	6000~8000	
-直接接触式蒸发后	9000~12000	
稀释性气体	0.05~0.10	
洗浆产生的废气	3~4	
-吸入式过滤器洗浆	1000~1500	0.05~1
-压力式过滤器洗浆	1~2	0.01~0.05
-浸提器	1~2	0.01
塔罗油生产产生的废气	2000~3000	0.1~0.2
储存罐蒸汽(黑液受污染的冷凝物)	20~30	0.05~0.2
溶剂蒸汽	500~1000	0~0.05

恶臭气味的有效抑制,须将所有的恶臭气体都收集到一个封闭的系统中并燃烧掉。浓缩性和稀释性气体被收集在单独的系统中。一般来讲,使用蒸汽喷射器即可将气体从一个地方转移到另一个地方。使用的管道都须配备用于防爆、防裂和防火的装置,及用于冷凝的脱水器。为了确保运作的连续性,需要有两个单独的燃烧器。恶臭气体燃烧生成的二氧化硫被收集起来送化学品回收系统回收。

7.2.2.1 浓缩性恶臭气体

在硫酸盐法制浆工艺过程中,蒸煮器和蒸发器会排放浓缩性的恶臭气体。尽管这些恶臭气体的体积相对很小,但是硫含量却很高(表7-4)。图7-2给出了这些恶臭气体的收集方式。在大多数情况下,汽提产生的气体与浓缩性恶臭气体被收集后统一焚烧。

表 7－4 硫酸盐法制浆期间形成并释放的恶臭化合物和可生物降解物质的数量

化合物	数量/(kgS/t 纸浆)
含硫化合物	
硫化氢	0.5～1.0
甲硫醇	
二甲基硫化物	1.0～2.0
二甲基二硫化物	
不含硫的化合物	
甲醇	6～13
乙醇	1～2
松节油	4～15
愈创木酚	1～2
丙酮	0.1～0.2

注 ＊在松木蒸煮期间，大多数都被回收。

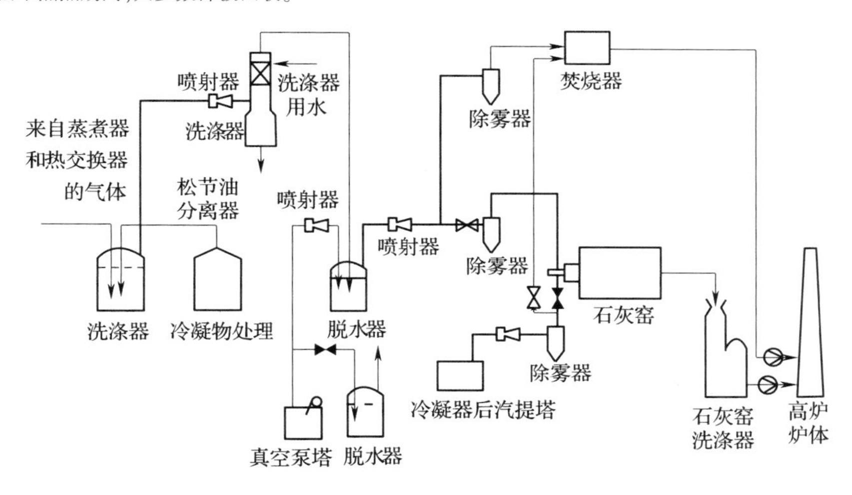

图 7－2 浓缩性恶臭气体的收集系统

7.2.2.2 稀释性恶臭气体

处理黑液和生产塔罗油期间会产生稀释性恶臭气体。为了克服潜在的气味问题，所有的稀释性恶臭气体都必须被收集起来，这也就意味着需要进行源头治理，如排水沟也采取措施。图 7－3 给出了用于收集稀释性恶臭气体的系统。

稀释性恶臭气体可在单独的燃烧单元中进行燃烧，或与其他燃料结合并在回收锅炉或石灰窑中进行燃烧。燃烧需要有足够高的温度和充足的停留时间，具体数值则取决于燃烧器的类型。

燃烧单元之后可接热交换器或蒸汽锅炉，这样，用于燃烧稀释性恶臭气体的部分能源即可作为热水或蒸汽进行回收利用。这就使得整个处理系统更为经济。硫酸盐法制浆过程中产生的恶臭硫化物可按照上述方法进行燃烧，且部分能源也可按照上述方法进行回收利用。浓缩性气体可先与部分稀释性气体进行混合。稀释性气体一般在回收锅炉中进行燃烧，稀释性气体是与三次风一起加入到回收锅炉中。

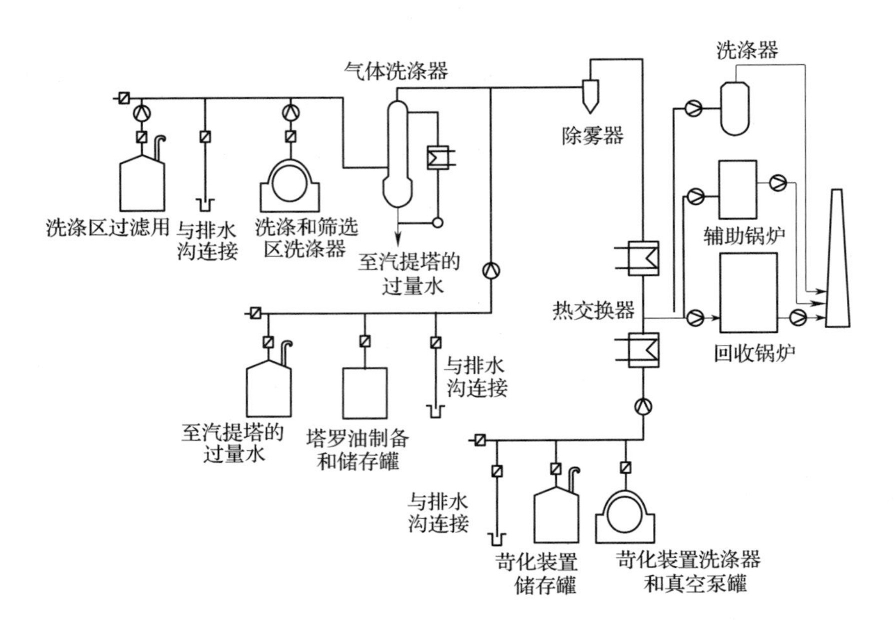

图 7－3　稀释性恶臭气体的收集系统

在热氧化反应中(如燃烧),还原性硫化物被氧化成二氧化硫,如图 7－4 所示。这并没有降低污染排放,而仅仅是改变了污染物的化学结构。在热氧化反应后,在被排放到大气之前,气体中的二氧化硫是被去除了。大多数芬兰的硫酸盐法制浆厂都使用的是热氧化反应。被燃烧的气体主要是浓缩性恶臭硫化物。有 1/3 的硫酸盐法制浆厂也是使用同样的方法来处理稀释性恶臭气体的。少数制浆厂是将这些气体与三次风混合后送入料回收锅炉中的。

图 7－4　热氧化反应的原理

在热氧化反应中,气体硫化物被氧化形成了二氧化硫、二氧化碳和水蒸气。催化氧化适合处理硫酸盐法制浆产生的恶臭气体。尽管人们已经对这种催化氧化方法进行了一定研究,但这种方法还未被企业所正式采用。现在,催化氧化主要用于处理溶剂和其他挥发性有机化合物。就气味防止来讲,硫酸盐法制浆厂现在遇到的最大问题有:

——无备用燃烧器或备用燃烧单元运行反应滞后

——由于冷凝物汽提存在问题,所以尚未针对恶臭气体溢出采取措施

——没有适用于稀释性恶臭气体收集的工艺装置

——除了回收锅炉之外，尚无燃烧稀释性恶臭气体的其他方法，其他锅炉和石灰窑的容量都较小。见表 7－5

表 7－5　气味控制设备的有效性　单位%

	"标准值"	目标值
浓缩性恶臭气体的收集和处理	95～98	100
稀释性恶臭气体的收集和处理	60～80	95～100
冷凝物汽提*	90～95	95～100

注　*通过液化甲醇可提升有效性。

7.2.3 烟气控制

7.2.3.1 回收锅炉

在硫酸盐浆厂中，回收锅炉是主要的废气排放源。回收锅炉的废气排放主要表现为二氧化硫。此外，还有粉尘（主要是硫酸钠和碳酸钠）、氮氧化物和恶臭（硫化氢）排放。向回收锅炉中进料的是脱水黑液，其中大约有 1/3 为由无机化学品组成的干物质，有 2/3 为溶解的有机物质。表 7－6 为回收锅炉的主要废气污染物排放情况。

表 7－6　当气流量为每吨纸浆 6000～9000m^3 时，硫酸盐浆厂回收锅炉的废气污染物排放情况[1]

二氧化硫	无洗涤器，黑液的固形物含量为 63%～65%	100～800mg/m^3* 60～250mg/MJ 1～4kg/adt
	有洗涤器，黑液的固形物含量为 63%～65%	20～80mg/m^3* 10～25mg/MJ 0.1～0.4kg/adt
	有洗涤器，黑液的固形物含量为 72%～80%	10～100mg/m^3* 12～30mg/MJ 0.2～0.5kg/adt
硫化氢	超过 90% 的时间	<10mg/m^3* <0.05kg/adt
	临时	更高
氮氧化物	以 NO_2 计	100～260mg/m^3* 50～80mg/MJ 0.6～1.8kg/adt
粉尘	在静电除尘器之后	10～200mg/m^3* 0.1～1.8kg/adt

注　*标准情况下（0.1MPa·℃）的气体体积，下同。

一般来说，即使给定了平均排放水平，每个回收锅炉的排放情况也不尽相同，人们还是应该继续探索回收锅炉的最佳工况要求。为了减少回收锅炉的 SO_2 排放，回收锅炉通常都配有一套烟气洗涤器。

NO_x 在回收锅炉中的形成主要受到黑液中氮含量以及燃烧时过量 O_2 的影响。由于高效的化学品回收需要较低的氧气浓度，所以，每 1MJ 输入所形成的 NO_x 一般都较低。过量回收锅炉从 1.5% 增加到 2.5% 可使 NO_x 增加 20% 左右；固形物含量从 65% 增加到 75% 可使 NO_x 增加高达 20% 。

硬木黑液中的氮含量比软木黑液中的氮含量高，这也会使 NO_x 增加 10% 左右。可通过改造供气系统和优化燃烧条件来降低 NO_x。

7.2.3.2 石灰窑

石灰窑产生的主要废气排放为二氧化硫、氮氧化物、还原性硫化物（TRS）和粉尘。表7－7为石灰窑主要废气污染物排放情况。

表 7－7　　石灰窑产生的典型废气排放情况[1]

二氧化硫	无不凝性气体的燃油石灰窑	5～30mg/m^3 2.5～16mg/MJ 0.003～0.02kg/adt
	无不凝性气体的燃油石灰窑	150～900mg/m^3 80～740mg/MJ 0.1～0.6kg/adt
硫化氢	正常	<50mg/m^3 <0.03kg/adt
	临时	更高
氮氧化物（以 NO_2 计）	燃油	240～380mg/m^3 130～200mg/MJ 0.2～0.3kg/adt
	燃气	380～600mg/m^3 200～320mg/MJ 0.3～0.4kg/adt
微粒	在静电除尘器之后	20～150mg/m^3 0.01～0.1kg/adt
	仅在湿式洗涤器之后	200～600mg/m^3 0.1～0.6kg/adt

硫酸盐法制浆厂中的石灰窑产生的大气排放主要受固体物停留时间、气体接触面积、燃料类型和温度的影响。

硫排放是由于用于加热石灰窑的燃料中含硫及从工艺过程中收集并燃烧的恶臭气体。与石灰渣一起进入石灰窑的硫所产生的作用微乎其微。石灰渣中吸收硫的化合物为碳酸钠(Na_2CO_3)。当其吸收容量被耗尽时,SO_2便被释放出来。当不凝性恶臭气体在石灰窑中焚化时,这个效应被增强。因此,石灰窑产生的 SO_2 与工艺过程中产生的恶臭气体数量有关。

H_2S 的形成取决于在石灰窑中燃烧的氧气水平以及石灰渣中的硫化钠含量。可通过残余氧控制系统来确保拥有足够的过量空气。而硫化钠的含量则可通过对石灰渣洗涤和过滤系统来进行控制,防止硫化钠(Na_2S)进入石灰窑中。

NO_x 排放主要与石灰窑燃烧器有关,对于同种燃烧器而言,NO_x 排放则与燃料中氮含量和燃烧温度有关。使用氮含量高的燃料会导致 NO_x 排放量增加。焚烧不凝性气体(NCG)、使用生物气或甲醇作为燃料也会增加 NO_x 的排放量。

粉尘是由在气相中凝结出来的石灰尘、硫酸钠和碳酸钠组成。可通过对石灰窑的适当设计和运行管理对粉尘排放进行内部控制;也可通过添加静电除尘器或洗涤器对粉尘排放进行外部控制。

7.2.3.3 树皮锅炉产生的废气排放

剥皮机从原木中去除的蓬松树皮、木屑在经焚烧前,先被送到粉碎机中并被压干至38% ~45%的干度。

在制浆厂中,树皮通常被用作为热电站的燃料。由于树皮仅含很少量的硫(见表 7 -8),所以其二氧化硫的排放较低,这也取决于是否添加了其他的含硫燃料。当树皮与含硫燃料(如化石燃料)一起燃烧时,碱性树皮灰会与一些硫结合,因此也降低了一部分二氧化硫的排放。

由于使用的燃烧温度较低,所以,与燃烧其他类型的燃料相比,动力锅炉中的氮氧化物排放也较低。过量的氧气会增加 NO_x 的形成,但较低的含氧量会增加 CO 和挥发性有机化合物(VOC)的产生。

表 7 -8 动力锅炉产主要废气污染物产生情况[1]

硫	0.04 ~0.1kg/t 5 ~15mg/MJ
NO_x	0.3 ~0.7kg/t 40 ~100mg/MJ
粉尘	0.1 ~1.0kg/t 20 ~200mg/m^3

可通过对动力锅炉的适当设计和运行管理对粉尘的排放进行内部控制。

7.2.4 漂白气体控制

漂白硫酸盐法制浆厂使用二氧化氯作为漂白化学品,漂白设备和 ClO_2 生产工艺过程产生的氯化合物会被释放到大气当中。消除这些排放的最好方法就是在源头对漂白工段中的试剂的使用进行优化。

另一种方法就是对硫试剂进行适当的处理,如在漂白塔之后和洗涤阶段之前使用还原性化学品,如液体二氧化硫。二氧化氯立即被 SO_2 还原成不活跃的氯离子。表 7 -9 为标准条件下与设定值进行对比测量的实例。

表 7－9　　漂白设备和 ClO_2^- 生产工艺过程产生的氯废气排放的测量实例[1]

纸浆厂名称 (参考年份)	每吨漂白纸浆的 活性氯许可质量/kg	每吨漂白纸浆的 活性氯测量质量/kg
Husum(1995,1996)	每年 0.2	每吨纸浆 0～0.04kgCl_2 和以氯计的 ClO_2； 每月测量一次(有一月为 0.4) 每年平均 0.08
Skärblacka(1996)	每月 0.3	0(全无氯漂白)
Mönsterås(1997)	每年 0.05	0.02(一周平均)
Gruvön(1997)	每月 0.2	0.05(一周平均)
Skoghall(1997)	每月 0.2	0.0004(漂白段)
Skutskär(1997)		0.006(ClO_2^- 生产工艺过程)

数据取自制浆厂每年的例行监测报告和相应的限值。上列数据涵盖了在漂白段正常工况(通风条件下)下所有设备的排放情况,以及所有二氧化氯产生工段(洗涤器后)的排放情况。

7.3　粉尘控制

7.3.1　综述

燃烧过程或高温加热等工艺过程会产生粉尘。未燃尽的原材料(主要是碳、$CaCO_3$、$CaSO_4$)以及 Na、K、Cl 或 S 等易挥发化学元素的升华(主要是 Na_2SO_4、NaCl、KCl)都会产生粉尘。粉尘的数量和性质在很大程度上取决于所使用的原材料的成分、工艺过程条件及所使用的外部净化方法。目前,用于去除烟气中固体颗粒物的方法有很多种。这些方法的去除效率从 50% 到 99.8% 不等,具体见表 7－10。

表 7－10　　烟气处理设备的特点和性能

方法	待去除的物质	最佳颗粒/μm	去除效率/%	空间要求*	备注
机械去除法	粉尘				
分离室		>50	<50	L	预处理法
旋风除尘器		5～25	50～90	M	
动量分离		>10	<80	S	
织物过滤器		<1	>99	L	受水分破坏
湿式去除法	粉尘和气体				
喷雾塔		25	<80	L	
湿式旋风除尘器		>5	<80	L	
冲击洗涤器		>5	<80	L	
文丘里洗涤器		<1	<99	S	
涤气器		>1%含量	>90	ML	
静电除尘器	粉尘	<1	95.0～99.5	L	颗粒物充电

注　*S 为小,M 为中等,L 为大。

制浆造纸中用于去除烟气中粉尘的最普遍的方法如下(最有效、最常用的方法排列在最前面)：

——静电除尘器

——文丘里洗涤器

——多管旋风除尘器

上述所有方法的除尘率都高于 90% ,这对满足现今粉尘排放的限值是必不可少的。由于静电除尘器非常高效,所以其日益普遍。

7.3.2 静电除尘

静电除尘器中粉尘颗粒的去除是基于气体分子的电离作用。烟气从一个强电场中进入,生成带负电荷和带正电荷的离子。但是,大多数离子都是带负电荷的且这些带负电荷离子会向正极集尘板移动。少量带正电荷的离子会被吸引到放电电极。在电场中形成的离子会附着在气体中的粉尘颗粒上,让粉尘颗粒带相同的电荷并向集尘板或放电电极移动。

机械振动系统会强行去除积聚的颗粒物,这些颗粒物会落到集尘斗中或输送带上。随后,通过机械方式或气动方式将这些粉尘从集尘斗中去除。静电除尘器由以下部件组成(图 7 –5)：

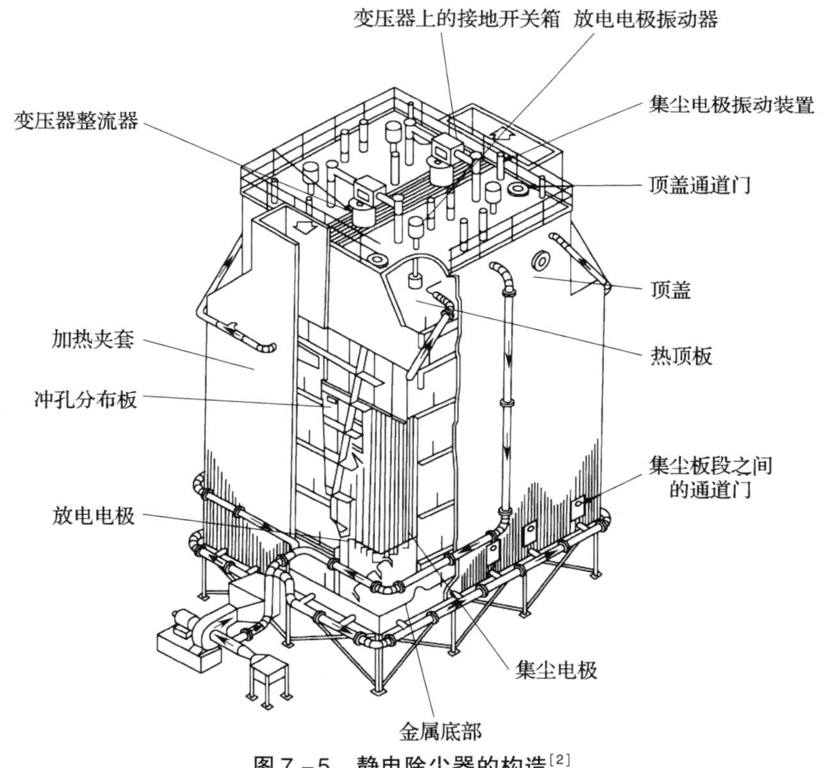

图 7 –5　静电除尘器的构造[2]

——电离室

——集尘系统

——放电系统

——气体分布器

——高压电源和其他电气设备

电离室框架是由钢梁或钢筋混凝土制成。电离室有一个进气口和一个出气口并装配有多个灰斗。某些电离室的底部是平底,在这种情况下,使用刮刀来去除收集到的灰尘。电离室是绝热的。集尘系统由安装在支架上的集尘板和用于去除积聚粉尘的振动装置组成。振动装置由驱动锤组的齿轮传动电动机和电动机轴组成。可对锤组撞击集尘板的频率进行控制。

放电系统由放电电极、电离室和振动系统组成。电极本身是有附着在管式框架上的钢条制成。而框架安装在与电离室和集尘系统绝缘的支持结构上。振动系统与集尘系统中使用的振动装置相似。

气体分布器是为了确保进入的气体能在除尘器的整个表面均匀分布。常用的气体分布器是型材或孔状网格。高压电源系统是由变压器/整流器,控制柜以及遥控组成。近几年来,静电除尘器已用于去除各种烟气中的粉尘。事实证明,这种技术对于清洁以下烟气非常有效:

——回收锅炉产生的烟气

——石灰窑产生的烟气

——树皮燃料锅炉产生的烟气

——煤炭/泥煤燃料锅炉产生的烟气

静电除尘器非常高效,其除尘率一般为 99.5% ~99.8% 。经静电除尘器处理的空气中的粉尘含量一般低于 100mg/m^3(标准情况)。

7.3.3　文丘里洗涤器

文丘里洗涤器基于湿法原理运行,见图 7 -6。气体中的粉尘颗粒物与水滴高速碰撞,随后,产生的粉尘/水滴经旋风除尘器从气体中去除。

二级文丘里洗涤器被广泛地用于造纸业。在二级文丘里洗涤器中,文丘里洗涤器本身就接有喷雾塔。文丘里洗涤器可以是水平式的,也可以是垂直式的。在喉管之前,水被喷入到气体流中。随着气体/水滴混合物在喉管中的加速,水便形成了非常小的水滴,粉尘颗粒物便在小水滴上形成团聚体。

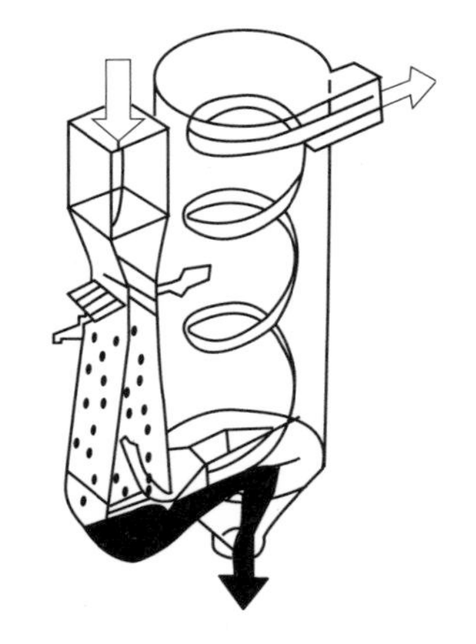

图 7 -6　高压文丘里洗涤器

文丘里洗涤器最常用于去除石灰窑烟气中的粉尘。与此同时,烟气中的二氧化硫也被洗气溶液吸收。在去除碱回收锅炉烟气中的二氧化硫之前,文丘里洗涤器也被用于去除碱回收锅炉烟气中的粉尘。一般来讲,文丘里洗涤器的工作效率为 95% ~99% ,主要取决于其内部设置是一级文丘里洗涤器还是二级文丘里洗涤器,其效率与静电除尘器的效率差不多。但是,文丘里洗涤器已逐渐被静电除尘器取代。

7.3.4　旋风除尘器

多管旋风除尘器是一个动态分离器,其是在离心力的作用下实现除尘。含尘气体通常轴向进入旋风除尘器。粉尘颗粒物扑向除尘器壁并掉入集尘斗中。多管旋风除尘器的优势在于,可在某个气体速度范围内,最大程度地利用离心力达到较高的去除效率。

多管旋风除尘器由若干个小径旋风除尘器组成。气体通过这若干个小径旋风除尘器均匀地进入多管旋风除尘器中。多管旋风除尘器用于处理树皮燃料锅炉或多燃料锅炉产生的烟气。除尘率通常可达 90% 左右,尾气的粉尘含量可被降低到 300mg/m^3(标准情况)。但是,多管旋风除尘器在多数情况下不能满足现今的粉尘排放限值，因此逐渐被静电除尘器取代。造纸业目前已经很少使用该种除尘器。图 7－7 为某些旋风除尘系统的构造示意图。

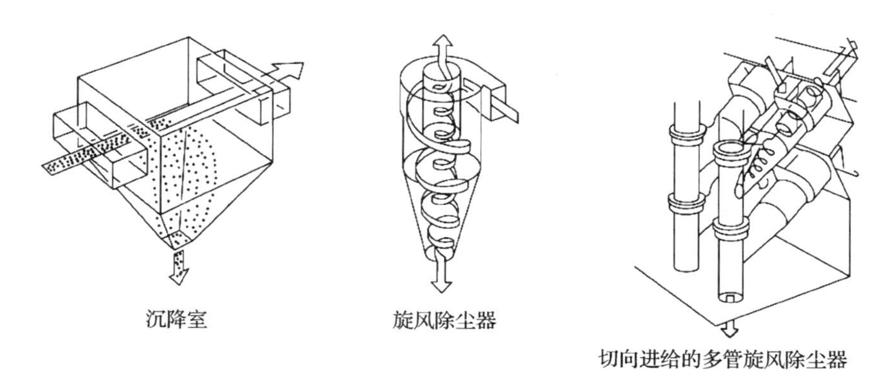

图 7－7 造纸企业使用的除尘器

7.4 废气排放控制

7.4.1 二氧化硫排放

控制二氧化硫排放的关键在于控制化学品使用的工艺过程。

改进工艺过程条件，如将黑液进行蒸发，提高其固形物含量可降低二氧化硫的排放。废气洗涤器也可降低二氧化硫的排放。图 7－8 给出了硫酸盐法制浆工艺过程的硫平衡简图（OABCD 为添加的化学品，DFEO 为化学品流失）。

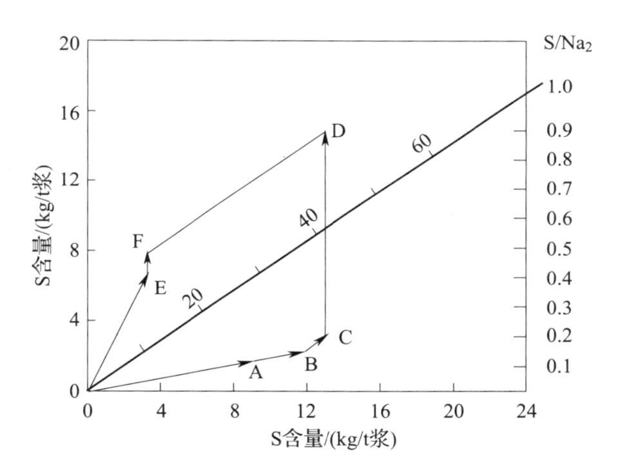

图 7－8 硫酸盐法制浆工艺过程的硫平衡

现在主要是减少洗涤和化学品回收工段的硫损失，以实现降低硫排放量，即减少工艺过程中加硫量。此外，恶臭气体的收集和燃烧、二氧化硫回收等措施，也可达到一定效果。对硫需求的降低已经逐渐剥夺了芒硝作为硫酸盐法制浆工艺过程中补给化学品的传统地位。即使随着现代化学品回收系统的使用，通过控制化学品平衡来减少硫排放的方法也不应被忽视。当今，各种类型的洗涤器（见图 7－9）已经用于去除制浆造纸中烟气中的 SO_2。

企业可以通过在他们自己的能源系统中燃烧低硫燃料来控制二氧化硫的产生。低硫燃料包括木材废料、树皮、泥煤、天然气和低硫燃油。在为全厂范围供电时（燃煤发电厂），下列技术可减少硫排放：

——干粉喷射法（向锅炉中喷射干 CaO）：除硫效率为 70% ～80%（见图 7－10）

——半干法：除硫效率为 90% ～95%

——湿法：除硫效率为 90% ～95%

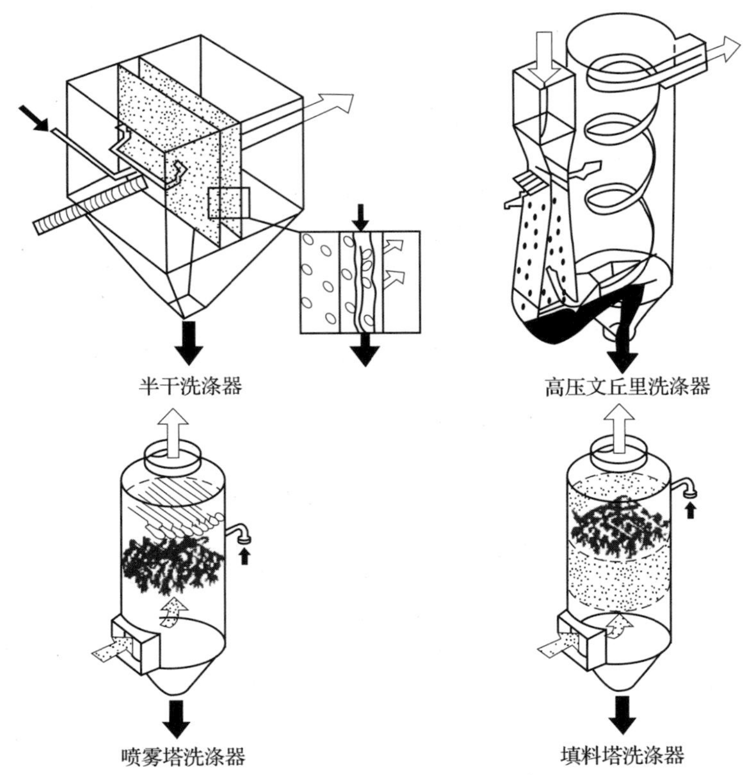

图 7－9　制浆造纸业使用的洗涤器

在制浆厂燃烧工艺工程中形成的二氧化硫可通过洗涤进行回收，并回送到化学品回收循环中。简单来说，气体洗涤器是这样工作的：它是一个封闭的单元，在这个封闭的单元中，含杂质的气体逆流进入洗气溶液以实现两者的最大接触。在硫酸盐法制浆厂中，洗气溶液一般是 NaOH 或含氧的白液。目前使用的洗涤器有多种不同的类型。

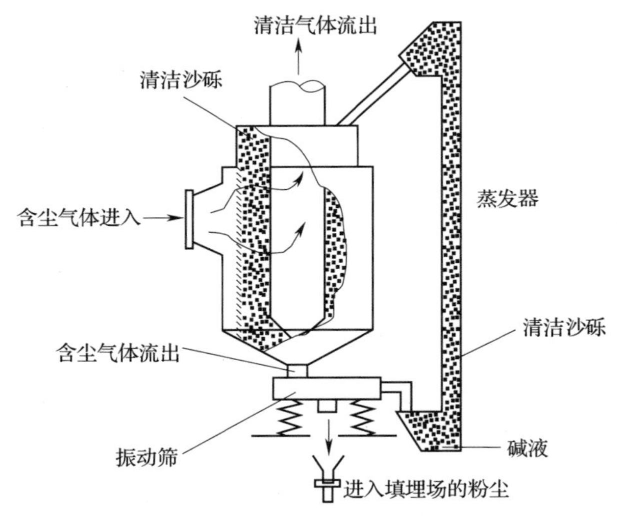

图 7－10　通过干吸附法的硫去除原理

读者可在“粉尘控制”章节中找到关于文丘里洗涤器的说明。二氧化硫去除大部分是在文丘里洗涤器后的喷雾塔中进行的。文丘里洗涤器的优点在于其可在同一个单元中去除粉尘（在文丘里段）和二氧化硫（两个阶段）。在这个区域中达到的二氧化硫去除率一般为 80% ~ 90%，具体则取决于其如何设计。由于其对二氧化硫的去除效率并不高，文丘里洗涤器并未得到广泛使用。

填料洗涤柱去除二氧化硫特别高效，这是因为与洗气溶液之间的接触面积比在文丘里洗涤器中的接触面积大很多。在填料洗涤柱中，洗气溶液被多个喷口均匀地从填料洗涤柱顶部喷入，而填料颗粒从填料洗涤柱底部进入的气体覆盖，该工段可以在文丘里除尘器或在喷雾塔中去除粉尘之后进行。在后一种情况下,需要有两个单独的液体循环系统以防止填料洗涤柱被堵塞。可通过加入新碱来调节 pH,也可通过加水来调节溶液浓度。洗气溶液循环包括一台热交换器,它对洗气溶液的温度进行调节,使其最适于二氧化硫的吸附。填料洗涤柱的 SO_2 去除率通常可达 95%,如果填料洗涤柱系统是由多级填料洗涤柱构成,那么其 SO_2 去除率会更高。此类洗涤器常用于去除回收锅炉烟气中的 SO_2。近来,填料洗涤柱已经用于去除因焚烧恶臭气体而产生的 SO_2。

7.4.2 氮氧化物排放

由于工艺过程条件的原因,制浆厂的氮排放相对较低,特别是碱回收锅炉产生的氮排放更是如此。如果使用的燃料的氮含量较高,那么制浆厂的氮排放自然随之增高。通常,使用亚硫酸氢铵工艺的制浆厂的氮排放量较高。

可使用催化还原法或非催化还原法来去除烟气中的氮氧化物,特别是碱回收锅炉产生的烟气中的氮氧化物。这两种工艺过程都涉及含氨或含尿素的溶液(或气体)的使用。

氮氧化物可被还原成分子态氮和水,必须使用足够的氨量,但又不能过剩,因为未反应的氨会随着烟道气进入大气当中。氨的实际需求量与化学计量需求量非常接近。

选择性催化还原法(SCR)主要用于热电站的烟气治理。选择性催化还原法(SCR)还未商业性应用于回收锅炉产生的烟气治理,因为随回收锅炉烟气排放出的硫酸钠会破坏所使用的催化剂。

使用尿素的非选择性催化还原法(SNCR)(将 NO 还原成氮气、二氧化碳和水)却适合去除碱回收锅炉烟气中的氮氧化物。还原率一般可达到 60% 左右。

其他用于降低回收锅炉烟气中的氮氧化物的方法还包括使用三次风。这种方法可以降低 30% 左右的氮氧化物排放。使用还原性洗气溶液来处理废气最高可以达到 50% ~60% 的去除率。

可同时去除二氧化硫和氮氧化物的方法目前还在研究发中。这方面最先进的方法还是采用活性炭和电子辐照的方法。

尽管这些方法还在研发中,但是已经进行了中试,并且在热电站进行了试用。未来,这两种方法在去除氮氧化物方面都具有很大的潜力。

7.4.3 二氧化碳排放

所有的燃烧工艺过程都会产生二氧化碳。然而,化石燃料燃烧对大气中的二氧化碳含量会产生长期的累积影响。木材燃烧(例如,黑液、树皮燃烧)产生的二氧化碳简单地反映了木材生物质的燃烧排放。

控制烟道气中 CO_2 排放的技术多样。一般第一步是使用纯氧作为助燃空气来减少产生的烟气。第二步是使用吸附或吸收剂来收集烟道气中的 CO_2。最后,从吸附材料中释放 CO_2 并在高压下使 CO_2 液化。当今,使用这些方法来减少烟气中的 CO_2 还不是太经济可行。但是,在世界上某些国家,特别是在欧洲国家,二氧化碳的排放交易要求将导致成本越来越高,这种形势将很快改变。据估计,与没有二氧化碳的工艺过程相比,CO_2 的去除会导致能源消耗增加 30% 以上。

CO_2 的液化又带来了另一个难题:如何处理和储存大量的液体 CO_2? 有人建议将空油井

用作为储存 CO_2 的容器。然而,这种解决方案可能会带来许多无法预期的风险。

最可行方法应该就是催化法了,即将 CO_2 转变成甲醇和其他合成化学品。但是,这种系统只在实验室中进行,且其成本也相对较高。将制浆和造纸业产生的强碱性物料流中的 CO_2 收集或使用 CO_2 制作沉淀碳酸钙(PCC)的可行性也较小。

7.5 其他废气处理方法

生物处理法涉及使用微生物来固定和分解气态杂质。生物处理法适用于清洁废液处理厂、堆肥、制药、食品和印刷工业产生的气体。但是,这种方法目前还不足以用来处理制浆厂产生的恶臭气体。其他的废气处理方法还有使用氧化性化学品,如使用臭氧、氧气或过氧化物氧化恶臭气体。

参考文献

[1] BAT Reference document BREF for the Pulp and Paper Industry MS/EIPPCB/ppbref final, July 2000. (Revised Oecember 2000).

[2] Springer, A. M.. Industrial Environmental Control, Pulp and Paper Industry, TAPP/PRESS, Atlanta, 1993, pp. 583 – 591 .

[3] Kwaerner Pulping, Information brochures, Tampere, 1997.

扩展阅读

[1] Gullichsen, J. &Paulapuro, H. (Series editors), Gullichsen, J. &Fogelholm, C. – J. (Book editors). Papermaking Science and Technology, Book 6B. Chemical Pulping. Jyväskylä 2000, FapetOy. 497p.

[2] Vakkilainen, Esa K.. (2005). Kraft recovery boilers – Principles and practice. SuomenSoodakattilayhdistysr. y. , Valopaino Oy, Helsinki, Finland, 246p. ISBN952 – 91 – 8603 – 7.

第8章 固体废弃物及液体废弃物

8.1 综述

当前的趋势是防止或减少生产过程中残渣或废弃物的形成,为了达到这个目的,将优先应用残渣管理,其次是降低废弃物的危害,提高废弃物的再利用率和循环率,通过焚烧或填埋来处置废弃物。

由于废气排放和废水排放的要求越来越严,所以林木业增加了固体废弃物的产生量(见第1章的图1-1)。这些废弃物的复杂物质形态结合到一起,给残渣和废弃物的处理带来了不小的问题。

由于原木加工工艺中要用到大量的水,就自然会产生污泥状的废物。这部分废物虽然数量较大,但更需关注的是来自厂区废水和废气的处理产生的废弃物。

制浆厂产生的其他废弃物还包括绿泥、石灰渣和其他工艺过程废弃物,造纸工艺过程产生的废弃物包括含有各种填料和添加剂的废弃物,化学机械法制浆和脱墨制浆也会产生其各自的废弃物。

严格的环境规定以及污泥和其他废弃物填埋的高昂成本迫使制浆和造纸厂去寻找废弃物填埋前的处理或预处理方法。最好的方法是通过回收再利用来最小化废弃物的数量,例如,在不影响主要产品性质及产品质量的情况下,尽可能地将污泥回收到生产工艺过程当中。

另一种方法即是将含有有机物的污泥和其他废弃物用作燃料,为固体燃料锅炉或回收锅炉提供能源。还有一种方法是将污泥和灰分用作土壤改良和道路建筑的原材料以及制砖业、林业和园艺业的添加剂。但这些方法并不容易实现,因为在欧盟,关于废弃物的控制管理以及围绕废弃物(会影响有利用价值的废弃物)法律定义的问题都有非常严格的规定(见第6节,与废弃物相关的问题)。

8.2 不同生产工艺过程产生的废弃物

8.2.1 硫酸盐法制浆工艺过程

硫酸盐法制浆工艺过程中产生的废弃物量在很大程度上取决于工艺过程,而且,不同的制浆厂所产生的废弃物的量也有很大不同。硫酸盐制浆工艺过程会产生各种固体废弃物及液体废弃物,例如[1]:

(1)原木加工(wood handling)产生的树皮和木屑
(2)原木加工产生的废渣(主要是沙子)
(3)锅炉(boiler)、碱炉和石灰窑产生的粉尘
(4)化学品回收产生的无机污泥(渣、沙粒、石灰渣)
(5)废水处理产生的污泥(无机物、纤维和生物污泥)
(6)灰分和其他各种各样的废弃物(例如,建筑材料和有害化学废弃物)

8.2.2 机械法制浆工艺过程

机械法制浆工艺过程产生的固体废弃物包括原木剥皮、清洗和筛选产生的树皮和木屑(1.5%左右)、纤维废渣(初沉池污泥)、能源生产产生的灰分以及废水生物处理产生的剩余污泥。含木残渣一般在制浆厂的树皮锅炉中进行燃烧[1]。

数量最大的废弃物由不同类型的污泥组成,主要是含有纤维的初沉池污泥和来自于废水生物处理的剩余污泥,可通过提高污泥压滤机的脱水效率来减少预处理的废物量。

8.2.3 再生纤维处理工艺过程

废纸处理过程中产生的大多数杂质最终都变成了废弃物,主要包括废渣、不同类型的污泥以及灰分(在现场焚烧的情况下)。在脱墨(RCF)制浆厂中,固体废弃物主要来自于备料、工艺水净化以及废水处理设施。根据所使用的原料、工艺设计类型及过程和废水处理的类型,生成残渣(废渣和污泥)的数量和种类可能不同。

8.2.4 纸和纸板制造工艺过程

纸和纸板厂产生两种基于工艺过程的废弃物:浆料制备产生的废渣以及原水和废水处理产生的污泥。

在纸或纸板机的流浆箱之前,纸浆会先进行清洗,浆料制备产生的废渣就在这个过程中产生。废渣包含各种杂质,例如,含木质废料、沙粒和一些纤维等。干固形物含量通常为1%~25%。这些废渣一般排到污水处理厂,但是也可能直接排到污泥脱水设备中。大多数的废渣最终会成为污水处理一级沉淀产生的初沉污泥,这也就是为什么此类废渣一般不单独计入废弃物数据的原因。

原水和废水处理产生的污泥是纸和纸板厂可能产生的主要废弃物之一。不同类型的污泥划分如下[1]:

——采用化学沉降/絮凝方法对地表水进行化学预处理以获取工艺水而产生的污泥

——一级沉淀产生的污泥。在大多数纸和纸板厂以及使用填料的纸和纸板厂都会产生这种污泥,这种污泥主要有纤维、填料和无机物组成

——生物(好氧或厌氧)处理产生的剩余污泥,其主要含有大量的有机物。厌氧处理产生的污泥量不大(大约是好氧处理产生的污泥量的1/7)

——化学絮凝产生的污泥主要是由三级污水处理厂产生的。这种处理过程会产生大量的污泥。不同污水处理厂所产生的污泥的有机质/无机质量是不同的,这主要取决于所使用絮凝剂的剂量和类型。很多生产铜版纸的造纸厂会对涂布操作所产生的废水进行单独处理

8.3 废弃物的特性

8.3.1 污泥

制浆造纸工业废水处理会产生机械处理产生的初沉污泥以及生物处理产生的生物污泥。除此之外，当处理涂布废液时、使用化学品来提升机械处理效率时或在活性污泥设备后使用单独的三级处理来去除营养物时，都会产生化学污泥。这些污泥的性质取决于生产工艺过程的类型、原材料、耗水量、固形物质流失率以及每种固体物的性质。污泥的特性可以按照以下参数表示：

——干固形物含量(蒸发)
——固形物含量(过滤)
——灼烧残渣
——回收率和特定的滤阻性能
——纤维长度分布
——粒度分布
——灰分含量
——沥青含量
——黏性和 pH
——沉降率
——电动电势
——游离度和可压缩性
——热值和纤维分析

各种制浆和造纸工艺过程中产生的总污泥量如下[2]：

——以化学浆为原料的低填料含量的纸张，10 ~ 40kg 干固形物/t 产品
——以化学浆为原料的高填料含量的纸张，25 ~ 75kg 干固形物/t 产品
——以机械浆为原料的新闻纸，10 ~ 50kg 干固形物/t 产品
——以半化学浆为原料的瓦楞纸，10 ~ 30kg 干固形物/t 产品
——以回收纤维为原料的高级纸和卫生纸，30 ~ 150kg 干固形物/t 产品
——再生纸板，0 ~ 30kg 干固形物/t 产品

表 8 - 1 为各种制浆和造纸业工艺过程产生的不同污泥的化学组成；表 8 - 2 为各种污泥中含有的特殊化学元素的含量。

表 8 - 1　各种制浆和造纸工艺产生的不同污泥的性质

污泥成分和性质	硫酸盐制浆厂产生的混合污泥	初沉污泥	造纸厂产生的混合污泥	生物污泥	脱墨污泥	去皮过程产生的污泥
C/%	40 ~ 42	44	44 ~ 46	47	25 ~ 45	50
H/%	4.5 ~ 5.0	6	5.5 ~ 6.0	5.2	4.0 ~ 5.5	6
S/%	0.4 ~ 0.9	0.1	0.05 ~ 0.1	1.2	0.1 ~ 0.3	0.02

续表

污泥成分和性质	硫酸盐制浆厂产生的混合污泥	初沉污泥	造纸厂产生的混合污泥	生物污泥	脱墨污泥	去皮过程产生的污泥
V_f/%	1.3~1.6	0.4	0.5~0.7	1.6	0.1~0.3	0.8
O/%	25~29	25	n. d.	30	22	34
Cl/%	0.1~0.6	n. d.	0.0~0.1	n. d.	0.2~0.6	n. d.
灰分/%	16~21	0.4	12~20	16	30~60	2.5
有效加热值	14~16	n. d.	n. d.	17.4	8~13	3.0
干燥固形物	75~80	70	n. d.	85	60	70
水分的有效加热值	9.3	2.3	n. d.	0	2.9	n. d.

注:n. d. 为未规定。

产品不同,产生的初沉污泥的量有很大的不同,如下所示[6]:

——机械法制浆,15~20kg 干固形物/t 产品(包括树皮污泥)

——半机械法制浆,25~30kg 干固形物/t 产品

——化学法制浆:硫酸盐法制浆,20~25kg 干固形物/t 产品

——再生纤维生产

——废渣,15~90kg 干固形物/t 产品

——脱墨制浆,50~250kg 干固形物/t 产品

——纸和纸板生产,5~10kg 干固形物/t 产品

表 8-2 制浆和造纸工业产生污泥中的特定化学元素含量

单位:mg/kg 干固形物

化学成分	初沉污泥	混合污泥
As	n. d.	<5.0
Cd	0.0~2.5	0.5~4
Cr	n. d.	17~65
Cu	3.4~31	9.3~60
Hg	0.0~0.2	n. d.
Ni	7.0~26.7	7~40
Pb	0.0~15.5	5~13
Zn	n. d.	90~510

注 n. d. 为未规定。

生物污泥由非活性细菌和活性细菌组成。生物污泥(包括初沉池产生的废水中的悬浮固体)是以 10~25kg/t 纸浆或 0.2~1.2kg/kgBOD 去除量来计,具体取决于所使用的处理方法。在造纸厂中,处理设备的生化需氧量(BOD)负荷通常比制浆厂的低,因此,产生的生物污泥量就更少。

使用化学沉降和絮凝的三级处理主要用于减少营养物,特别是磷。使用无机化学品(铝盐、二价铁盐、三价铁盐以及石灰)来处理废水会使废水中的有机物沉降,这会形成大量的絮状污泥,其很难脱水、抽取和在填埋场进行处置。三级污泥的产生量在很大程度上取决于所使用的沉降化学品以及废水中的化学需氧量(COD)。根据实际经验,废液中 1kg 的化学需氧量(COD)会形成 0.4~0.6kg 干固形物等三级污泥。

8.3.2 灰分

能源生产和烟气处理产生的灰分量最多。燃烧工艺过程设备会产生两种灰分:飞灰和底渣。燃煤锅炉或流化床锅炉运行所产生的飞灰量是总灰分量的 80%~100%,而在炉排(或固

定床)锅炉中,飞灰量是总灰分的5% ~40% 。总灰分量的多少在很大程度上取决于所使用燃料的无机物含量。表8-3表明,木材含有的无机物要少于树皮,而与原木加工业使用的其他燃料相比,污泥中无机物含量较大。

表8-3 在制浆和造纸行业中所用燃料中的灰分含量

燃料	灰分含量/%
树皮	1.0 ~2.8
木材	0.3 ~0.6
污泥	20 ~60
泥煤	3 ~5
REF	9
煤炭	14

灰分的数量和性质取决于所使用的燃料和燃烧工艺过程。底渣是在燃烧区底部收集的物质,主要由矿物燃料中的挥发性最低的微粒组成。飞灰和烟气是由轻质、易汽化的矿物质组成,可通过静电或机械分离法进行收集。飞灰是由微小的球形微粒和针状的晶体材料构成。

灰分的主要化学元素为Si、Al、Fe、Ca、Mg、Ti、Na、K和S。灰分的成分通常用化学元素的氧化物形式表示。表8-4列出了在使用原木原料时产生的灰分的化学成分;表8-5为生物质产生的底渣和飞灰中的某些化学元素的量。就制浆和造纸生产来讲,每吨产品产生的灰分量如下[9]:

表8-4 木质生物质(木材和树皮)所产生的灰烬的化学成分 单位:%

物种	灰分	SiO_2	FE_2O_3	P_2O_5	CaO	MgO	Na_2O	K_2O	SO_3	其他*
桦树	0.3	0.9	n. d.	3.5	45.8	11.6	8.7	15.1	2.6	11.8
桦树,树皮	1.6	3.0	1.0	3.0	60.3	5.9	0.7	4.1	n. d.	22.0
松树	0.2	3.5	n. d.	2.7	41.8	16.1	3.1	15.3	4.5	13.0
松树,树皮	1.8	14.5	3.8	2.7	40.0	5.1	2.1	3.4	n. d.	28.4
云杉	0.3	1.0	n. d.	2.7	36.8	9.8	3.2	29.6	4.3	12.6
云杉树皮	3.4	21.7	1.8	2.7	50.5	4.2	2.8	3.5	n. d.	12.8

注 n. d. 为未规定;* 为计算的数值。

——硫酸盐浆生产,6kg/adt

——机械浆生产,3kg/adt

——脱墨浆,>6kg/adt

——造纸产生的灰分在很大程度上取决于所使用的纸浆,从每吨3kg至每吨10kg以上不等(包括必要的纸浆原材料生产产生的灰分)

表8-5 木质生物质(木材及树皮)所产生的底渣和飞灰中某些化学元素 单位:mg/kg

化学元素	底灰	飞灰
As	0.2 ~3.0	1 ~60
Cd	0.4 ~0.7	6 ~40
Co	0 ~7	3 ~200
Cr	60	40 ~250
Cu	15 ~300	200
Hg	0 ~0.4	0 ~1
Mn	2500 ~5500	6000 ~9000
Ni	40 ~250	20 ~100
Pb	15 ~60	40 ~1000
Se	n. d.	5 ~15
V	10 ~120	20 ~30
Zn	15 ~1000	40 ~700

8.3.3 其他废弃物

木材加工产生的废弃物

贮木场产生的树皮和木材残渣是制浆和造纸工业中最大的废弃物来源。可根据木材种类和工艺过程对树皮量进行估算。一般来讲,树皮量在很大程度上取决于木材种类，为(总原木体积的)12% ~16%不等。而树皮中的木材残渣比例在很大程度上取决于工艺过程，相当于无树皮原木总量的2% ~6%。这种废弃物的95%以上用于能源生产，其余的则是需要被填埋的垃圾、石头以及其他废弃物。需要被填埋的贮木场废弃物的量在每吨纸浆1 ~20kg的范围内不等[1]。

化学品回收循环过程产生的废弃物

化学制浆工艺过程中的蒸煮化学品回收循环工艺产生的废弃物主要为绿泥、残渣和石灰渣。这些废弃物在生产过程中混合在了一起，很难各自计量这些废弃物的含量。其总体的产生量大约在每吨纸浆10 ~60kg不等，平均为30kg左右。表8 –6为绿泥的典型化学组成。表8 –6表明，本化合物的大约1/3是由氧化钙和氧化钠构成，其中，钙主要是由木材产生，钠主要是由所使用的蒸煮化学品产生。但是，在残渣中也含有一定量的未燃烧的碳。

表8 –7为含有不同石灰渣含量的绿泥的成分(一种几乎不含石灰渣，<2%；另一种含大量石灰渣，平均为75%左右)；表8 –8为同种样本的金属浓度。

表8 –6　绿泥的成分

化合物	占总质量的百分比/%
C	19.3
CaO	15.2
Na_2O	15.5
MgO	13.2
SO_3	12.8
MnO	2.9
Fe_2O_4	1.5
Al_2O_3	0.1
SiO_2	0.1
P_2O_4	0.2

表8 –7　不同含量石灰渣的绿泥的平均成分

石灰渣含量/%	干燥固体含量/%	灰烬含量/%	有机物含量/%	总N含量/(g/kg)	总P含量/(g/kg)	总S含量/(g/kg)
<2	45	62	20	0.4	0.6	23
75	59	62	6.5	<0.4	2.8	6.3

表8 –8　不同含量石灰渣的绿泥中的平均金属成分

石灰渣含量/%	Ba含量/(mg/kg)	Cd含量/(mg/kg)	Co含量/(mg/kg)	Cr含量/(mg/kg)	Cu含量/(mg/kg)	Hg含量/(mg/kg)	Ni含量/(mg/kg)	Pb含量/(mg/kg)	Sr含量/(mg/kg)	Zn含量/(mg/kg)
<2	430	16	9.2	75	90	0.07	60	18	330	2300
75	310	11	5.3	85	96	<0.10	29	11	290	1000

尽管绿泥可以作为一种在废水处理中的添加剂，但其一般还是被填埋处理，主要原因是此类污泥的磷含量较高，这会增加出水中磷的排放量。

造纸产生的废弃物

造纸会产生含填料和颜料等添加剂的废弃物以及废纸。这些废弃物的数量和成分有很大的不同，在很大程度上取决于工艺过程、内部回收和循环程度以及生产的纸张等级。造纸使用的典型填料为：高岭土、云母、碳酸钙、合成硅酸盐、二氧化钛、氢氧化铝和少量有机颜料。

生产铜版纸和纸板的造纸厂会产生各种涂布污泥。涂布污泥废弃物主要是由涂布工艺过程和涂布设备洗涤产生的过滤筛渣构成。因此,涂布污泥废弃物包括纤维、涂布填料废弃物、高岭土和碳酸钙等造纸填料和涂料以及作为上浆剂的乳胶和淀粉。涂布污泥的产生是一种巨大的原材料损失,同样地,纤维污泥的产生也是如此。除此之外,还有处理设备的投资和运行成本以及运输和填埋成本。制浆造纸工业产生的其他废弃物还包括:

——危险废物或难于处理的废弃物(溶剂、油类、防腐剂以及所使用的电容器、蓄电池和电池)

——混合的工业废弃物(废金属、建筑垃圾和包装废弃物)

——办公室、实验室和食堂产生的废弃物

8.4 污泥处理

8.4.1 综述

如上所述,因为新填埋场容量有限及废弃物在填埋时可能会造成各种问题,所以,制浆造纸工业废弃物需要尽可能地被回收。最大的问题是废水处理产生的污泥,这是因为这些污泥不但含有有害物质,而且它们的物质形态很难处理,涉及的处理量很大。

将来,污泥的填埋处置会变得越来越昂贵,甚至可能被完全禁止,这是因为欧盟废弃物填埋指令中,对废弃物填埋重新进行了分类(见第 6 节,与废弃物有关的问题)。污泥的低固形物含量意味着在被重复利用或被焚烧或填埋之前,污泥必须进行预处理。处理污泥最常用的方法将在本章节进行说明。

8.4.2 脱水

8.4.2.1 概述

污泥脱水是为了获取尽可能高的固形物含量,因为高固形物含量会简化后续的处理。在污泥悬浮液中,水以以下形式存在:

——自由水

——毛细管水

——化合水和细胞水

通过重力沉降即可轻易地将自由水去除。让污泥静止,固形物会沉降到底部且水会形成上层清液,通过这种方式即可除去大量的水。毛细管水可通过过滤或离心来去除,先对污泥进行调节会使过滤或离心更加有效。化合水和细胞间液只能通过干燥,例如通过蒸发进行去除。

污泥脱水工艺过程(见图 8 - 1)可被分为以下部分:

——沉淀

——浓缩

——污泥调节/预脱水

——机械脱水

——进一步处理,例如压滤和干燥

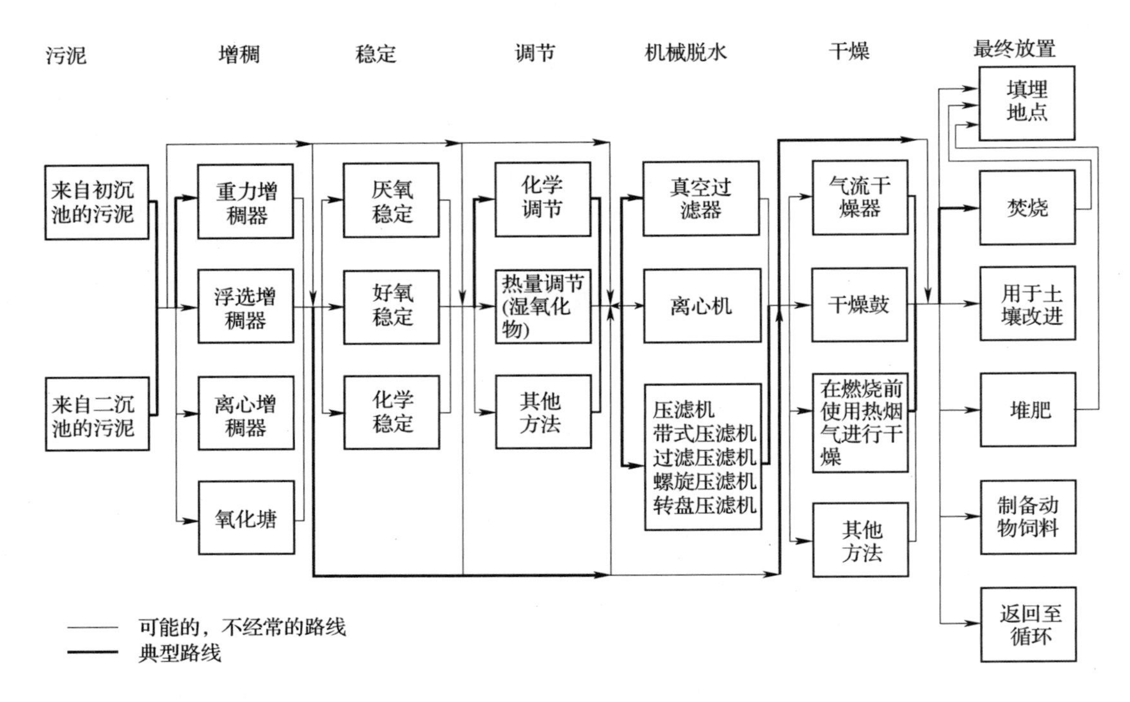

图 8－1　污泥处理的不同阶段

图 8－1 为污泥处理的不同阶段以及不同的可选方案。典型的方法为浓缩污泥(一种污泥或与其他污泥一起)、在带式压滤机中使混合污泥脱水、最后在以树皮为燃料的锅炉中燃烧污泥。

一般来讲,污泥浓缩都是通过沉降来实现的,沉降后,污泥的固形物含量从 0.3% ~3% 升高至 2% ~10%(如果是生物污泥,固形物含量可升高至 1.5% ~3.0%)。重力浓缩在一个类似于澄清池的圆形槽中进行,高固体含量意味着设备必须更加坚固且通常包括刮刀。有时也会使用面积较小的槽池。重力浓缩机是基于污泥表面负荷理论进行设计的。浓缩机也具备浓缩污泥的储存空间。

其他类型的浓缩机还包括脱水转鼓、弧形筛网和浮选浓缩机。

污泥调节可通过化学方法或加热进行,现在只有化学调节被广泛使用。一般来讲,最好的效果是通过一个由无机盐和聚合絮凝剂组成的双系统实现。

一般来讲,化学品进入絮凝池后会停留 1 ~3min,使得化学品进行反应。利用某些特定的脱水设备,可在此阶段去除一些水分,这项工作可使用转鼓来完成,脱水后,污泥的稠度为 6% ~10% 。转鼓也可装配螺杆压力机以将污泥的稠度提高至 10% ~15% 。浓缩后的生物污泥仍然可以相当快地进行生物降解,可通过稳定化防止或抑制此类生物降解。稳定化主要用于城市污泥的处理,但也可用于制浆造纸工业中。稳定的方法包括:

——石灰稳定法,其效果取决于添加的石灰量。使用石灰进行稳定会增加污泥量。脱水性能得以改进

——厌氧稳定法,一种在封闭、无氧的环境下进行的生物方法

——好氧稳定法,一种对污泥进行曝气的生物方法。其使得干固体含量更低、脱水性能更好

——大型城市处理厂已使用加热的方式来稳定污泥和改进污泥的脱水性能

机械脱水使用的设备为过滤设备、离心设备、压滤设备或这些设备的组合。过滤器可使污泥的稠度从 2% ~5% 增加到 15% ~30% 。但是过滤器会保留大量的固形物质,如果污泥中的黏性物质含量较高,则此类固形物质很容易造成设备堵塞。

压滤机一般在低压或高压下运作。对高压压滤机来说,进入的污泥必须具有较高的固形物含量(8% ~12%)。根据使用的压滤机类型,最终的固形物含量在 25% ~45% 。就低压压滤机来讲,因为带式压滤机的技术越来越成熟,其使用越来越广泛。

8.4.2.2 设备

离心机

制浆造纸工业最常用的离心机为螺旋卸料沉降离心机。它由转鼓构成,转鼓内有一个同向转动的螺旋输送机。通过空心螺旋添加污泥,污泥从空心螺旋进入转鼓中。转鼓以 1500 ~ 4000r/min 的速度转动,而螺旋输送机的转速则比转鼓慢 2 ~ 50r/min。离心机可以控制转鼓的速度、转鼓与螺旋输送机之间的差速以及固形物的输入速度。

污泥被送到转鼓中心位置,在中心位置处,离心力使得污泥压在转鼓壁上。螺旋输送机将压紧的污泥沿着转鼓壁送到转鼓的狭窄一端。污泥从转鼓的狭窄一端被排出,而水作为溢流液从转鼓的另一端流出(图 8 -2)。

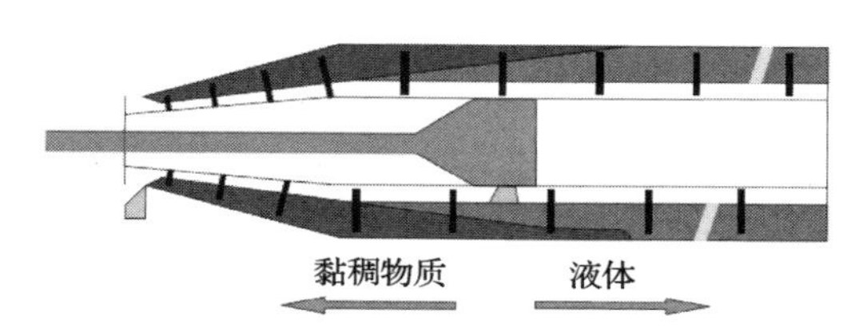

图 8 -2 螺旋卸料沉降离心机

为了提高脱水效率,首先使用聚合絮凝剂对污泥进行调节。尽管离心机已经用于浓缩生物污泥,但其现在主要还是用于将无机污泥脱水。在实际应用中,可通过这种方法获得 15% ~30% 的固形物含量。离心机可实现 80% ~95% 的固形物回收率,这取决于污泥的类型和所使用的调节化学品。

离心机在处理有机污泥时的效率并不是最高的;其能耗也非常高。

真空过滤器

在全世界范围内,制浆造纸工业仍在大量地使用真空过滤器(带式过滤机),但是芬兰已不再将其用于污水污泥的脱水。另一方面,真空过滤器对处理含纤维的污泥非常有效,纤维回收率和固形物含量通常都较好。但是,真空过滤器不适用于生物污泥或化学污泥。

带式压滤机

在带式压滤机中,主要通过两个阶段来对污泥进行脱水:首先通过重力进行脱水,然后通过挤压进行脱水(通常包括几个连续的阶段)。可通过调节滤带、压力、污泥稠度以及流入量来控制压滤机。这种类型的压滤机对有机污泥、无机污泥和混合污泥的处理都非常有效。但是,在脱水前,污泥通常必须先进行化学调节。图 8 -3 为带式压滤机的设计图。

螺旋压榨机

在螺旋压榨机中,螺旋输送机使得污泥压在有孔套管或外壳的内侧,水从套管的空隙中流出。目前有多种不同的螺旋压榨机款式,这些压榨机的根本区别就在于压缩区的设计。使用圆锥螺杆或圆锥外壳或在污泥卸料端安装薄板来产生压力。图 8 -4 为 Tasster 螺旋压榨机的设计图。

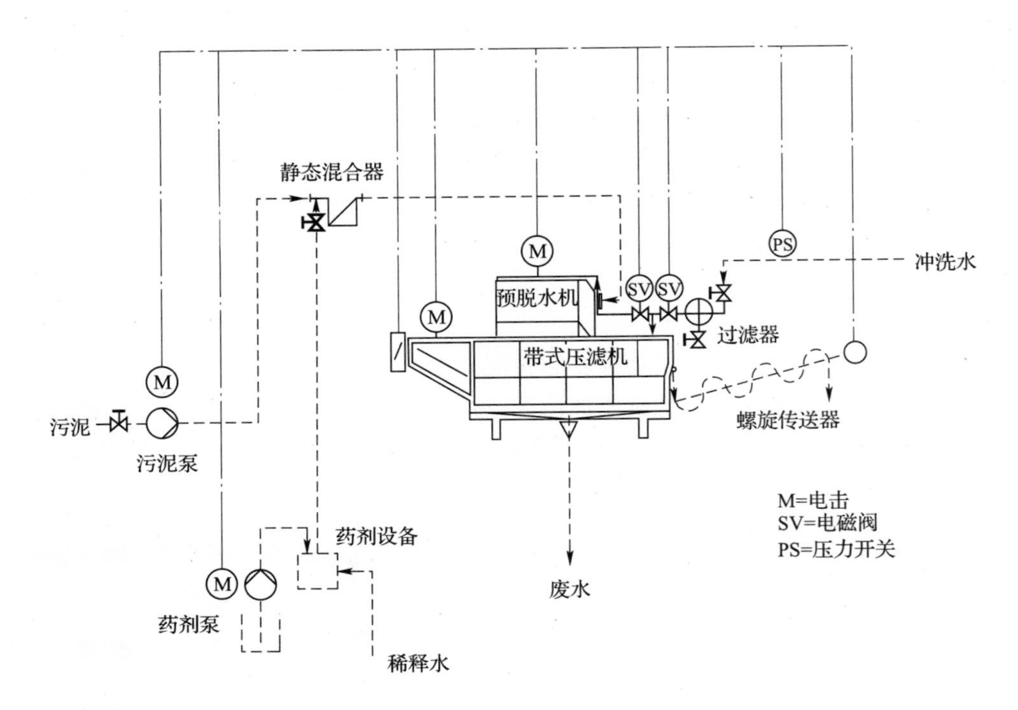

图 8-3 带式压滤机

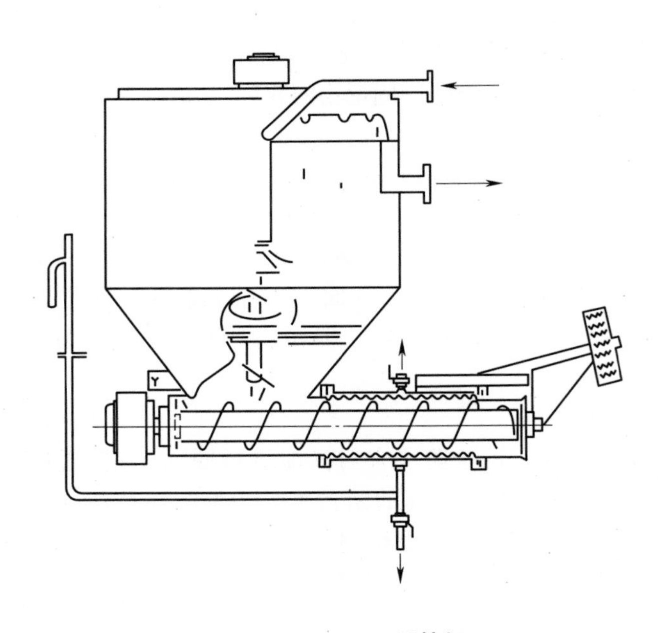

图 8-4 Tasster 压榨机

压滤后操作

预处理后,污泥在压力下被送到两个缓慢移动的网带之间。网带上的压力通过充水垫施加,充水垫通过沟槽式橡胶垫压在网带上。

热处理是指通过加热、加压和加化学品进行的污泥调节(改进脱水性能)。其目的并不是为了氧化有机物；在热处理过程中发生的主要反应为脂类、蛋白质和碳水化合物的水解反应，这种反应会破坏这些化合物的化学键以及水分子，让细胞间液被释放出来。可通过加压反应器中的泵体实现加温和加压。

现行在用的唯一热处理法为齐默尔曼污泥热处理法（Zimpro）（图 8 - 11），其也可用于污泥的湿燃烧。污泥与空气一起经热交换器被泵入加压反应器中，在加压反应器中，反应在 170 ~ 205℃的温度下、1 ~ 2MPa 的压力下进行。反应时间为 30 ~ 45min。从反应器流出的污泥 - 水混合浆体经热交换器进入一组曝气机中。

在美国威斯康星州，热处理厂［齐默尔曼污泥热处理法（Zimpro）］已用于制浆造纸工业。该厂每天可以处理来自活性污泥污水厂的浮选生物污泥 30 ~ 50t/d。污泥稠度为 3% ~ 5%，温度为 200℃左右，压力为 2.6MPa。然后，对污泥进行沉降，使固形物含量达到 16% ~ 17%。反应器产生的气体被送往填料洗涤塔进行洗涤，然后再返回到工艺过程中。

8.4.3 残渣的控制管理

下面将对制浆造纸业废弃残渣的管理方式开展讨论，其中包含重新利用、循环、回收和最终处理。讨论的内容包括各种解决方案的优点、缺点以及它们继续作为最终控制管理选项的可能性。

8.4.3.1 焚烧

通过焚烧，可以大幅降低污泥的体积，而且能够将其还原成无机形态，从而使污泥的填埋更容易、更经济。在某些情况下，污泥可干燥至足够高的干度，使得焚烧成为一个经济可行的解决方案。在实际生产中，制浆造纸工业污泥都是与木材衍生的固体废弃物一起燃烧的。用于燃烧污泥的锅炉现在用得越来越多，尤其用来焚烧市政污水处理厂产生的污泥的锅炉。

制浆造纸工业产生的可被燃烧的污泥包括制浆和造纸厂产生的纤维污泥、树皮污泥、废水处理产生的生物污泥以及脱墨污泥。这些污泥在机械脱水前通常都进行混合。它们的热值一般非常低甚至为负数，因此，这些污泥燃烧需要使用辅助燃料。

现在，化学制浆厂污水处理产生的污泥包括初沉污泥和生物污泥，其中初沉污泥与树皮木屑送锅炉中燃烧，而生物污泥则被送往黑液蒸发设备并在回收锅炉中进行燃烧，送入蒸发设备前应去除树脂和脂肪酸。

污泥处理及锅炉装料

通过机械脱水使待燃烧污泥的固形物含量为 20% ~ 40%（螺旋压榨机可实现高达 50% 的固形物含量）。一旦进入锅炉设备，除了储存和喂料系统外，不再需要其他的处理。

但是，要使燃烧更稳定，排放污染物减少，就必须提高脱水性能。如果污泥与树皮废弃物混合，应注意确保最终的混合物尽量混合均匀。刮板运输机可将燃料混合物送往锅炉。进料的燃料应尽量均匀以将有害排放降至最低。虽然单独进料污泥更容易管理燃料比，但是会使燃烧不稳定。

污泥燃烧过程

污泥主要在循环流化床锅炉中进行燃烧。在制浆厂中，生物污泥也可以在回收锅炉中燃烧。在规划燃烧污泥时，必须考虑其对燃烧工艺过程可能的影响。污泥会严重降低燃烧效率且会导致热表面污染。此外，树皮燃烧能力的下降，烟气体积的增加，会导致蒸汽减少，从而出现腐蚀问题。

炉排锅炉燃烧的效率比流化床燃烧的效率低，这主要是因为炉排锅炉燃烧不够稳定、难于管理，而且燃烧条件也较难于控制。使用炉排锅炉燃烧时，燃料混合物中的污泥量不能超过10% ~15%；否则，则不能达到适当的燃烧条件（图 8 -5）。

流化床燃烧可实现良好的热传递以及空气和燃料的均匀混合。总体上来讲，流化床燃烧比炉排锅炉燃烧更好，而且排放也更低（由于燃烧条件导致 NO_2 升高的这种情况除外）。在流化床锅炉中，燃烧条件可以通过定期的温度和压力测量进行控制，而在炉排锅炉中则不可对燃烧条件进行控制。流化床锅炉分为鼓泡流化床和循环流化床。它们的燃烧效率基本一样（见图 8 -6）。

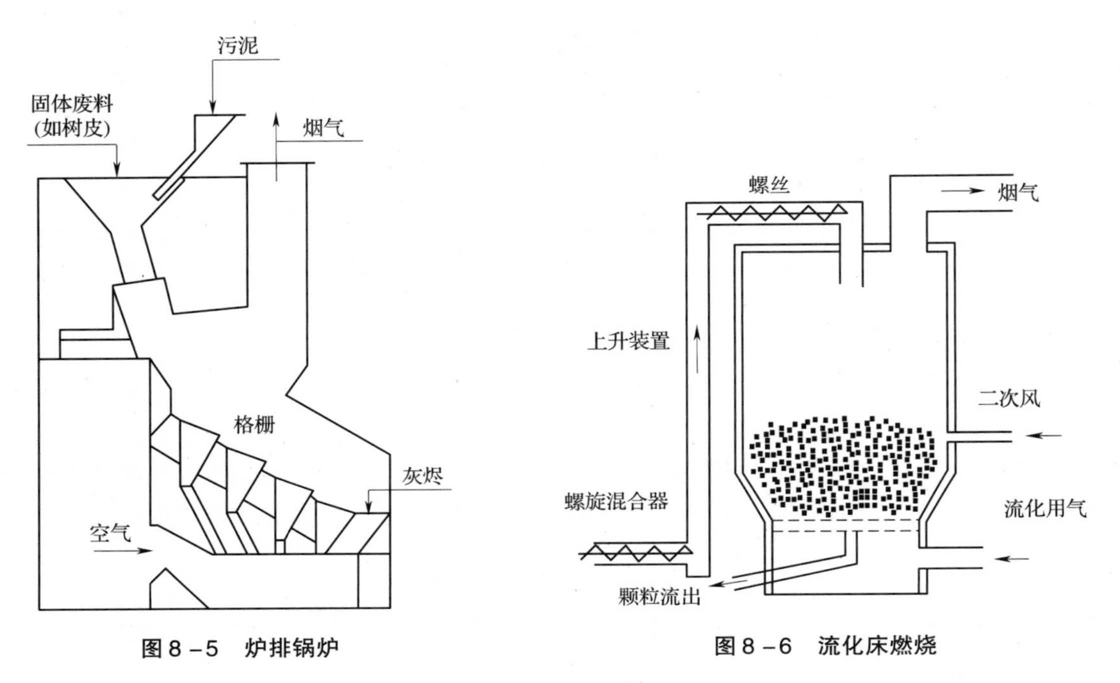

图 8 -5　炉排锅炉　　　　图 8 -6　流化床燃烧

就污泥燃烧来讲，流化床燃烧是目前最好的污泥燃烧方法。这种方法能够实现破坏二噁英所需的条件（ >850℃且有充分的燃烧保持时间）。在流化床锅炉排放的气体中，最近二噁英引起了最大的争议。当燃烧含氯燃料（包括制浆和造纸厂产生的污泥）时，流化床锅炉在某些情况下会释放出微量的二噁英。

目前已经对流化床锅炉产生的二噁英排放进行了检测。

在正常条件下，年代较久远的设备在正常条件下会释放出少于 $1ng/m^3$ 的二噁英。研究显示，可以通过在燃料中添加石灰、硫和氨来减少二噁英的排放。对于清除二噁英来说，燃烧尽量完全且过程要得到适当控制也是非常重要的。炉膛中的飞灰也要进行适当的清理。在烟气还未冷却的时候，就要将飞灰清理掉，且静电除尘器要在 200℃以下的条件下使用。

燃烧污泥产生的其他污染物与燃烧其他燃料产生的污染物大致一样，可使用相同的方法进行减排。可使用减少二噁英的方法来减少 HCl 和重金属的排放。从成本角度来讲，污泥的燃烧涉及巨大的资金投入和运营成本，即使锅炉设备已经建成运行，涉及的成本通常还是高过回收热的价值。必须考虑替代处理方法，例如，厌氧分解、堆肥或填埋。但是，当考虑如何处理越来越多的污泥时，燃烧确是一个可行的办法。

8.4.3.2 填埋

填埋被广泛用作一种处理污泥的最终方法。将来根据欧盟填埋法令,这种处置方法以及其他处理措施可继续在适当的规定填埋地点使用。

进行填埋处理的制浆造纸工业废弃物主要包括:污泥、灰渣、树皮废弃物和各种工艺过程产生的废弃物。填埋时,污泥造成的处理问题最严重,因为污泥首先需要通过现有的方法进行脱水处理。脱水的目标是在填埋处理前达到最高的固形物含量。废弃物的分类取决于废弃物的成分以及浸出特性,其反过来又决定了适合接收废弃物的填埋场。

欧盟废弃物填埋指令——填埋分类及废物接收标准

1999/31/EC 废弃物填埋指令旨在通过将废弃物减少到最低程度以及提升废弃物的循环和回收水平来让废弃物与优先管理权分类保持一致。第 1999/31/EC 号填埋法令的目的是说明根据优先管理层级方法,如何通过废料的最小化和循环回收水平的增加来对废物进行管理。

指令的规定覆盖了填埋场的位置以及各方面的最低水平。

技术和工程要求,例如每种填埋场的地下水位控制和垃圾渗滤液管理、填埋场衬垫和封场、土壤和水体保护以及沼气排放。对于填埋场运营商来讲,该指令会导致成本的上升,因为填埋场运营商需要让填埋场符合所需的标准;对废弃物产生者来讲,该指令也会导致成本的上升,因为废弃物产生者需要支付填埋前的预处理费用。除此之外,该指令还可能降低有害废弃物的填埋率、提高填埋此类废弃物的费用。

该法令产生的主要变化及其要求如下:

——它禁止了某些废弃物的填埋,包括液体(不是污泥)以及不满足欧盟废弃物填埋指令的废弃物接收标准(WAC)的废弃物

——所有填埋地点都要按照惰性废物、危险废物或非危险废物进行分类(后者涵盖了大多数可生物降解的废弃物)

——进入填埋场的废弃物必须进行预处理(这种处理包括分类)

废弃物接收标准(WAC)

《理事会关于废弃物接收标准的决定》(The Council Decisiion on Waste Acceptance Criteria)(2002 年 12 月)[17],制定了三类填埋场的废弃物接收标准,这 3 类填埋包括有害、无害或惰性废弃物填埋,具体详见表 8 -9。该标准主要列出了进入填埋场的废弃物的限值,某些限值非常严格;对于废弃物产生者来讲,要满足这些限值将会是一种挑战。该要求于 2006 年 7 月开始执行,某些极限值是非常严格的,如要达到这些数值,对于产生废弃物的产生者来说比较困难。而且该要求会让产生者更加谨慎地对待他们产生的废弃物,并提高自身对于废物成分整体情况的了解。

——这些标准主要包括颗粒废弃物和污泥产生的可渗滤物的限值、有机物含量的限值和物理稳定性标准构成

——根据规定的测试方法,对废弃物的这些参数进行测试

——对需要进行填埋的危险废物来说,其废弃物接收标准(WAC)有很大的灵活性,其允许特定的因素超过无机物成分的浸出标准,而且有机碳含量也可在一定的范围内浮动

欧盟成员国(在移调他们的国家法律时)可允许个别填埋场的个别废弃物超过某些参数的限值,只要废弃物产生者或填埋场运营商能够通过风险评估证明其不会对环境造成附加风险即可。在此方案下,限值最高可是废弃物接收标准(WAC)限值的 3 倍。见表 8 -9。

表 8-9　　填埋法令废料认可标准(WAC)(按填埋类型)

参数	惰性废料填埋	稳定无反应有害废料及无害废料填埋	有害废料填埋
废料上确定的参数			
总有机碳(质量分数)/%	3	5	6
强热失量/%			10
BTEX/(mg/kg)	6		
PCBs(7 congeners)/(mg/kg)	1		
矿物油(C_{10} ~ C_{40})/(mg/kg)	500		
PAHs(congeners)/(mg/kg)	100		
pH		>6	
酸性中和能力		需要评估	需要评估
符合渗出物测试的极限值(mg/kg*)			
As	0.5	2.0	25
Ba	20	100	300
Cd	0.04	1.0	5
Cr	0.5	10	70
Cu	2.0	50	100
Hg	0.01	0.2	2.0
Mo	0.5	10	30
Ni	0.4	10	40
Pb	0.5	10	50
Sb	0.06	0.7	5.0
Se	0.1	0.5	7.0
Zn	4	50	200
Cl	800	15000	25000
F	10	150	500
SO_4^{2-}	1000	20000	50000
总可溶固体	4000	60000	100000
苯酚指数	1		
自身的溶解有机碳(pH 或 pH7.5 ~8.0)	500	800	1000

注　* BSEN 12457-3at L/S10dm³/kg

废物采样和浸出的标准测定法见附录5。

填埋场建设

规划和建造填埋场时应考虑的因素包括：

——相关区域的环境适应性

——该区域的地质情况和水文情况

——填埋场衬垫/屏障的位置和渗透系数以及它们的寿命

——检查地下水的可能性

——填埋场径流水的环境影响

——所需的设备和其他设施

——与填埋场联系使用相关的因素

——污泥和其他待接收的废弃物的组分和体积

——用于填充填埋场的系统

——渗滤液的收集、处理和控制管理

——填埋场封场/封闭

——后续处理和监控

在建造填埋场之前，必须采取相应的防护措施来确保填埋场不会对周围的环境造成损害或危害。为此，必须就填埋场对现有地下水造成的潜在影响进行建模，根据废弃物类型/特性，并确定填埋场的规模、渗透率和水文地质相关的参数分析渗滤液对地下水造成的影响，这样才能避免超过废弃物填埋指令附录I规定的受体土壤和水体标准的水质参数。欧盟废弃物填埋指令进一步规定了渗透率(K)和构筑掩埋基础和侧面的黏土防渗层厚度的最低要求，如下所示：

——就惰性废弃物填埋场来讲，$K>1.0\times10^{-7}$m/s；厚度 >1m

——就有害废弃物填埋场来讲，$K>1.0\times10^{-9}$m/s；厚度 >5m

——就无害废弃物填埋场来讲，$K>1.0\times10^{-9}$m/s；厚度 >1m

如图 8－7 所示，也可使用较薄、渗透率较低的合成衬垫配合压紧的黏土层。图 8－8 和图 8－9 说明了填埋地点的布局安排以及填埋衬垫及封盖的最低工程要求，这些衬垫和封盖的目的是将填埋地点填埋的物质与周围的环境隔离开来。惰性废弃物填埋场无需衬垫或封盖，所以，这类填埋场的浸出数据最为严格。有害废弃物填埋场具有最高的衬垫和封盖要求，因此可以接收浸出可能性较大的废弃物。与有害废弃物填埋场相比，无害废弃物填埋场要求的衬垫标准较低，黏土层的厚度是这两种填埋场的主要区别。

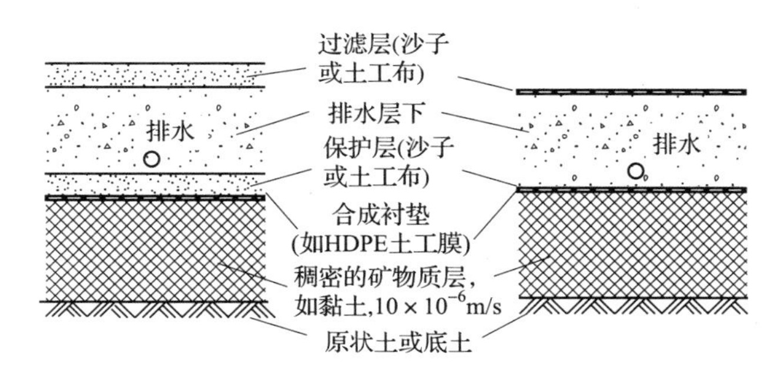

图 8－7 填埋场衬垫的复合结构

在填埋场的运行阶段，可以运用多种方式来堆积废弃物层。一般来讲，废弃物层为 1.0～1.5m 深并覆盖有一层薄薄的碎石或泥土。只有当前一层废弃物已经压实且其中的水分向下

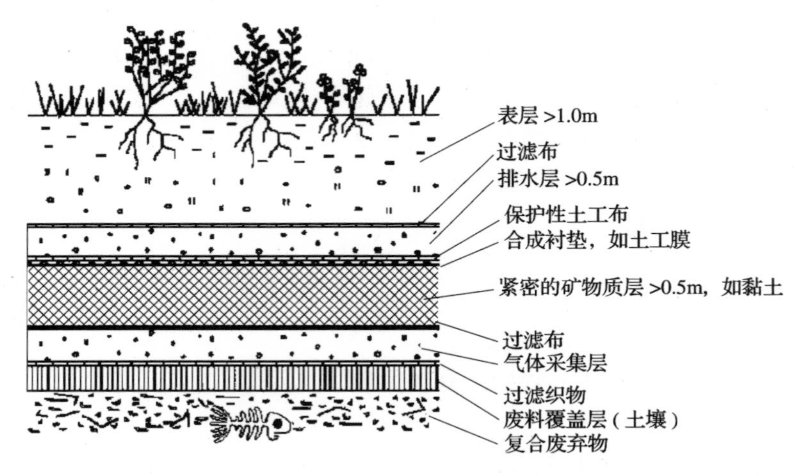

图 8－8　防渗填埋场封场的建设示意图

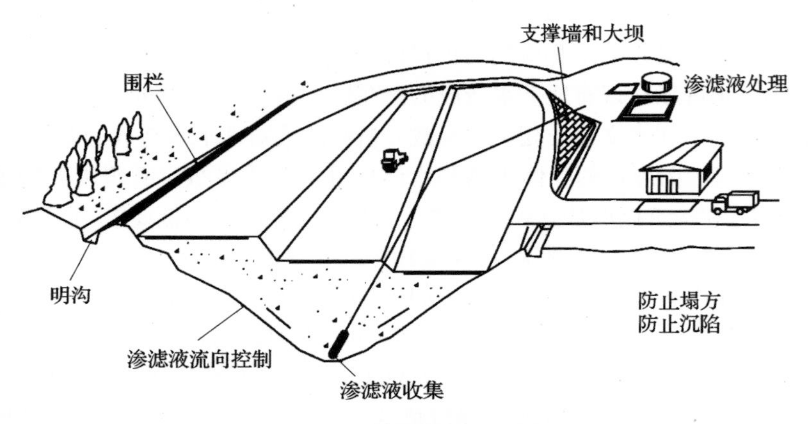

图 8－9　填埋场的剖面图

渗入时才能加盖新一层的污泥。当填埋场饱和后,应对填埋场进行景观美化并进行适当的后续利用。

污泥产生的所有渗滤液、雨水以及填埋场的径流水应被收集起来并送往适当的处理设备进行处理。填埋场的渗滤液量少,但是可能高度浓缩。而径流水量较大,如果填埋场填充正确且封场恰当,其浓度会较低。

径流水和渗滤液可能会产生污染风险,因此,要特别注意填埋场的设计和施工。

根据填埋场的管理和监督要求,需要设置地下水监测井或特定的钻井管道或系统对区域的地下水进行监控,还需要对填埋场内的渗滤液和周围区域的地表水质进行定期检测。并制定一个适当的监控计划来进行运营期和封场后的监控,还要安装防护装置确保能够进入各系统,且保证渗滤液监测系统在封场后不会出现问题。

先将填埋场的径流水和渗滤液收集在水池中,再进行处理。现场监测应包括对水池中的样品进行分析。在设计填埋场时,应考虑如何收集填埋场排放的气体,优先考虑对这些气体进行燃烧处理,如果气体没有气味或其他问题,也可排放到大气当中。如果管理和使用恰当,填埋场一般不会产生其他污染物排放。

污泥填埋处理的一个缺点是需要的空间大,这需要投入高额的成本。由于污泥的含水量较高，通常不能堆得太高。如果不妥善安放和覆盖，污泥可能会产生异味或吸引昆虫。

某些制浆和造纸厂将它们产生的污泥送往城市废弃物填埋场。在城市废弃物填埋场中，这些污泥要么被单独处理，要么与家庭废弃物一起处理。在某些地方，污泥和树皮已经在填埋场进行堆肥处理，最终作为景观美化的肥料或其他园艺用途。

8.4.3.3 土壤改良

制浆造纸工业产生的污泥和灰分的用途之一是用作土壤改良剂。事实上，这种做法正变得越来越普遍。将污泥和灰分用于土壤改良主要限于农业用地和森林；有些也用于土壤构建。由于制浆造纸工业污泥与城市废水处理产生的污泥等其他污泥相比，重金属含量很少，所以适合用于土壤改良。

制浆造纸工业污泥不含致病生物，但有机物含量较高。唯一的缺点就是，制浆造纸工业污泥中存在的有机化合物还没被完全鉴别出来。漂白硫酸盐制浆过程中产生的有机氯化物及其环境影响还有待进一步研究调查。当用于土壤改良时，灰分中存在的氯化物的影响也还不太清楚。

将污泥用于土壤改良时，可通过防止营养物渗漏和提供补充水分来改良土质。因为污泥可以向植物提供氮、磷和微量元素，因此也可作为一种肥料。

单位面积所使用的污泥量取决于场地的特点以及污泥的成分，同时也应遵守当地关于农业利益和金属限值负荷的规定。

由于缺乏制浆造纸工业污泥的特别指南，所以应遵照城市废水处理厂污泥的使用说明，如果适用，污泥即可用于进行土壤改良。

经浓缩或脱水后，液态污泥可直接从沉降槽中取出用于土壤改良。污泥的使用有多种方法，取决于污泥的形式。脱水污泥的使用方法与粪肥一样，而液态污泥则需要使用特殊方式进行铺设或喷射到表层土下方。

在进行土壤改良的时候，污泥中释放出来的可溶解化合物仍需进一步的研究，其潜在的负面影响取决于许多因素，如铺设方法、监督方法和监控方法等。

使用污泥进行土壤改良有以下优点：

——有充足的营养物质和微量元素

——强化腐殖质层并提高水分含量

缺点包括：

——需要较大面积

——运输和处理成本较高

——可能存在的毒性作用和其他作用还不太清楚

——污泥不能全年使用，这就意味着需要有污泥储存设备；这也意味着更高的处理成本和更高的人力要求

8.4.3.4 堆肥

在堆肥过程当中，微生物（主要是细菌）会在有氧条件下将污泥中的有机物分解。可通过机械方式或在堆垄中进行堆肥，这两种方式生成的产物都是稳定的腐殖质。堆肥由以下阶段构成：

——污泥和支撑材料的混合阶段

——通风阶段

——储存阶段

——使用阶段

堆肥法适用于生物污泥和初沉池产生的污泥。但是,污泥干燥后就不适合进行堆肥了,因为污泥变得非常紧密,阻止了通风。为了克服这个问题,就必须使用支撑材料与污泥混合,为分解过程中产生气体的排放提供通道。常用的支撑材料包括树皮、木材碎屑和相似的可生物降解材料。也可使用不可降解的材料,例如塑料,但这些材料必须从产品中筛除掉并重新使用。

目前有多种机械堆肥法可供使用。但是,所有的机械堆肥法都要求待堆肥的原料具有适当的温度和水分以及足够的氧气。对所有的堆肥工艺过程来讲,污泥的有机成分组成、氧气的可用性以及通风的难易程度至关重要。需要进行堆肥原料的水分含量不应低于30%,且不应超过60% ~70%。稳定化的最佳温度在50 ~60℃之间。pH应为中性或弱酸性。污泥和支持材料的C∶N比应当为20 ~50∶1。如果使用的是污泥,则一般情况下必须补充氮,其形式通常为添加尿素。污泥中的磷含量一般是充分的,C∶P比应为100∶1。机械堆肥法包括:

Dano生物稳定堆肥装置,其由以6 ~60r/min低速转动的长转筒构成。在整个转筒上都安装有喷嘴,空气通过喷嘴进入转筒。当堆肥的材料太干时,可通过某些喷嘴加入水。温度会在转筒的中部达到60 ~65℃,之后,温度会沿着转鼓的出料端降低。污泥混合物会在转鼓中停留3 ~6d。随后,被堆肥的污泥即被筛选、储存备用。

BAV反应器用于对混有木屑、树皮或相似材料的污泥进行堆肥处理。在这个工艺过程中,某些最终产物在曝气前与流入的污泥混合。BAV反应器的主要组件为一个混合单元和一个曝气反应器。污泥、最终产物和添加剂首先进行混合。混合物从曝气反应器的顶部进入,而空气则从底部进入。最后,最终产物被储存备用。

在分层堆肥中,污泥混合物从堆肥装置的顶部进入,随后一层一层地下行。空气从堆肥装置的底部进入。堆肥从堆肥装置的底部取出,储存备用。

在堆垄堆肥装置中,混有某些其他物质,例如树皮的污泥被分层铺开形成堆垄。垄脊的高度为3 ~4m,底部的宽度为3 ~6m。垄堆的截面形状为平行四边形的一半。物料间隔数周使用装在拖拉机上的铁铲或专用工具混合一次。垄堆中心的温度可达55 ~77℃。见图8 -10。可使用抽吸(Beltsville法)或通过管道向垄堆中间吹入空气来使堆垄堆肥更加有效。这两种方法都降低了对机械混合的需要并加速了分解工艺过程。与其他方法相比,堆垄堆肥需要的空间更小。生成的堆肥研磨、筛选备用。

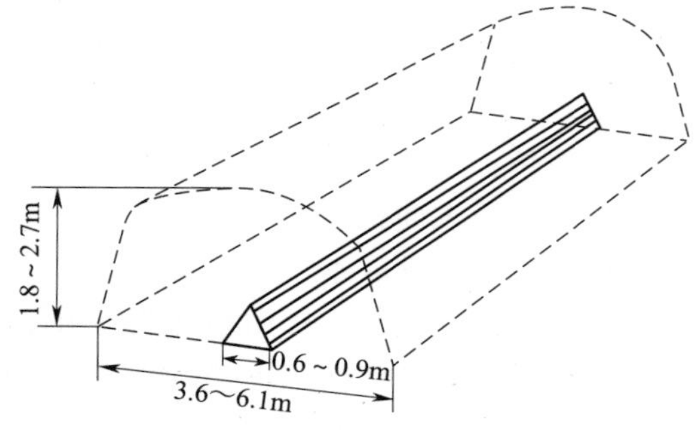

图8 -10　堆垄的构造

堆肥区域流出的渗滤液必须收集起来并进行处理。此类水的数量和成分取决于所使用的堆肥方法。如果垄堆内的条件变成厌氧条件,堆垄堆肥就会产生异味。使用抽气或吹气的堆肥系统则不太可能产生气味问题。产生的堆肥主要是由腐殖质构成,可用于土壤改良等用途。

生物污泥堆肥的一个优点就是能够良好地利用这种难于处理的物质,例如用于土壤改良。堆肥适用于粗质土,因为堆肥可以保持土壤的水分和营养物。其也是泥炭混合物的优质替代品。

堆肥法的缺点是需要相当大的空间和人力，而且大量使用此类物料也会产生问题。在芬兰，堆肥法的应用范围有限，仅用于处理林木业污泥。主要的堆肥方法是堆垄堆肥法，其利用装在拖拉机上的铁铲进行混合。生成的产物主要用于土壤改良、园艺以及填埋场的风景美化。堆肥法不太可能为将来的制浆造纸工业污泥的最终处置方式。

8.4.3.5 湿法氧化

完全的湿法氧化是指对污泥中的有机物进行完全破坏，如图 8－11 所示。可通过加压反应器中的泵或空压机来实现加温和加压。目前在制浆造纸工业中，使用的是一些以 Zimpro 工艺为基础的湿法氧化设备。在这些设备中，污泥和空气通过热交换器被输入到加压反应器中，然后在 200～300℃ 以及 120～150MPa 的条件下进行氧化反应。从反应器出来的水会通过热交换器进入分离装置，将其中的固体和气体去除。

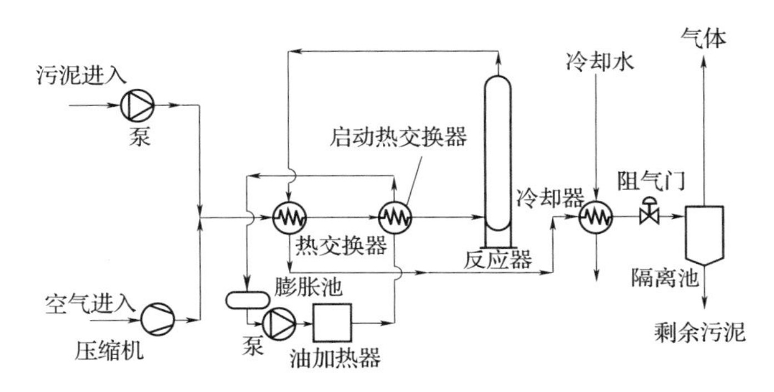

图 8－11 湿法氧化原理

在垂直反应堆压力槽（VRV）方法中，反应器由一个钻入地底的深井和置于深井中的同心轴组成。这种结构使得液体能在地表和地底之间进行循环。经压碎或筛滤的污泥会被输入到内轴中。空气或纯氧在一定的深度输入到污泥中。

湿法氧化法可以分解污泥中的有机物。对于难于处理的生物污泥来讲，尤为有效。但是，只有处理量较大到的时候（ ＞10t/d），才经济可行。

在制浆造纸工业中，湿法氧化用于：

——分解污水处理产生的污泥

——回收污泥中的陶土

湿法氧化的优点在于：

——大大降低污泥量

——使得固体物易于干燥

——可进行热回收

——其提升压力（VRV）的成本较低

湿法氧化的缺点在于：

——其会导致严重的腐蚀问题

——需要对除去的水分进行处理

——资金成本较高

——需要大量的监督和管理

制浆造纸工业引入的第一个湿法氧化设备（Zimpro）于 1978 年在瑞士启动，该设备的处理能力为13t/d,其中75%的污泥为初沉污泥,其余的为活性污泥。污泥含有67%的陶土。大约有90%的污泥被焚烧,而陶土是在单独的阶段进行回收。目前美国的某些造纸厂正在使用与之类似的工艺。

首套全尺寸垂直反应压力槽系统是在美国科罗拉多州朗蒙特市进行测试的,测试使用的是城市处理厂产生的污泥,测试于1984—1985年在各种条件下进行。根据实验显示,温度在COD降低方面发挥着重要的作用。实现COD降低75% ~80%,悬浮固形物降低78%,灼烧残渣降低97%。

荷兰在1990年的时候设计了一台湿法氧化设备,处理来自水处理厂的污泥以及来自养猪场的泥浆。该设备的处理能力为70t/d,且反应器的深度为1200m。从反应器流出的水分进入单独的生物处理设备进行氮去除。释放出的气体会进行催化氧化。

8.4.3.6 在生产过程中的利用

虽然从技术上讲可以将污泥返回到生产过程中,但是污泥可能会影响产品的质量以及工艺过程的运行情况。如果要在生产过程中使用生物污泥和纤维污泥,则要根据每个工厂的实际情况进行单独考虑。在某些情况下,可以将初沉池产生的纤维污泥进行处理并用于纸和纸板的生产中[16]。

生物污泥和混合污泥在生产工艺过程中并没有广泛地用作原材料,这种情况在全世界也为数不多。经过调查研究,一个非常有趣的应用情况是将污泥用作纸板和纤维板生产中的添加剂。

8.4.3.7 用生物污泥生产其他产品

处理和利用制浆造纸工业产生的废水和涂布污泥的其他方法如下,其中某些方法还在研究中:

——作为制砖的添加剂

——用于道路和填埋场建设

——作为塑料和胶合板生产的填料

——用于乙醇生产

——作为堆肥过程的添加剂

——作为动物饲料的原料

最近关于涂布污泥利用的研究重点放在了将污泥成分作为一种涂布颜料/填料回收应用于生产过程中,并且将其用于景观和道路建设的材料以及砖和沙的替代原料。

城市污水处理厂和食品行业产生的活性污泥已用于生产动物饲料,见相关的参考出版物。目前也已对制浆造纸工业废水的污泥进行了此应用的测试。

滑铁卢(Waterloo)工艺是一种通过发酵各种废弃物来生成蛋白质的方法。目前已经对稻草、动物粪便和木屑等材料进行了试验。此外,化学制浆生产产生的废液污泥也进行了测试。这种工艺过程本身由3个阶段组成,其中,活性微生物为毛壳菌。滑铁卢(Waterloo)工艺包括以下阶段:

——热处理和/或化学处理(热水、NaOH或NH_3)

——好氧发酵

——所需产品的隔离

少数工艺过程,例如Carver - Greenfield工艺过程通过蒸发来干燥污泥以生成动物饲料原料。这些工艺过程最大的问题就是产品难以销售。

8.5 其他废弃物的处理

除污泥之外,制浆造纸工业产生的其他废弃物的处理并不是什么重大问题。灰分通常被填埋或用作为林木化肥。一般情况下,在处理前将灰烬打湿,以防止出现扬尘。制浆厂化学循环产生的废渣一般会被压缩或填埋。处理制浆造纸工业其他废弃物的常用方法是焚烧。对于木材生产的废弃物来讲,90% 以上的废物都被燃烧,用于能源回收。制浆造纸工业产生的某些危险废弃物,如溶剂和油渣,也是通过焚烧进行处理。

8.6 与废弃物相关的问题

最近已经确定了废弃物的法定定义问题以及废料对下游使用所产生的负面影响。目前正在努力建立指导方针来协助废料的二次利用和回收,而不是将其处理掉。

为此,针对废料和副产品发布了《EC 委员会(COM:2007:0059)关于说明交流的交流》,以提供更多的废料利用的指导方针,从而解决围绕这一课题的各种问题,并鼓励使用更多的废料,如图 8 - 12 所示。该指导方针能够帮助废料的产生厂家以及潜在的废料消费方来决定是否应当将某废料作为副产品进行处理,从而符合更严格的废料管理要求。该指导方针解释了下列二者之间的区别:

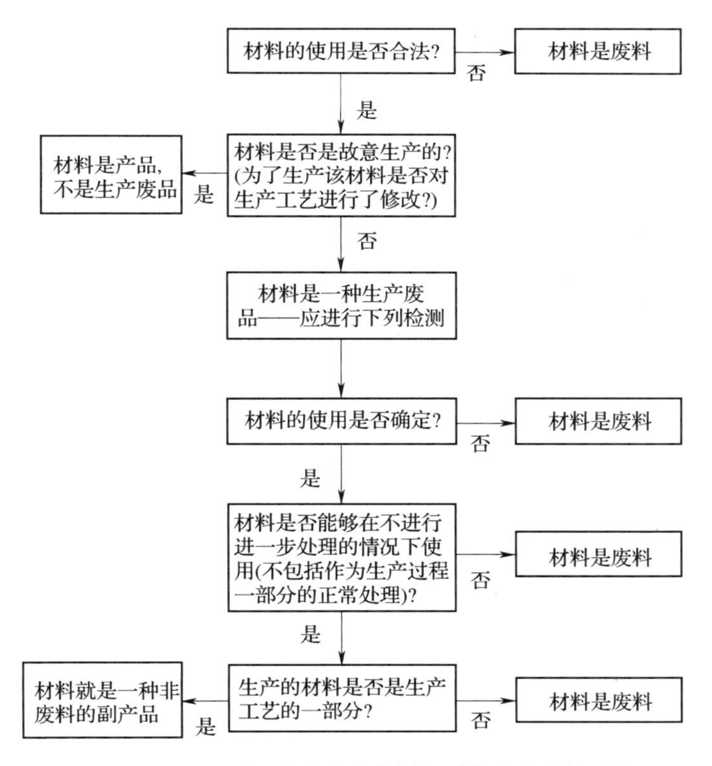

图 8 - 12　EC 委员会废品决定树与副产品决定的对比

- 产品——在生产工艺过程中有意生产的所有物质。很多情况下,能够识别一个(或多个)“主要”产品,这就是生产出来的主要材料。

- 生产残渣——在生产工艺过程中并非有意生产的材料,但是其可能是、也有可能不是废弃物。
- 副产品——并非废弃物的生产残渣。

参考文献

[1]BATReference document BREF for the Pulp and Paper Industry MSIEIPPCB/pp_bref final,July 2000. *(Revised December 2000).

[2]Rasanen,J. ,Soukka,R. ,Marttila,E. ,et al. 2000. Metsateollisuuden merkittavimpien sivuainevirtojen tarkastelu hyotykayton kann - alta. Kaakkois - Suomen ymparistokeskus Lappeenranta, Lappeenrannan teknil - linen korkeakoulu, Energiatekniikan osasto. Tutkimusraportti EN B - 139. 129s. +liitteet 6. ISBN 951 -764 -468 -x,ISSN 0787 -0043.

[3]Ojanen,P. . Treatment and utilization of pulp and paper mill sludges and factors limiting them. Regional Environmental Publications 223, Aalef Online Kirjapaino, Lappeenranta 200. 64 p. ISSN 1238 -8610.

[4]Niittymaki,I. 1992. Bubbling fluidized bed boiler for biofuel combustion. Julkaisussa:Alakangas, E. (ed.). Proceedings of the Biofuels Workshop Ⅱ. Hanasaari Cultural Centre,August 24 -30, 1992. Jyvaskyla:VTT Energy 1993.

[5]Isannainen,S. 1993. Jatevesilietteista ja niiden hyotykaytosta.

[6]Seminaariesitelmia. Vesiensuojelu. s. 19 -40. Teknillisen korkeakoulun julkaisuja 4/1994. Espoo:Teknillinen korkeakoulu,Ymparistotekniikan laboratorio. ISBN 951 -22 -2180 -2.

[7] Toikka, M. 1999. Sellu - ja paperiteollisuuden jatteiden kasittely ja hyotykaytto. Kouvola, Kaakkois -Suomen ymparistokeskus. Alueelliset ymparistdjulkaisut nro. 131. 92 s. ISBN 952 - 11 -0544 -5,ISSN 1238 -8610.

[8]Thun,R ja Korhonen,M. (toim.) 1999. SIHTI2 Energia -ja ymparistotekno -logia. Tutkimusohjelman vuosikirja 1998. Projektiesittelyt. Espoo,VTT. VTT Symposium:191. 487s.

[9]Kortelainen,H. 2003. Classification of the Ashes in Finnish Forest Industry. University of Oulu. Department of Process and Environmental Engineering.

[10]Oulu. 101p. (in Finnish)

[11]Hynninen,P. . "Environmental protection in the forest industry," Lecture sheets from Helsinki University of Technology,Puu -23. 190,Espoo,1997.

[12]Skrifvars,B -J. & Hupa,M. 1995. Tuhka,kuonaantuminen,likaantuminen ja korroosio. Teoksessa:Raiko,R. et al. Toim. Poltto ja Palaminen. Jyvaskyla:International Flame Research Foundation -Suomen kansallinen osasto. S. 2IQ -237. ISBN 951 -666 -448 -2.

[13]Gullichsen,J. & Paulapuro,H. (Series editors),Gullichsen,J. & Fogelholm,C. -J. (Book editors). Papermaking Science and Technology, Book 6B, Chemical Pulping, Chapter 14, White liquor preparation. Jyväskylä 2000,Fapet Oy. 497s.

[14]OySlamexAb.

[15]Tamflow Oy.

[16] Jortama, Pirjo. 2003. Implementation of a novel pigment recovery process for a paper mill. Academic dissertation. University of Oulu. Department of Process and Environmental Engineering. Oulu. 125 p.

[17] Watkins, G. . 2007, "Puu – 127. 4040 Environmental Technology in the Pulp and Paper Industry" lecture materials from Helsinki University of Technology, Course Puu – 127. 4040, Espoo.

扩展阅读

[1] Gullichsen, J. &Paulapuro, H. (Series editors); Gullichsen, J. & Fogelholm, C. – J. (Book editors). Papermaking Science and Technology, Book 6A. Chemical Pulping. Jyväskylä 2000, Fapet Oy 693p.

[2] Gullichsen, J. & Paulapuro, H. (Series editors); Gullichsen, J. & Fogelholm, C. – J. (Book editors). Papermaking Science and Technology Book 6B. Chemical Pulping. Jyväskylä 2000, Fapet Oy 497p.

[3] Gullichsen, J. , Paulapuro, H. , (Series editors); et al. Papermaking Science and Technology, Book 5. Mechanical pulping. Jyväskylä 2000, Fapet Oy. 693 p.

[4] Gullichsen, J. & Paulapuro, H. (Series editors), Göttsching, L. & Pakarinen, H. (Book editors). Papermaking Science and Technology, Book 7. Recycled Fiber and Deinking. Jyväskylä 2000, Fapet Oy. 649 p.

[5] Gullichsen, J. & Paulapuro, H. (Series editors), Paulapuro, H. (Book editor). Papermaking Science and Technology, Book 8. Papermaking Part 1, Stock Preparation and Wet End. Jyväskylä 2000, Fapet Oy. 461.

第 9 章 其他环境影响及其控制措施

9.1 重大事故危害的控制

所有的化学制浆厂和主要的造纸厂以及它们的相关生产活动都会涉及大规模的化学品制造、储存和处理操作。这使得它们必须受到符合重大事故危害控制（COMAH 或 Seveso II 指令）的健康、安全和环境保护许可和控制规定的制约。

危险化学品工业处理和储存的许可和监管旨在确保运营商采取了预防措施后，可防止爆炸、火灾、化学品泄漏、操作错误、设备故障或其他事故，以及减少事故对人类健康和环境带来的影响和后果。

欧盟国家用于执行指令的国内立法存在差别，但是所有立法均适用于存在危险物质或可能造成事故的工作场所。在数量上，国内立法的危险物质数量等于或超过了指令附件列出的特定化学物质数量。

制浆工艺过程包括制浆化学品、漂白剂、压缩气体、燃油和其他可燃液体以及林木业副产品的产量、储存、处理和使用。这也就意味着，大多数制浆和造纸厂工作场所都需要持有该立法项下批准的许可证。主要的要求如下：

重大事故防护政策（MAPP）——营运商必须起草一份文件，制定出他们的重大事故防护政策。

安全报告——大型工作场所必须撰写安全报告，其应包括工厂设备及其环境、安全管理系统、潜在安全危害及事故场景的说明，以及用于控制潜在事故的控制方法（包括减少事故后果的方法）的说明。在开始运行之前，新建企业必须撰写一份安全报告并将其递交给许可机关，每 5 年进行一次审核和更新，也可频繁地进行更新，例如工厂进行了可能会增大重大事故风险的改造。运营商必须将其安全报告和相关的危险化学品列表进行公开以接受检查监督。要求撰写安全报告的运营商也应负责将可能会影响当地居民和社区的潜在重大事故告知他们。

如果涉及不同工艺过程和化学品类型的多种活动在同一个地点或临近的地点进行，且如果事故会对各个同位置或临近的工艺过程或地点造成连锁事件，那么多米诺效应也应纳入考虑。

应急计划——大规模企业必须起草和提交一份内部应急计划。紧急救援机关必须根据企业安全报告中信息起草一份相关的外部应急计划。如果事故可能超出企业范围，外部应急计划包括适用于此类情况的计划和指示。

可燃、爆炸性、有毒或危险化学品包括：

——氧化化学品

——爆炸品
——可燃液体
——高度易燃液体
——极度易燃液体和气体(包括液化石油气和天然气)
——其他可燃液体(燃点在 55 ~ 100℃)
——可与水强烈反应的化学品(*R*14 和 *R*15)
对健康有害的化学品包括:
——剧毒化学品和危险标记为 T + 的化学品
——有毒化学品
——与水反应会产生有毒气体的化学品
——不同于(b)类且危险标记为 T - 的其他化学品
——腐蚀性化学品
——刺激性化学品
——有害化学品和其他危险标记为 Xn 或 Xi 的化学品
对环境有害的化学品包括:
——对环境有害且警示性质标准词为 R50(包括 R50/53)的化学品
——对环境有害且警示性质标准词为 R51/53 的化学品

立法已经明确了阈值限值为吨的化学品持有或库存的确切水平。确切的安排和要求可在 COMAH 指令和各个欧盟国家的国内法中找到。第 2 章第 3 节给出了欧盟指令的更多详细信息;附录①给出了关于芬兰法律的更多详细信息。

9.2 噪声及振动控制

与噪声控制有关的规定涉及健康和安全立法下工作场所的噪声控制,但最近,这些规定也涉及到了周围环境的噪声排放(在新的 IPPC 环境许可范围内)。

制浆和造纸厂环境中的噪声和振动有很多不同的来源,例如剥皮、切割操作、风扇、发动机、发电机、照明装置、烟囱、排汽管、原木和制浆精炼活动,当然,造纸机自身也会产生噪声和振动。输送机、卡车、铁路转运点以及其他原材料递送和散装物料处理车辆也会在制浆和造纸厂范围内产生噪声。

造纸厂的造纸机是主要噪声设备。纸和纸板机的主要噪声源为网部、压榨部、干燥部、涂布机、卷纸机和通风系统。筛选机和真空泵也是噪声源。当然,造纸机的噪声水平取决于生产期间以及连续生产期间机械运行的速度。

在某种程度上,机械供应商必须通过开发更静音的设备和有效的消音器来处理噪声和振动问题,以符合在源头减少噪声的需要。这些措施旨在在机械设计阶段防止噪声产生,并对现有高噪声设备进行控制。

用于噪声和振动的 IPPC BAT 概念即是在造纸厂的范围内降低听得见的噪声水平。IPPC 中已有一些指导原则可供使用,但是,所适用的措施在很大程度上取决于特定造纸厂的特殊噪声问题,而且设定的目标也取决于当地受体的敏感性。如果造纸厂在居民区附近,那么这些要求通常会更加严格:

一般来讲,可通过以下方式降低敏感受体所接收的噪声水平:

——在源头降噪
——确保噪声源与接收者之间有足够的距离
——在噪声源与接收者之间使用隔声屏障

在确定所需要的控制程度时，通常都要计算或测量靠近噪声源的声压水平，如果知道想要达到的目标，则需要计算：

——敏感点自然环境的衰减量
——控制措施的衰减量

一般来讲，在设计阶段即考虑减噪更符合成本效益，因为后续改造更昂贵、更难安装，而且也不一定有效。

与厂区外受体相关的噪声和振动控制层级为：

(1)通过良好的设计和规划以在源头防止噪声的产生

——使用/选择自身更安静的工艺过程
——选择自身安全的设备或“低噪声方案”
——合理化场地布局以最大化自然屏蔽、楼宇屏蔽和间隔距离
——让指向性噪声源远离敏感受体
——使用隔音板和隔音堤
——在设计阶段考虑气流湍流
——在设计阶段考虑阀门位置
——使用正确的设备规格以防止过载

(2)通过遵守良好生产规范和操作技术以使噪声在源头最小化或得到控制

——减少高压排气(当涌出的气流与周围的空气相遇时，这个区域的强湍流会产生短时的非常高的噪声水平)

——如果有冲放空气、废气、放空和其他紧急释放系统排放，则应在最大的湍流区域周围安装消声器以吸收能量(视压降限制条件而定)

——考虑喇叭形设计减低气体流速以改善性能
——风扇不平衡
——轴承会磨损且会变成噪声
——管道可能会发出噪声
——发动机消声器会发生故障并烧毁
——料斗的弹性衬垫可能会被腐蚀掉
——隔声罩(包括建筑板)可能会被损坏
——关闭会产生噪声的建筑的门窗并使用隔声罩
——确保发电机或车辆的发动机舱口保持关闭状态
——使移动设备远离对噪声敏感的受体
——避免物料从高处落下
——不使用时请关闭设备
——堆放物料(例如，集装箱)以在噪声源和受体间提供隔声屏障
——小心安放、使用公共扩音系统并对公共扩音系统进行音量控制
——注意员工的行为，特别是在夜间，让运输或现场车辆路线远离敏感受体
——使用“智能”反馈警报，其会根据背景水平产生噪声，例如 5 或 10dB 以上的噪声，而

不是产生固定音量的噪声;或使用其他取代反馈警报的安全系统

——机器本身可能就会产生噪声 - 需要适当的机械建筑和工人控制/办公室行为防护

(3)使用物理屏障或围墙来防止噪声传到其他介质。

——隔音罩和隔音百叶窗

——隔声板、隔音堤和隔音屏障(土坡)

——隔音嵌板和隔音套

——减振

——减小影响

——消声器

——蒸汽和空气扩散器

——隔振装置

(4)增加噪声源和受体之间的距离。

在规划阶段,根据工厂内和工厂外敏感受体以及正常或盛行风的方向来选择恰当的建设地点。

(5)协调不可避免的噪声操作的时间。

——运输规划、道路铁路交货时间

——如果可能的话,在夜间进行会产生低频噪声和低振动的活动

——如果可能的话,减噪计划应包括源头噪声水平和频率测量。现已有一些复杂的计算方法可用于此目的。

9.3 土壤和地下水污染

如果用于化学品储存和处理的预防性控制措施已得以良好地实施、维护和控制,那么制浆和造纸厂运行一般不会对土壤和地下水有害。

就化学品使用来讲,所有使用的化学品和添加剂的厂际数据库的适用性被认为是 IPPC 规定的 BAT。按照替换原则,如果有危害性更低的产品可供使用,则必须使用危害性更低的产品。必须应用措施来避免化学品处理和储存产生的土壤和地下水事故排放。

一般来讲,工业事故的预防、准备和响应的一般政策都是基于预防原则。这就意味着,工厂必须以这样的方式来建造和运营以防止正常运作的不可控发展以及减少事故的后果。最好的安全技术已得以应用。见 1 - 重大事故危害的控制。

为了防止化学品储存和处理对土壤和地下水造成的污染,应通过以下方法对工业工作场所的安全性进行确保:

——设施的设计和运作应能够防止潜在污染物的溢出

——能够快速且可靠地探测泄漏、收集和正确处理

——如果没有双层保护和泄漏指示器,一般说来,设备需配备防渗且耐用的外部收集系统/设备,例如一个有足够容量的围堰。作为原则性问题,此类收集区不能有排放口

——应起草和遵守操作指示,包括监控、维护和警报计划

场地评价报告和工厂停运

在某些欧盟国家,作为许可申请程序的一部分,IPPC 制度的一个特点就是必须编制场地评价报告。这提供了土壤质量基准,证明了许可授予前的场地情况并设定了工厂停运前必须

恢复的土壤质量标准。通过生成此类场地报告，IPPC 许可证持有人即可确保他们对之前土地使用产生的污染不必承担责任。

关于活动的停止以及避免污染风险和将运营场所恢复至令人满意的状态，土壤保护非常重要。一套综合的方法必须确保至少采取以下措施：

——将由于建造措施导致需要挖掘或代替的土壤数量降至最低

——将设施运营阶段导致的额外进入土壤的物质数量降至最低（例如由于溢出或气载物质导致的额外土壤污染应不导致超过土壤标准水平）

——当设施停用时，要确保清洁性和排除污染，例如清理污染的土壤、有害的填埋场等

满足 IPPC 许可的最终停业和关闭可能还有很长的路要走。然而，因为要在整个设施的使用期间执行良好的环境管理，基准和复原要求将持续影响营运商。

施肥

工厂外的废弃物处理（堆肥、制浆污泥在农业上的使用或填埋）也可能影响土壤。

在某些国家，制浆污泥堆肥或施肥已经应用在了农业中。就这种可供选择的解决方法来讲，对潜在污染物的控制是至关重要的。造纸厂的污泥通常不会比城市污泥处理厂的污泥含的污染物更多，而且有限的施用量会对土壤带来一些正面的影响（$CaCO_3$ 作为酸性土壤的中和剂、纤维和粉末对干性土壤的保水性、低氮含量）。可能的益处也会因土壤类型的不同而不同。可以施肥的时期局限于一年当中的几个月（在北欧国家时间更短）。因此，建设适当的储存设施和确保足够的待用污泥量是很有必要的。

施肥的可行性取决于将污泥施用到农业用地的接受程度。某些国家鼓励将这种做法作为一种复合经济效益的处理方法，而另外一些国家则关心造纸污泥的施肥。主要关注的问题就是低浓度重金属和有机污染物可能对施肥地区的农产品造成污染，及由此引发的公众抵制。

9.4 运输

就运输而言，将在运输和卸货期间化学品溢出导致的排放降至最低是关注的重点。这就引入了关于运输车辆设计以及装卸货要点的规定。在制浆造纸工业中，需要被运输至制浆和造纸厂的最有危害的化学品为二氧化氯、氢氧化钠和各种酸类。

对其他各种化学品和燃料来讲，也必须进行特殊的安排筹备。某些产品需要通过公路、铁路和船只运输。原材料（主要是木材）必须被运输至制浆和造纸厂，而出厂的产品也离不开运输。制浆造纸工业占芬兰总货物运输的很大一部分，运输链的各个阶段都会对环境造成一定的影响。

通过进行特殊的安排筹备和使用安全设备，制浆和造纸厂确保了化学品的安全装载和储存。协调同一区域负责运输的其他各方，规划运输路线，以减少不利影响。如果发生任何事故，有应急预案和当地急救服务可供使用。

如此规模的运输自然会导致环境负荷。某些影响的范围较广且通常代表了部分的运输负荷，而其他一些影响则只涉及特定的制浆和造纸厂或其直接相关的环境。

在处理和运输残渣和废弃物时，如果可使用当地残渣利用解决方案且残渣废弃物可在尽量靠近制浆和造纸厂的地方进行管理，那么就近处理原则可降低环境影响和成本。但是，将造纸残渣用作为后续工艺过程的原料则取决于当地适当工艺过程是否可用。例如，利用残渣处理来降低各种工艺过程污泥的含水量和提高固形物含量一般就意味着运输影响更小而且污泥

燃料的热值更高。

某些生产商已将运输效率、运输方式和燃料选择的问题纳入了计算以使用生命周期评价(LCA)的方式来确定他们产品的环境足迹。当然,这里还存在其他的一些问题,例如,水上运输所消耗燃料的含硫量非常高,这需要向生产商施加压力(或来自其股东的压力)来实现进一步改进。

9.5 木材采购

在某些地方,包括北欧国家,森林砍伐已导致了微气候和当地水源的变化,对后续的森林更新造成了有害的影响。为了加速森林更新进行的沼泽疏干和整地也对环境的自然状态及其多种用途造成了不利影响。这些措施大大增加了灌溉水渠负荷。这个备受争议的问题使得更环保的造林方式不断完善和实施。实例有减小皆伐规模、停止不必要的排放、新的整地指南和选择新的树种。规划期间更多地考虑环境因素在这里发挥着很大的作用。

在林木资源对经济发展至关重要的国家,例如芬兰,这些国家可能将继续高效地利用木材,但这也将继续制造冲突。采伐技术的进步将在这方面发挥着重要的作用。另一个问题(一个基本未得到解决的问题)就是怎样最好地利用森林中存在的大量小径木材。这是一个基本的问题,也是一个具有环境影响的问题。

在全球范围内,最近许多问题都集中在林木业活动的广泛主题上,特别是与对热带雨林资源的管理不善上,对热带雨林进行以农业为目的的无节制皆伐,已经给全球林木业的各个方面笼罩上了一层阴影。但是,这些做法与使用林木资源的正常制浆和造纸活动毫无共同之处。确保原材料来源可追溯,奠定用户和消费者对林木产品的信心,这些监管链发展到现在已经变得更加先进。这些体系的进一步发展在将来可能会提高原材料使用者和纸产品消费者的信心。第 10 章第 5.5 节更加详细地讨论了森林认证的问题。

参考文献

[1] Horizontal Guidance Note IPPC H3(part 2), Integrated Pollution Prevention and Control(IPPC) – Horizontal Guidance for Noise Part 2 – Noise Assessment and Control(Version 3), June 2004, The Environment Agency for England and Wales, Bristol, ISBN 011 310187.
[2] www.environment-agency.gov.uk/commondata/acrobat/ippc_h3_part_2_1916903.

第10章 用于环境管理的工具

10.1 经济计算

在许多国家,环境经济数据收集的历史较短且都是基于特定基础而进行的。这些数据通常都是从用于其他目的的信息导出的。此外,用于编纂此类数据的定义和方法经常随时间而变更。读取这些报告时,应记住,各个国家的定义和方法可能有很大的不同;在进行跨国比较和不同时期的比较时需要特别谨慎。

10.1.1 经济合作与发展组织(OECD)

宏观上,鉴于经济和环境之间的互相依赖关系,诸如经济合作与发展组织(OECD)等组织已经试图建立对比环境保护统计学资料以帮助支持可持续发展的环境和经济决策的系统性和有效性整合。为此,OECD 在 20 世纪 70 年代发布了初步建议并在 20 世纪 90 年代通过致力于降低污染、控制支出和环境核算加强了环境和经济信息的联系性。大多数成员国表示已经努力去遵守这一建议。为了响应这些目标,OECD 国家会定期编制污染减量和控制经费支出报告。根据参加由 OECD 和欧共体统计局共同提出的"2004 年环境支出和收入问卷"的国家所提供的近期数据,我们对此便有个更全面的理解。附录 4 给出了 OECD 环境统计的更多信息。

在芬兰,与环境保护相关的费用由芬兰统计局进行监控。在 OECD 出版物中,例如 OECD 国家的 PAC 支出,我们可以找到与 PAC 数据相关的所有 OECD 国家的机构和当局。

10.1.2 末端技术和综合技术

可以通过附属于特定生产工艺过程的末端技术或通过更改工艺过程本身来防治生产工艺过程产生的残渣。

末端技术的投资一般不会影响生产工艺过程本身以及生成的污染数量;相反,其用于治理已经生成的污染。然而,投资综合技术的困难在于确定总投资支出中污染防治占多少比例。当引入新的生产工艺时,支出包括除必须用于支付更便宜、更可行、更环保设备之外的其他费用。如果现有设备被改造,投资则等于用于环境治理的总支出。然而,在实践中处理这个问题并不容易,而且我们还发现要获得这方面的准确信息也是很困难的。

计算综合技术投资比例的问题现在已经变得更加重要了,因为政府的环境政策和业务战略已经从防治法转向预防法,于是相对于末端解决方案增加了综合技术的相关性。

10.1.3 最佳可行技术(BAT)

尽管通过欧盟信息交流机制(见下文的 BREF)生成的指导方案也着眼于解决方案的经济和技术可行性,但是他们并没有提出一套能够代表 BAT 的固定的技术解决方案,因为,在制浆和造纸行业中,设备被整合成能够生产不同种类产品的浆纸一体化磨机制浆。这种制浆和造纸厂较为常见,例如在北欧。在这种情况下,仅通过描述单元过程来定义 BAT 是不太可能的或根本没有意义的。可从整个造纸厂系统的角度来解决这个问题,在这种情况下,必须将制浆造纸厂各工段与相关的现场产品生产作为单独实体进行核查和处理。

10.1.4 BAT 参考文件(BREF)及制浆和造纸工业

因为制浆和造纸业涉及大量的辅助工艺过程,所以许多其他行业综合污染防治最佳适用技术参考文件都与制浆和造纸业相关,制浆包括原材料、现场工艺过程化学品生产以及化学和能源回收系统等,例如:截止到 2007 年,欧盟综合污染防治局颁布的 33 个综合污染防治参考文件中有 15 个可能与制浆造纸行业的一方面或其他方面有关。制浆和造纸工业相关的 BAT 参考文件见表 10-1 所示。

表 10-1 与制浆和造纸工业相关的 BAT 参考文件(EIPPCB 2007)

BAT 参考文件	参考文献	修订日期
纸浆和纸张制造	BREF(12.2001)	MR(01.2007)
水泥和石灰生产	BREF(12.2001)	MR(09.2005)
冷却系统	BREF(12.2001)	
氯碱制造	BREF(12.2001)	
监控系统	BREF(07.2003)	
精炼厂	BREF(02.2003)	2008
大量有机化学品	BREF(02.2003)	
散装材料或危险材料存储产生的排放物	BREF(07.2006)	
化学领域中的普通废水和废弃处理系统	BREF(02.2003)	2007
IPPC 下的经济和跨媒介问题	BREF(07.2006)	
大型焚烧厂	BREF(07.2006)	
大量无机化学品	BREF(08.2007)	
废物焚烧	BREF(08.2006)	
废物处理	BREF(08.2006)	
能源效率	草稿(07.2007)	

10.1.5 制浆和造纸工业中的 BAT

制浆和造纸工业最佳可行技术参考文件 BREF(12.2001)[3]提供了关于工业领域中可行方法和解决方案的主要信息并为特殊的技术变革或投资提供了粗略的成本和经济可行性信息。然而,成本数据只给出了包括成本大小在内的粗略指示,而应用一项技术的实际成本在很大程度上取决于特定的情况,例如,当地税收、费用以及相关设备的技术特性。BREF 不可能涵盖特定场地的评估，而且在缺少成本数据的情况下，对技术的经济可行性总结也只是通过观察现有设备而得出的。

BREF 文件于 2009 年年底出版。

大气、水源和废弃物管理章节以及附录 1 详细地说明了制浆和造纸工业 BAT 的技术工艺过程。

10.1.6　业内 BREF 对经济的影响和跨媒介影响

为了应对处理 BAT 评估所涉及的难点，同行业 BREF 应运而生，旨在公平地验证、审核和对比解决方案。该指导方案之所以被称为“同行业”，是因为它与各行各业的加工业相关，且该指导方案是通用的。该指导方案被用作为许可过程的一部分并为必要步骤提供指导，例如，评估替代解决方案、确定其环境影响、预估成本以及最终决定在某个场地执行哪种解决方案，作为帮助环境许可申请的一种手段。为了实现这个目的，该指导方案探究了如何表达成本效益以及如何评估执行一项技术获得的环境效益，以便使执行一项技术的经济成本和其带来的环境效益趋向平衡。这可以帮助澄清是否执行一项能够带来环境效益价值的技术，见图 10－1。

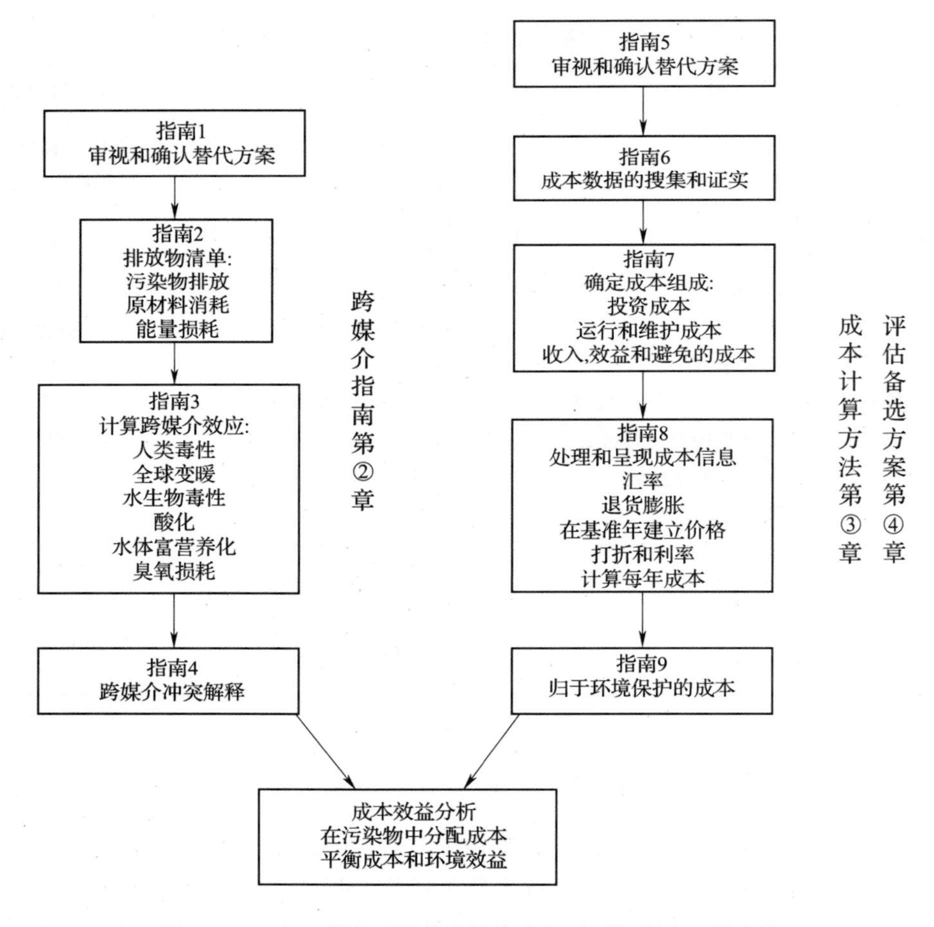

图 10－1　行业最佳利用技术的参考文件对经济和跨媒介的影响(欧盟综合污染防治局，2006)

10.1.7　BAT – 芬兰制浆和造纸工业的实例

"行业环境跨媒介和经济评估 – 芬兰 BAT 专家案例研究"[4]报告为芬兰的综合环境许可方法提供了背景信息。在该报告中，用于进行经济和跨媒介评估的不同方法和手段都予以了确定、讨论并用制浆和造纸生产以及能源生产中的实例进行了论证。此外，该报告还特别强调了局部环境许可背景中的实际应用。

权衡和潜在冲突的范围包括大气、水源、土壤、能源、时间、产品质量和成本。对局部投资评价(例如净现值)和成本分摊(例如基于活动的成本计算)的方法学进行说明是为了帮助芬兰准备经济学和跨媒介方面的欧盟参考文件。

芬兰研究提供的信息如下：

——IPPC 中的 BAT 概念不易应用，即使是用于一台设备也不容易

——一项参数的优化可能只是将影响从一个介质转向另外一个介质而已

——行业/国家/欧洲层面的优化可能导致高成本和低收益，而局部优化某些参数可能导致产品质量改变以及没有或极少的环境效益

总之，欧盟的辅助性原则可表述为"在最低层级进行决策"已经开始应用。给定环境经济评估的数据可用性的当前状态，拿欧洲环境冒险是很有问题的，可能会使用抽象的计算来说明工业范围内的工艺过程 BAT。

在其他欧盟国家也已发展出了一些类似的方法来支持 IPPC 许可要求和 BAT 的证明，其中一种方法即是在英国发展出来的且已形成了近期 EIPPC 同行业 BREF 的经济影响和跨媒介影响的一部分基础。

10.1.8　BAT – 环境影响、成本和跨媒介问题 – UK 方法

用于确定英国地区制浆造纸厂的许可条件在"BAT 环境评估和评价 – IPPC H1 同行业指导记录"和图 10 – 2 中进行了说明。

英国指南的目的是为了提供与所有行业领域相关的补充信息，旨在以下方面帮助许可申请者：

——提供用于确定所有介质环境影响的方法

——提供用于计算环境保护技术成本的方法

——提供解决跨介质冲突和判断成本/效益的建议性指南

英国方法可用于：

(1)评估候选技术以确定 BAT 来控制造纸厂选定因子排放，因为：

——指南记录中的指示性 BAT 存在误差

——有多种备选的最佳可行技术

——指南说明里没有提及指示性最佳适用技术

或

(2)把造纸厂作为一个整体，对其排放造成的总体影响进行环境评估，以

——确认排放是可以接受的(例如，不会造成重大污染)

——确定进一步改进的优先排放或环境风险

与英国指南一起使用的还有一套软件工具。它可用于输入大多数的数据要求、执行计算和提供环境影响和成本信息。使用软件工具是为了简化流程并帮助确保所提供的信息一致且

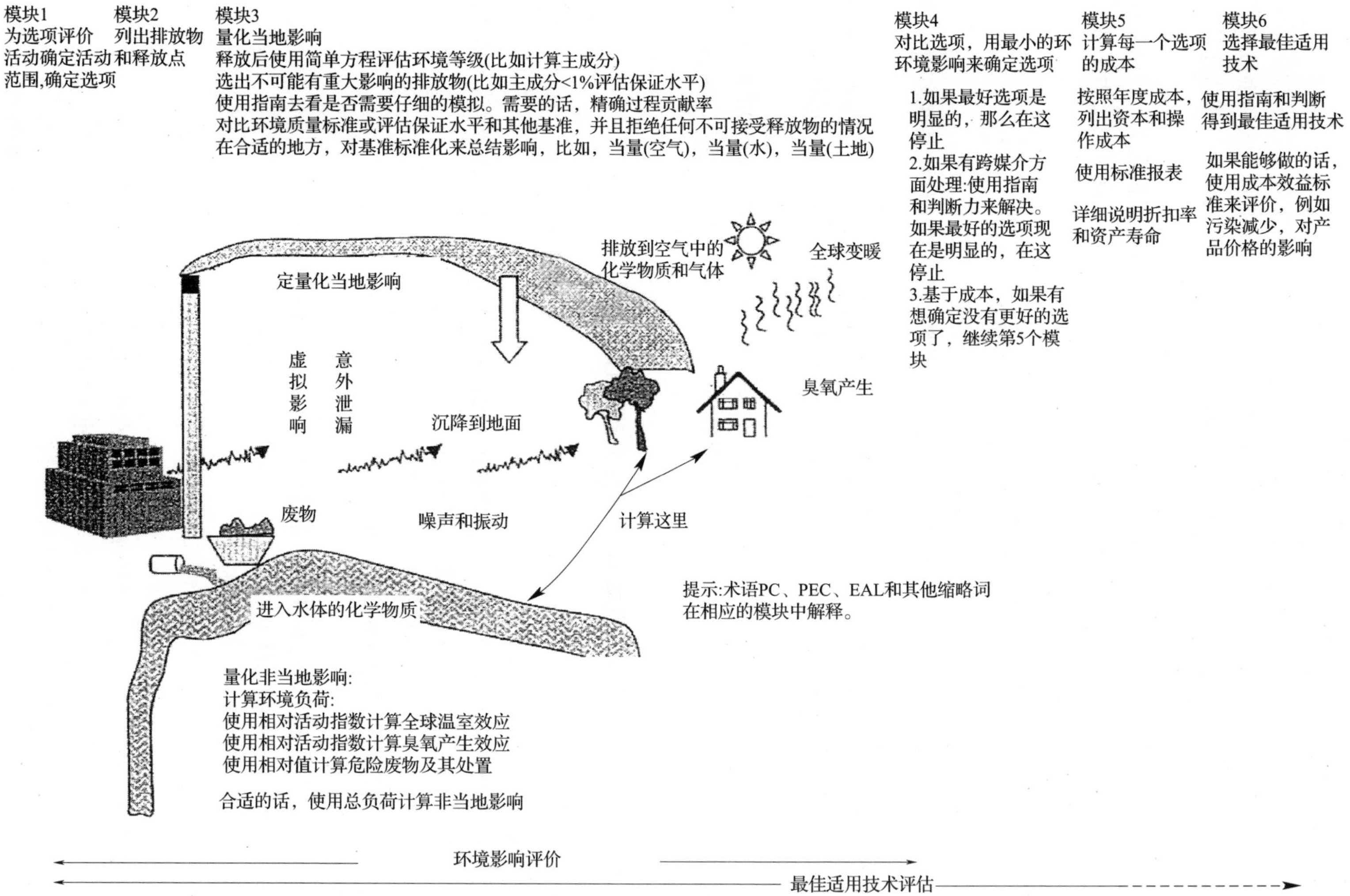

模块1
为选项评价活动确定活动范围,确定选项

模块2
列出排放物和释放点

模块3
量化当地影响
释放后使用简单方程评估环境等级(比如计算主成分)
选出不可能有重大影响的排放物(比如主成分<1%评估保证水平)
使用指南去看是否需要仔细的模拟。需要的话，精确过程贡献率
对比环境质量标准或评估保证水平和其他基准，并且拒绝任何不可接受释放物的情况
在合适的地方，对基准标准化来总结影响，比如，当量(空气)，当量(水)，当量(土地)

模块4
对比选项，用最小的环境影响来确定选项
1.如果最好选项是明显的，那么在这停止
2.如果有跨媒介方面处理:使用指南和判断力来解决。如果最好的选项现在是明显的，在这停止
3.基于成本，如果有想确定没有更好的选项了，继续第5个模块

模块5
计算每一个选项的成本
按照年度成本，列出资本和操作成本
使用标准报表
详细说明折扣率和资产寿命

模块6
选择最佳适用技术
使用指南和判断得到最佳适用技术
如果能够做的话，使用成本效益标准来评价，例如污染减少，对产品价格的影响

定量化当地影响
排放到空气中的化学物质和气体
全球变暖
虚拟影响
意外泄漏
沉降到地面
臭氧产生
废物
噪声和振动
计算这里
进入水体的化学物质

提示:术语PC、PEC、EAL和其他缩略词在相应的模块中解释。

量化非当地影响:
计算环境负荷:
使用相对活动指数计算全球温室效应
使用相对活动指数计算臭氧产生效应
使用相对值计算危险废物及其处置

合适的话，使用总负荷计算非当地影响

环境影响评价

最佳适用技术评估

图 10－2　英国环境局最佳适用技术的环境评价和评估－综合污染防控行业指南说明

透明。但是,需要指出的是,英国方法只是一种用于帮助评估 BAT 的方法,其含有一些专用于英国情况(比如源于英国健康和安全法的暴露极限)的排放限值(ELV)。

模块 1 确定活动的范围、解决方案评估、确定解决方案。

模块 2 列出排放以及排放点。

模块 3 定量局部影响。

使用简单的公式(例如计算 *PC*)来评估排放后的环境水平。

筛选不可能具有重大影响的排放(例如 $PC < 1\%$ EAL)。

使用指南来确定是否需要详细的模型设计。如果需要的话,请完善过程贡献。

与 EQSs 或 EALs 和其他基准进行对比并驳回不能接受的情况。

使用适用的标准和基准来总结环境影响,例如 $EQ_{(空气)}$、$EQ_{(水体)}$、$EQ_{(土地)}$。

模块 4 对比解决方案以确定环境影响最小的解决方案。

① 如果出现最佳的解决方案且可以完成。即可在这里止步。

② 如果需要解决跨介质影响,使用指南 & 评价来解决。如果出现最佳的解决方案且可以完成。即可在这里止步。

③ 如果你想要根据成本来确定最佳解决方案,请用模块 5。

模块 5 根据年度成本计算每个解决方案的成本、资本和运行成本。使用标准的预计报表。说明折扣率和资产寿命。

模块 6 选择 BAT。使用指南 & 评价来决定 BAT。使用成本效益标准来评估是否应该进行,例如,根据减排、对产品价格的影响。

定量非局部影响:

计算环境负荷:

——全球变暖潜势,使用相对活动指数

——臭氧形成潜势,使用相对活动指数

——废弃物危害 & 处置,使用相对分数

如果适用,则使用总负荷来总结非局部影响。

备注:在适用的模块中对 PC、PEC、EAL 和其他缩写词进行了解释。使用缩写是为了让熟悉它们的人进行使用。

10.2 环境管理系统

工业活动正日益努力地通过控制其生产过程或服务的环境影响来实现可靠的环保成效。

由于日益严格的环境立法以及顾客和其他股东对环境影响的持续关注,环境方面的管理已成为公司活动的一个重要组成部分。除与生产相关的排放影响外,在产品规划和投资发展阶段也应将环境方面的问题纳入考虑,这在商业决策环境下可能是非常重要的竞争因素。

正如组织日常运营的管理一样,近年来人们已发展出了系统性的办法,最初是质量管理(例如 ISO 9000),但最近又变成了环境管理体系(EMS)规定的形式。开发出这些环境管理体系(EMS)是为了通过对环境管理方面的组织、规划、管理和回顾来实现环境问题的成功管理。

环境管理体系(EMS)是一种识别问题以及解决问题的工具,其基于以不同方式在组织中执行持续改进的概念,其取决于活动的领域以及管理需要。尤其是,国际标准化组织(ISO)以及欧洲委员会类似的计划已开发出了环境管理体系(EMS)的标准 – 在欧盟国家执行的生态管理审核计划(EMAS)(由 EC 761/2001 修订的 EC/1836/93 条例)。

作为确保高质量业务操作的途径,ISO 9000 系列质量标准体系快速地得到了认可。自此,许多不同环境保护标准在不同程度上基于这些质量标准体系被开发出来。工业也通过引入 ISO 14001 和/或生态管理审核计划(EMAS)进行响应。这些体系的目的即是建立适合于所有水平以及所有工厂的环境保护指南。环境管理体系(EMS)在芬兰的制浆和造纸业中得到了广泛应用。

环境管理体系(EMS)是一种将手段纳入整个公司结构的环境管理方法,其将战略规划活动、组织结构以及环境政策的执行作为了业务操作或生产工艺过程的一个主要部分。简单来讲,环境管理体系(EMS)就是"用于开发以及执行环境政策和管理环境方面问题的一个组织的管理系统的一部分"(ISO 2004)。对于确保公司总体环境目标的执行、降低成本、给投资者施压、降低违规风险、改进公司形象、提升公司员工的环境意识以及确保订约人和供应商也知道其自身的任务和职责来讲,EMS 是一个非常有用的工具。

10.2.1 EMS 标准

在控制环境影响的任务中,其奠基石就是确定公司业务操作产生的重大环境影响以及在环境政策的框架内制定出和改进环境影响的目标。环境政策是 EMS 循环中的一部分,在图 10 – 3 中进行了说明(基于 ISO 14001 – 环境管理体系)。

在 20 世纪 90 年代,ISO 14000 系列(见图 10 – 3)以及地区性计划,例如在欧盟国家中执行的 EMAS,被开发出来以在自愿的基础上协调 EMS 程序。在 ISO 14000 和 EMAS 之前,其他国家 EMS 标准也是存在的,例如,在英国执行的英国标准(BS 7750)以及在爱尔兰、法国和西班牙执行的其他一些标准。于 1992 年出版的英国 BS 7750 是世界上第一个环境管理体系标准,其对 ISO 14001 – 环境管理体系标准的形成产生了重要影响。ISO 14001 – 环境管理体系标准已经被欧洲标准化委员会(CEN)采纳为欧洲标准 EN ISO 14001,因此,取代了欧盟国家的国家标准。在欧盟范围内,EMAS 的自愿注册计划以及相应的欧洲标准 EN ISO 14001 是基于 ISO 14001 的。

在 ISO 14001 和 EMAS 中,EMS 被定义为:"包括用于发展、执行、实现、审查和维持环境政策之公司结构、规划行为、责任、实践、程序、工艺过程和资源的总体管理体系的一部分"——其需要被整合到公司更广义的管理体系中。

ISO 14004 列出了具有 EMS 体系的公司的一些效益,以下是至关重要的一些效益:

——确保客户承诺去进行可论证的环境管理
——向客户承诺履行其环境管理职责
——保持良好的公共关系和社区关系
——符合投资者标准和提高对资金的使用
——加强形象和市场份额
——满足供应商资质标准
——保存输入资料和能源
——使许可和授权的获取便利化
——改善行业与政府之间的关系

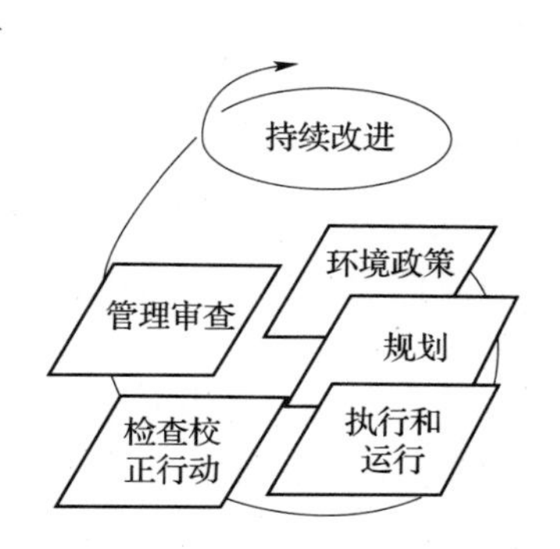

图 10 – 3 环境管理体系模型(ISO 14001)

10.2.2　欧盟生态管理和审核计划(EMS)中的一些基本程序

(1)环境检查——执行环境检查的同时还要考虑到包括该组织的活动、产品、服务、一些获取这些产品和服务的方法和法律法规框架以及现有的一些环境管理规范和程序。

(2)环境规划——根据这次检查的结果建立一个有效的环境管理系统,该系统旨在实现该组织的环境政策,这些政策是由高层制定的。这个管理系统需要设置一些职责、目标、方法、操作流程和培训要求以及监督系统和通信系统。

(3)审核系统——执行一次环境审核的同时还特别要对该管理系统、组织政策和规划的一致性和与相关环境规定的一些要求相符合的情况进行评估。

(4)报告和反馈——发表一份关于环境绩效的声明(如果需要的话),该声明将会得出针对环境目标所取得的结果,并且将需要采取一些为未来做打算的步骤以便于能够不断地提高该组织的环境绩效。反馈将返回检查这一步。

国际标准化组织(ISO)的方法和欧盟生态管理审核计划(EMAS)的方法的一些共同特点包括具有对该进程和 EMS 及其绩效的持续提高的自愿奉献精神。这两个系统在得到能够完成所需要的一些标准的认可的方面都能够得到认证。而且,有关环境的基本职责是需要在该组织内部的各个阶层处提出。正如所有有效的过程一样,审计是管理监督和控制这些系统的核心的工具。

10.2.3　ISO 14001 标准和 EMAS 之间的比较

目前 ISO 14001 标准和 EMAS 之间的一些主要不同之处有以下几点:

(1)ISO 14001 标准具有全球普及度,然而 EMAS 却主要是集中在一些欧盟公司。

(2)EMAS 是一个注册计划(这就使得 ISO 14001 标准成为了一个基础的标准),并且它自身并不是一个标准。

(3)ISO 14001 标准允许这些公司自行宣布,只要他们能够执行这条标准。

(4)ISO 14001 主要遵守环境管理本身的流程而不是在环境绩效上。

① EMAS——审核的目的是对“该组织的环境绩效”进行评估,这是一条有力的声明。

② ISO 14001 标准——审核的目的是对“顺应计划好的安排”进行评估,这是一条相对较弱的声明,这条声明所关注的是系统的一致性。在这个系统里,提高环境绩效是被假定为直接由该系统的一致性所引起的。

(5)ISO 14001 标准承担着比 EMAS 更少的外部应有义务。该标准里,常规的公开披露是需要以一份关于环境问题的公开声明的形式来完成的。

(6)EMAS 的报告必须是由一个独立且又受公认的的外部审核机构来核实它的准确性。但是,ISO 14001 标准却不具有类似的报告以及一些强制性的外部核实要求。

(7)EMAS 注册可能会受到管理当局的影响——根据从芬兰环境协会(SYKE)那得到的建议,可以拒绝申请人的注册。该协会是芬兰的一个主管当局。

(8)EMAS 也需要该组织遵照环境法。

(9)EMAS——这个鉴定中心(即芬兰鉴定服务,简称 FINAS)是芬兰度量中心(MIKES)的一部分,具有鉴定核实者和监督他们的审核活动的作用。

ISO 14001 标准已经能够覆盖全球并且受到欢迎,因为它可以被所有类型的组织(注:不仅仅是那些涉及工业生产的组织)进行使用,同时最开始设立 EMAS 就仅仅是为了仅限欧盟范围内的一些工业用地。然而,目前 EMAS 的范围已经被扩展以至于可以覆盖服务组织并且也愿意接受一些处于欧盟境外的组织。

按照 ISO 14000 标准系列和 EMAS 可以对 EMS 规程进行如下总结。附录 2 中有提供关于 ISO 14000 系列标准的完整描述。

我们应该注意到这些公司可以根据 ISO 和(或)EMAS 中所包含的指导在不需要执行 ISO 认证或 EMAS 注册的最后一个步骤的情况下开发属于他们自己的 EMS。这种情况可能有时在许多中小型组织中出现。

10.2.4 ISO 14001 环境管理标准

ISO 14001 标准对一个组织的环境管理系统的认证要求或者自行宣称要求都进行了描述。按照这条标准的范围,该标准"对一个环境管理系统的要求进行了详细说明,为的是让组织在考虑到一些法律要求和关于重大环境影响的信息的同时能够形成一些政策和目标"。基于 ISO 14001 标准,图 10-4 对这个 EMS 模型进行了解释。表 10-2 中显示了关于 ISO 14001 标准的一些内容。

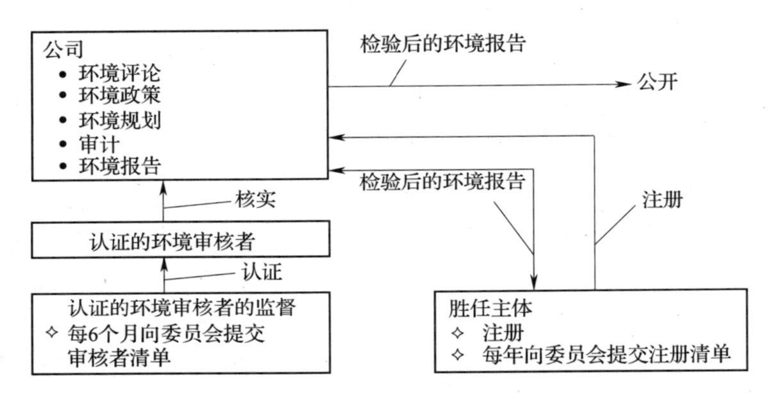

图 10-4 EMS 程序图

表 10-2 关于 ISO 14001 标准的 EMS 说明以及使用指导(2004 年第 2 版)

1	范围	4.4.4	环境管理系统文件
2	参考标准	4.4.5	文件控制
3	定义	4.4.6	操作控制
4	环境管理系统要求	4.4.7	紧急情况的准备和应对
4.1	一般要求	4.5	检查和纠正措施
4.2	环境政策	4.5.1	监督和测量
4.3	规划	4.5.2	评估一致性
4.3.1	环境方面	4.5.3	不一致性、纠正措施和预防措施
4.3.2	法律和其他要求	4.5.4	记录控制
4.3.3	目的、目标和计划	4.5.5	内部审核
4.4	执行和操作	4.6	管理检查
4.4.1	资源、作用和职责以及权力	A 附录	(信息性的)标准使用指导
4.4.2	权限、培训和意识	B 附录	(信息性的)ISO 14001:2004 和 ISO 9001:2000 之间的一致性
4.4.3	交流		

ISO 14004 环境管理系统——指导方针

以 ISO 14004 形式的进一步指导中提出了关于 ISO 14001 的原则、系统和支撑技术。这些指导还包括一些示例、描述和能够协助执行 EMS 和加强 EMS 与整个组织管理的一些选项(关于 ISO 14000 系列标准的完整清单,见附录 2)。

ISO 14004 标准对下列 EMS 的一些基本原则进行了详细描述,如下:

——原则一:责任和政策

——原则二:规划

——原则三:执行

——原则四:测量和评估

——原则五:总结和改进

关于 ISO 14004 标准的一些指导方针被当成是一个自发的内部管理工具来使用并且不是当作 EMS 认证和注册标准来使用。

10.2.5 欧盟的生态管理和审核计划(EMAS)

欧洲共同体理事会将这条规定应用到一个自愿的生态管理和审核计划(EMAS)中,在 1993 年应用到那些工业部门里的公司,而且该计划已经由 EC 761/2001 和 EC 196/2006 进行改进。目前,EMAS 已经被所有欧盟成员国采用了。

按照 ISO 14001 标准和一条环境声明,这个 EMAS 系统是由一个环境系统构成的。EMAS 规定和 ISO 14001 标准之间的主要区别体现在该系统的公开和对符合环境法的需要。EMAS 始终需要一份公开的环境声明。这个计划的目的就是为了能够执行 EN ISO 14001:2004 标准的一些要求,这条标准本身也是以 ISO 14001 标准为基础的。主要包括:

——这些公司制定与它们场地相关的环保制度并执行环境管理计划

——定期地对这些元素的绩效进行系统和客观的评估

——向公众公开关于环境绩效的信息

图 10-4 中显示了 EMAS 的流程。

EMAS 规定中的一些主要条款介绍如下:

——第三条:所覆盖的组织的类型

——第四条:鉴定系统——独立的环境核实者

——第五条:胜任主体

——第六条:组织的注册

——第七条:已注册的组织名单和受公认的环境核实者名单

——第八条:使用 EMAS 商标

——第九条:与欧洲标准和国际标准的关系

——第十条:与其他欧洲共同体法律的关系

——第十一条:促进组织参与。

EMAS 是以 ISO 14001 为基础的并且作为 EMAS 计划要求的一个子集。在这些要求当中,目前 EMAS 已经将 EMS 定义成需要通过这条相应的欧洲标准化委员会(CEN)的 EN ISO 14001:2004 标准才能符合 ISO 14001 标准。

每个公司都有义务去执行这套流程以便于获得 EMAS 注册许可以及对该商标的使用,这套流程可以被逐步地总结如下:

——该公司必须执行一次初步的环境检查。这一点是评估环境措施等级和对环境产生的影响的等级中最基本的一点

——该公司必须具有属于它自己的环境政策,而且管理层要有决心会执行这些政策

——基于 1 号和 2 号条款,该公司应准备一套环境计划,该计划要包括具体且定量的目标和它的时间表

——该公司必须具有一个环境管理系统以便于显示环境管理中的一些组织职责等

——该公司必须根据这次初步的环境检查在每个审核周期之后准备一份环境报告。这份报告将由受公认的环境审核者来核实,并且在核实过后将把这份带有“有效信息”商标的声明予以公开发表。见图 10 – 5

——经过上述几个阶段之后,该公司就能够向主管机构申请注册

——在得到了 EMAS 注册许可之后,该公司必须通过定期检查或者 3 年之内的间隔审计来对它的环境政策和环境计划进行更新

图 10 – 5　EMAS 标志

通过 EMAS 计划的一些公开声明要求可以将该计划与 ISO 14001 标准明显地区分开来。这些要求包括:

(1)必须要有注册生产经营地址或者定期地发表一份详细的环境声明以便提供给当局和当地居民。

(2)声明需要包括一些其他事项:

——对所有重大的环境问题的估计

——有关排放的信息

——环境政策的实施

——对环境计划和环境管理系统的描述

——后续报告的时间表和环境核实者的姓名

10.2.6　环境报告

由于有些规定的报告要求的存在,例如 EMAS,目前这些环境声明已经变成了在欧盟具有自主权的独立报告。而且这些声明可能刚开始已经被当作是关于健康和安全的那些报告的一个单独部分或者仅仅是一份更加综合的公司报告的一个附录来发表。这个方向的较新发展趋势是重新掺入了纯粹涉及更广泛关注“可持续性”报告的一些环境报告方面内容,该报告是对覆盖了该公司的全方位问题的生产活动做出报告,这些问题涉及了它的广义上的可持续发展。因为“企业责任报告”被经常提及,所以对有关公司的环境、社会和经济方面的绩效做出报告的尝试也被称为是“三重底线”式报告。由于这些公司没有准备好把资源的公平分配当作是社会方面的一个目标,所以就存在对这个方法的批评。

10.3　环境影响评价

利用包括排放参数在内的完整系列的思想来对这些环境影响进行评估。

环境影响评估也是涉及了质量推荐规范,例如那些适用于空气质量的推荐规范。同理,就天然水被用于各种特定目的的适当性而言,可以对这些天然水进行分类。这种分类系统是在 20 世纪 80 年代末期经历了近 10 年的准备工作之后才被引进到芬兰的。

同时适用于空气和水的质量分类是以实际的影响为基础的。最为重要的分类的标准是与对人们的健康产生的影响相关的。最初,空气质量分类是由芬兰国家卫生局引进的。尽管如此,今天这些分类主要是以国务院来裁决的形式而存在的。在水方面,有些其他的因素也被考虑到了,例如对水的使用、鱼类和商业捕鱼利益。见表 10－3。

表 10－3 适用于不同用处的水的分类

分类原则
与健康相关的因素
与气味和味道相关的因素
能对水质产生暂时性影响的因素
可以概括性地对水质进行描述的变量
遵照这个分类而得出的一些关于水和水体的用途
娱乐用途
作为原水使用
渔业用水
一般用水

通常而言,被使用到环境影响评估的这些质量分类可以呈现一种能够考虑到人们的各种各样的活动和价值的方法。可能毫不夸张地说,环境当中所发生的所有变化对有些事情是具有某种负面影响的。影响的恶劣程度要取决于这个执行评估的人和评估的范围。

在评估环境影响当中起到关键作用的一些科学包括湖沼生物学、气象学和地理学。这些科学经常要用化学知识、物理知识和数学知识来予以补充。微生物学同样也起到了重要作用。实际上,大部分环境影响调查在实践中都是要跨越各个学科的。

外部环境影响

随着对环境产生的影响的更加整体的评估方法被当作是一个整体来引进,在欧盟关于国际植物保护公约(IPPC)的法令下得到许可这个方面,有些关于影响的方法学已经形成了,这些方法学可以允许对多个环境媒体产生的影响进行详细现场评估。有关 IPPC 和 BAT 的内容,见上文中的第一部分。此处,它的目的是为了能够使用一些影响评估方法来探究所推荐的这些工业活动是如何在一个特定的位置对当地的环境产生影响,还有对环境中的排放物的作用进行量化,同时包括以下几个注意事项:

(1)当地和跨境排放物对空气的影响。

(2)水中的排放物的局部影响。

(3)靠空气传播的排放物的沉降对当地和远距离的影响。

(4)由意外事故而产生风险影响。

(5)噪声对局部感觉器官产生的影响。

(6)与过程中的操作相关的视觉影响。

(7)气味排放物对局部感觉器官产生的影响。

(8)排放物造成由间接影响引发的全球变暖的潜力。

(9)排放物造成有间接影响引发的光化学臭氧的潜力。

(10)关于废弃物及其处置的间接影响。

这些排放物可能会对人体健康和环境质量直接或者间接地产生影响和引起人类感官的不舒服以及对有形资产或美化价值造成损害。

常规的评估方法包括以下一些步骤:

(1)通过对来自这些活动的排放源进行考虑来确定上述环境影响中的哪一个是与这次评估相关的。

(2)在对接收环境媒体进行分散处理之后,对排放物的浓度进行估计。

(3)筛选出那些不需要进一步调查的无关紧要的排放物。

(4)在适当的情况下,对排放物的最终归宿详细地进行建模。

(5)通过参考法律中规定的一些环境质量标准(EQS)来检查这些级别是否能够被当地环境所接受。

(6)在适当的情况下,通过使用一些标准化方法来对这些影响进行总结。

当把类似这样的一种方法与 EQS 进行比较时,该方法可以提供适用于对上述环境注意事项中的每一个事项进行评估的一些方法,这些注意事项涉及了静态工业设备及其可能的排放物。这一点同样可以协助车间操作员和管理员以一种客观且又透明的方式来着手解决关于足够多的控制措施的影响和设置的测定问题,这些措施是以过程类型和将要使用的减排技术的形式而出现。

10.4 生命周期评价

20 世纪末,由于对关于环境的一些工业活动的影响的兴趣和公众意识增加,对涉及各种各样生产选项的环境影响的这些解决方案进行评估和比较的系统和工具的需求也是显而易见的。已经被开发出来用于这个目的的这些技术中的其中一项就是生命周期评估或者生命周期评价(LCA)。在过去,这些环境管理研究和活动一直都是关注于一些特定的领域,例如,新发展带来的影响或者由于对涉及排放标准的工业流程进行修改而引发的一些影响。然而,随着关于环保的重要性的意识的提高和与已制成的产品(或者服务)及其消耗和使用阶段的可能的影响的产生,对研究这些方法的兴趣才得以继续增加,这样可以通过使用一种不一样思考生命周期的方法来更好地理解和减少这些影响。

从森林产品的角度来讲,这种 LCA 方法过去可能首先是被包装行业当作是一种能够对一个产品及其制造的"环境影响"进行评估的手段而引进的。LCA 在 20 世纪 80 年代末期间在这个方面就获得了相当大的知名度,那时可利用的 LCA 工具还仍然是处于初期阶段。LCA 涉及了对环境中的由于采购和消耗原材料、能源生成和制造产品以及对这些产品进行使用、重复使用和回收利用或者进行最后的处理(注:这些方面都是要根据该系统的范围的情况而定的)而产生的排放物的计算。就排放物而言,可以按照生产产品单元或者服务(例如,按照吨)产品单元对它们的功能输出进行计算。而且,在最后一个计算影响评估的步骤当中,每一种排放物都被给予了一种使用价值。见图 10-6。关于 LCA 方法学的更多细节都包含在附录 3 当中。

LCA 至少在理论上可以允许对其他不同产品的环境载荷和它们的环境影响进行比较,也可以对制造方式不同的同类产品进行比较。而且现在要想做出合适的选择并且对这些 LCA 分析进行整体管理。

组织可以使用 LCA 用以寻找可以减少他们的产品及其过程的环境影响的一些方法。而且还可以把 LCA 当作是一个工具进行使用以便在下列领域寻找效益。

(1)当前系统的评估、重大的环境影响的鉴定和可用以在这些产品的生命周期里的各个点处对这些环境因素进行改进。

(2)可用于协助产品设计师和开发者的环境设计(DfE)。

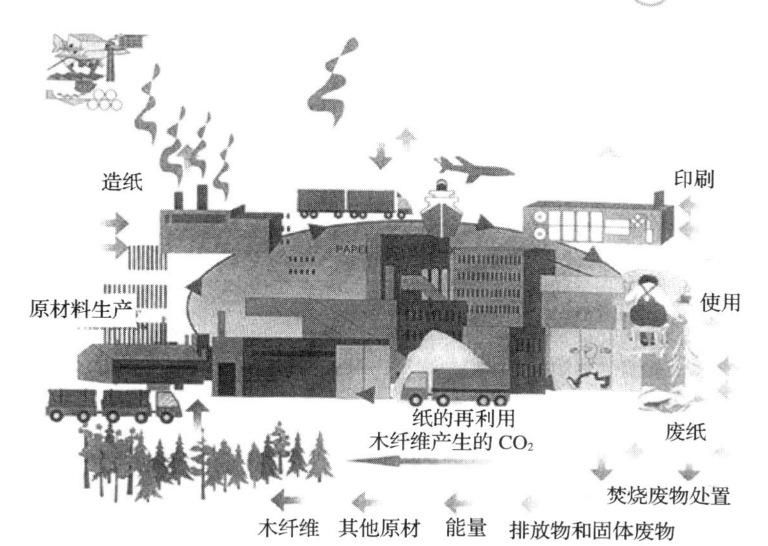

图 10－6 生命周期分析——制浆造纸初级生产、适用和回收或者处置

(3)对这些可替换的系统进行比较或者对各个涉及改进的系统阶段之间的权衡进行评估。

(4)在某些领域协助制定决策,例如,战略规划领域(组织级别的决策),产品设计和过程设计领域或者重新设计领域。

(5)帮助政府制定法规规划或者研发资金的决策(例如废物战略性管理)。

(6)在一些涉及战略规划和优先权设置方面的非政府组织里协助制定决策。

(7)对供应链进行管理并且专注于上游供应商。

(8)选择一些相关的环境绩效指标。

(9)销售(例如,针对于一个环境要求或者生态贴标计划或者环境无害产品声明)。

(10)能够联合工艺物料流并且寻求产业间和产业内的材料和能源进行相互作用的工业生态学。

通过使用常规种类的环境影响,例如,资源利用、人类健康和生态后果,这个 LCA 方法可以对潜在的一些影响进行研究,这些影响是由一个产品从原材料的获取一直到生产、使用和处理的生命周期(例如,需要标记产地)而引发的。一个 LCA 研究的细节水平的范围和界限将要依靠这个对象和这个研究的既定用途。

我们应该注意到的是 LCA 目前仍然处于发展过程中的早期阶段。而且,有些 LCA 方法的阶段,例如,影响评估,目前仍然是处于初级阶段。与此同时,为了能够对 LCA 实践水平进行进一步发展,我们仍然需要完成相当多的工作并且获取一些实践经验。因此,对 LCA 的结果进行适当的解释和应用是很重要的。

由于诸多环境管理技术(例如,风险评估、环境绩效评估和与现场相关的环境审核以及环境影响评估)中只有其中的一项可以被我们利用,所以 LCA 可能并不是可以被用于所有情况的最佳且又合适的技术。例如,一般来讲,LCA 不能对一个过程或者一个产品和服务的经济方面或社会方面的问题进行处理。该方法也包含了一些关于环境影响的相关重要性的主观判断元素。因此,对竞争产品和竞争系统进行比较是有问题的。

总之,一项 LCA 研究应被当作是一个具有更加广泛性的决策过程中的一部分来使用,或者被用以对涉及系统选择和替代系统的广泛或者一般的权衡进行理解。如果每项研究中的假设情况和上下文都是一样的并且这个研究已经处于产品制造商的相关环境要求的领域当中并且关于该研究的可比性的一些问题对于这些技术来讲已经是有问题的，那么才有可能对不同LCA研究的结果进行比较。出于透明这个理由，应要对LCA研究当中的这些假设情况进行明确陈述。

这个LCA方法最多只能提供一些关于如何在一般情况下对不同产品系统进行比较的深刻见解。

LCA在产品规划方面可能是最有用的。在这个规划里，可以在替代产品可能的环境影响方面对这些产品进行比较。

然而，所做出的这些选择却体现出了LCA的一些弱点：尽管不同的排放物都进行赋值，但是基于环境影响的一些评估实际上也只是一个大概。同时，不同排放物的影响也会随着位置而变化。例如，同一种排放物的同一个级别可以产生不同的影响，这一点要视接收媒介的性质的情况而定，比如，接收水体的类型和质量。

尽管存在这些不足，欧盟委员会已在关于综合产品政策（COM(2003)302）得出LCA可以对现有产品的潜在环境影响提供评估框架，因此LCA仍然是一个重要的工具。

10.4.1 LCA——计算机模型

目前有大量的不同模型和计算机程序被用于执行LCA，例如，在能源行业和包装行业。现在仍然难以对这些模型进行比较，因为它们的范围、界限和细节水平可能会随着研究的对象和使用而发生重大变化。

环境毒理学和化学协会（SETAC）已经起到了作为一个联盟组织的作用，被它的从业者用于LCA方法学的开发。许多模型已经被开发出来用于LCA。而且，这些模型的数量也正在增加。这些模型是用于对形势进行全方位的充分考虑，同样也被用于对在这个领域中获得的观察结果进行准确的反映。可利用的各种模型互相之间都有区别，有时这个区别还会比较大，这一点要视客户的产业部门的情况而定。

欧洲仍然是LCA工具和被开发用于许多不同行业部门的生命周期库存数据表的世界焦点。协调方面的问题包括了针对提高生命周期影响（LCI）数据库信息的可比性和可交换性方面的挑战。可以允许LCI数据进行交换的一些积极措施已经被有些组织尝试过了，例如促进生命周期发展协会（SPOLD）。该协会是一直致力于开发一种可适用于交换生命周期库存数据的普通格式。目前大部分市场上可以买到的LCA软件模型都能够把标准格式数据集当作是这些类型的协调努力的一个直接结果来对它们进行输入和输出。

欧洲委员会进一步的推动并实现更高水平的数据标准化和生命周期评估方法，欧洲委员会是主要致力构建欧洲的生命周期评估平台，促进生命周期数据的沟通和交流，开展协调涉及正在进行的数据收集工作在欧盟和现有的协调行动。这个平台计划是要提供关于核心产品和核心服务的有质量保证且又基于生命周期的信息以及共识方法学以便于协助把“生命周期思想”整合到产品开发和政策制定当中。这个欧盟平台可以提供涉及所有可利用的LCA软件系统、数据中心和既定的客户部门和行业的最新信息。

LCA可能也会被当成是一本关于选择包装方法和进行的有预备的审核的指南来使用。这些审核是为了能够申请到可以使用环境标志的权利。实际上，欧盟委员会有关生态贴标的规定中包含了一个特定的要求，这个要求就是生命周期的注意事项应要被用以建立带有生态贴标的产品种类（有关生态贴标，见附录2）。

对LCA的使用可能会继续大幅度地增加，并且由于市场压力的结果，也可能会影响生产。

此时,这些标准化组织已经识别到了瞄准机会的市场。而且,国际标准化组织(ISO)已经开发出了涉及了环境管理和生命周期评估系列标准的 ISO 14040 标准以便于在适用于通常着手执行 LCA 评估方法学的标准化方面提供帮助。可适用于在 LCA 中执行国际标准化的 ISO 14040 系列框架已经开始被一些制造公司所采用来对这些公司的工业产品的环境绩效进行评估。关于 LCA 的当前一些的 ISO 标准在附录 3 中有做进一步详述。

10.4.2 LCA 的应用

正如之前所提到的一样,在森林工业范围内的实际 LCA 应用最初是用于背书一些包装要求,而且还为了应对一种最近已经变更了好几次的情况,与此同时对 LCA 的使用是在更广范围的情况中进行的。这些情况包括对特定的生产相关方面进行评估和背书涉及了制定政策的战略环境当中的工作,例如产品贴标等。

10.4.2.1 芬兰环境协会(芬兰语简称:SYKE,以下简称 SYKE)——LCA 废弃物项目

LCA 可以在运营环境和战略环境当中被用于支撑制定决策。而且,下面这项芬兰研究可以充当为在涉及与战略研究相关的森林产品方面使用 LCA 的一个有用的例子。

图 10-7 新闻用纸的产品系统界限的示例(SYKE,2005 年)。适用于被丢弃赫尔辛基大都市区的新闻用纸的废弃物管理选项——LCA 报告。

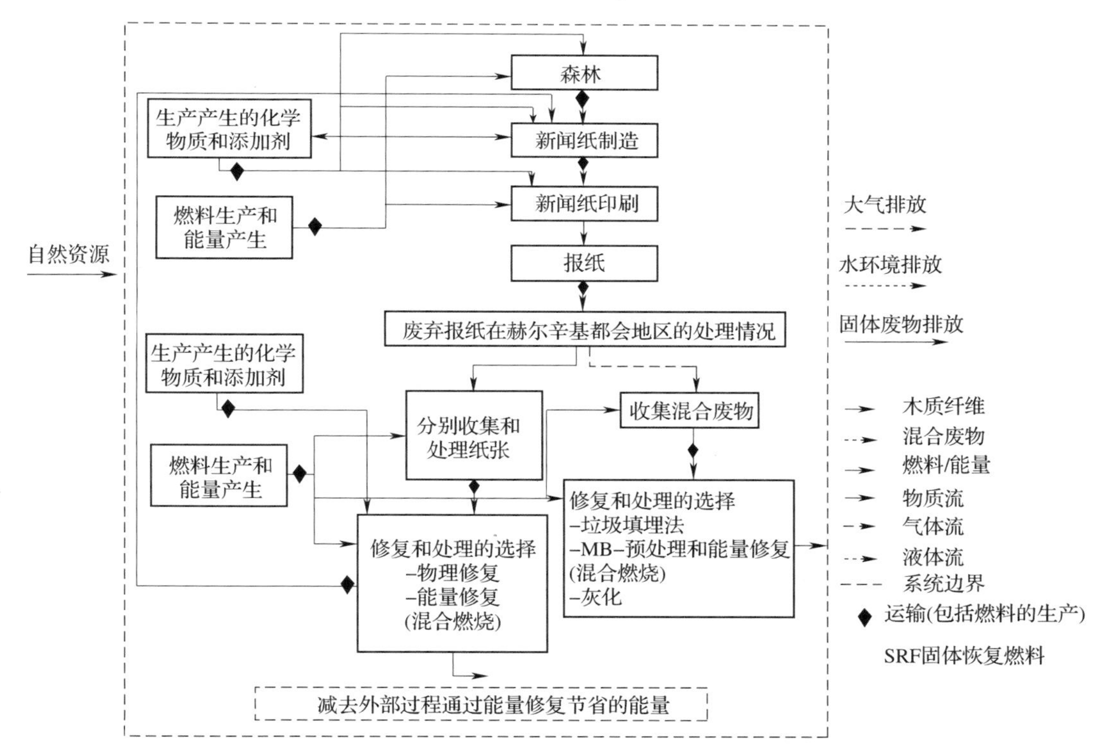

图 10-7 关于报纸产品系统范围的案例(SYKE,2005) 被丢弃赫尔辛基大都市区的旧报纸的废物管理选项—LCA 报告

在这个研究案例当中,LCA 是被用于给新闻用纸的制造和赫尔辛基大都市区的废弃物管理系统进行建模的。新闻用纸的制造、消费后的废弃物管理和纤维的回收利用全部都包含在这个系统的当中。这项研究对可供选择的废弃物管理解决方案进行了评估。这些方案涉及了

产品和材料的生命周期的生态可持续性和经济可持续性，并且也从自然资源的可持续使用的观点出发对可供选择的不同废弃物管理进行了比较，还有（关于新闻用纸及其产物）帮助在芬兰目前有关持续使用森林和木材的废弃物政策方面对决策者们进行通知。

10.4.2.2 LCA 在教育方面的使用

LCA 软件工具也已经被成功地使用到相关的森林产品和芬兰关于探索生命周期评估的实际应用的教育路线上。这种情况就已经涉及了对一些简单的系统的建模，建模的目的是为了能够让纸张工程的学生熟悉这些 LCA 概念。而且，完成建模的技术就是能够尝试性地进行一次 LCA 类型的研究（探索不同的因素是如何将纸制品从森林制成最后离开造纸厂的纸制品的）。这种情况中也包括了模型的建立、对一个简单系统的敏感性的探索和围绕拟定系统的界限和解释的一些问题。见图 10－8 和图 10－9。

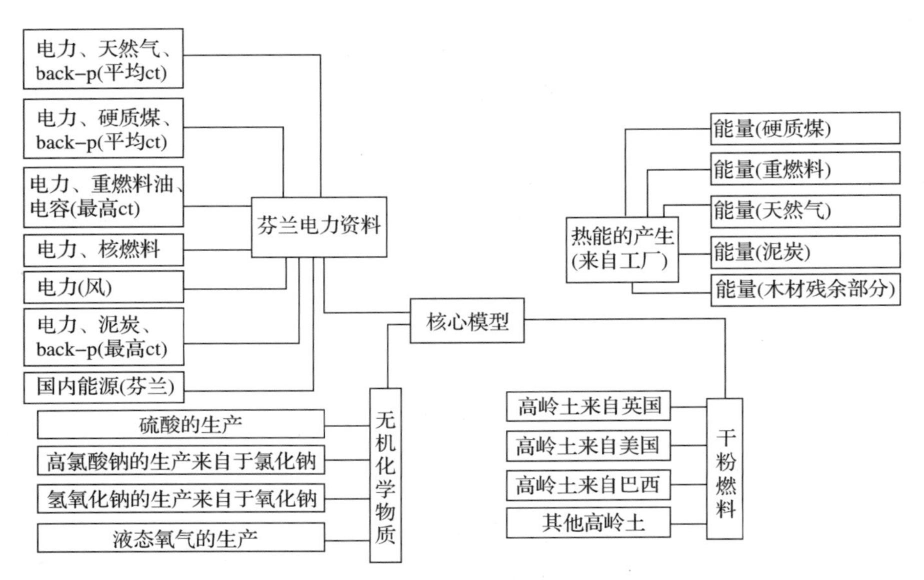

图 10－8　制浆造纸生产过程和运输的简单的生命周期评价模型

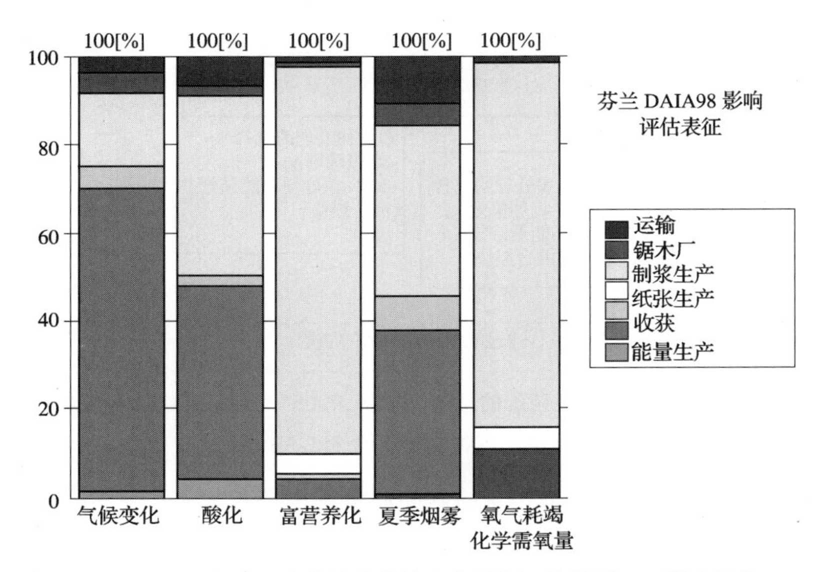

图 10－9　制浆造纸生产的简单的生命周期评价模型——影响评价

尽管这些范围受到限制的方法基本上是局限于对涉及变化和改进的各个过程系统阶段之间的权衡进行评估,但在实际研究中对 LCA 思想的使用至少成功地把这些围绕 LCA 实际用途和可利用的建模工具的问题强调给了造纸专业的学生们。

10.4.3 生命周期管理

更为广泛的一些概念,例如一些企图将生命周期思想考虑进去的一些商业的完整方法,也正在当前的一些管理方法当中生存下来。此类研究更加持续的产品消耗和生产的全部生命周期方法可以在产品的使用阶段把传统的污染预防思想扩展到包含生态设计和环境影响中来。这一方法综合了各种来自生态贴标、生产商职责、产品管理工作、企业社会责任报告、金融市场的驱动器和供应链的需求以及 EMS 与一般持股人的关系的压力。

10.5 环境标签(生态标签)

目前,行业供应链的内部产生的市场动力和到最后消费者自己已经引发了更多关于环境因素和工业产品以及工业服务的影响的信息。这些产品和服务正可以被用于对购买选择和供应选择进行通知。

这种压力已经给生态标签计划的全世界发展提供了动力。对这些标签的使用通常是自愿的。

生态标签的一些主要目的包括:

(1)促进工业产品的发展的同时,把环境问题、经济和质量问题综合考虑进去。

(2)通过产品/服务市场获得的公正的环境信息,来指导消费者选择对环境产生最小影响的产品。

10.5.1 生态贴标的类型

第一种类型:一种由第三方机构授予的自愿且又基于多方面问题的标签,该机构可以批准使用那些能够在一个基于生命周期注意事项的特定产品范围内表明总体偏好的产品。对消费者来说,这种类型是具有可信度保证的。

第二种类型:一种自愿且又有益的环境自行宣称的要求(例如,生产者自己的标签)经常提供一些“企业对企业的电子商务模式”技术数据,例如回收利用标志或者“回收符号”。这种类型标志可以只涉及单一方面的问题,但是对于消费者来讲,它却不具有可信度保证的。

第三种类型:一种能够提供关于一个产品的量化的环境数据的自愿的声明。这个类型是在由一个有资质第三方机构制定的参数设置的预置种类下并且是基于一次已证实的生命周期评估的。它所关注的是企业对企业的电子商务模式(供应链)可证实的信息。

环境标签的概念就包括了各种各样的种类,例如:

(1)综合标准标签——第一种类型。

(2)单一标准标签——第一种类型。

(3)生产者自行声明的要求——第三种类型。

(4)特殊符号——第二种类型。

(5)生态说明书或生态声明——第三种类型。

综合标准标签、单一标准标签以及生态说明书通常是必须要得到一个第三方机构认证的,例如,有些独立的机构可以对一个将要贴标的产品的环境影响进行检查和评估。评估之后,这个第三方机构将决定这个产品是否符合使用这个标签的标准。

一个仅仅只要通过接受这些自行声明的要求和符号就可以对它们进行使用了。而且,不需要第三方机构来进行认证。

在制浆行业和纸张行业里,生态贴标计划已经被同时在一个国内和国际的基础上进行开发。生态贴标目前正在被北美、欧洲和一些北欧国家使用,也正在被一些个别的国家使用。

10.5.2 适用于环境标签的一些ISO标准

为了能够使得环境标签的流程协调化,ISO,也就是国际标准化组织,已经制定出了一些关于适用于环境标签的一般原则的标准。

(1)ISO 14020——环境标签和环境声明——一般原则。

(2)ISO 14021——环境标签和环境声明——自行声明的一些环境要求(属于第二种类型的环境标签)。

(3)ISO 14024——环境标签和环境声明——第一种类型的环境标签——一些原则和流程(产品贴标)。

(4)ISO TR 14025——环境标签和环境声明——第三种类型的环境声明。

10.5.3 综合标准标签

多标准贴标通常是自愿的并且需要由一个第三方机构提供认证。带有这种标志的产品已经正式被认为是在同类产品中最为环保的产品。这些生态标签所依据的生态标准包含对环境、能源要求以及在产品生命周期所有阶段中其他特定要求的污染负荷。这些环境污染控制因子包括COD、AOX、磷、硫、氮等的排放物;能源要求包括生产所用的能源和购买的能源;其他特定要求包括产品中可回收利用的纤维所占的比例,或者对使用特定物质的限制等。

综合标准标签的目的是为了能够鼓励制造商去设计一些环保的产品以及给消费者提供知情的可靠选择的一些方法。对于制造商、零售商、消费者和公众或者一个同样的企业购买者来讲,这些标志可以充当成购买和销售绿色产品的指导。

一些主要的跨国多标准标签包括:

——北欧天鹅标签

——欧盟之花标签

10.5.3.1 北欧天鹅标签

在1989年,北欧内阁会议成立了这个自愿的北欧官方联合环境标签计划用以提供关于产品的环境影响的可靠信息,该计划是以这个天鹅标志或天鹅标签而著名的。这个计划的一些主要目的是为了能够引导消费者对那些将比可利用的替代产品更能够对环境产生很少损害的产品进行选择,以及刺激那些公司去开发将能够对环境产生更少不利影响的产品和生产方法。

就纸张行业对这种标签的使用而言，该标签给申请人生产商提出了一些严格的环境要求，也确保了这些已贴上标签的纸制品会比这种产品的产品集团中的大部分的其他产品对环境产生更小的影响。那些考虑到了一些环境影响和在产品的生命周期中的所有阶段里可以进行回收利用和回收的潜力的专家们针对各种各样的产品集团制定出了一些特殊标准。这些影响包括对自然资源和能源的消耗、有害的排放物、噪声、气味和废弃物。产品的生命周期涉及了从制造经过分配和使用到最后作为废弃物进行处理。

这个标准覆盖了一些领域，例如，要求使用经认证过的原材料。该标准通过减少能源的消耗等措施来对有害环境的化学品的使用进行限制。而且，这个标准要求空气和水中的排放物要很少。

由于在过去 3 年的时间里已经对这条生态贴标的标准进行修改，所以必须持续改进产品以便于能够符合任何一条更为严格的标准。这项天鹅计划也强调了不能为了能够符合这个生态贴标标准而降低产品的质量或者可使用性。在芬兰，这个北欧联合环境标签计划是被芬兰标准化组织（SFS）当作是 SFS 的一部分来运作的。

天鹅标签包含了以下几种类型的纸制品，这些纸制品可能是由未经加工的木材、非木材纤维和回收利用的纸而制成的。

——印刷纸

——棉纸

——信封

——咖啡滤纸

——耐油纸

——包装纸

——卫浴产品

这个被用于判定授予这个天鹅标签（图 10 – 10）的适合性的打分系统包括了许多各种不同的要求，这些要求中的大部分是与生产制浆和生产纸张相关的。为了能够获得这个标签用于一个特定的产品，按照特定的计算公式所得出的总分数必须不能超过一个特定的值。一组基本的标准（纸制品的天鹅贴标——基本模块）包含了一些关于由于制造制浆和纸张而引发的森林管理、排放物和能源以及废弃物。此外，一个更深层次的化学品模块（北欧关于纸制品的生态贴标——化学模块）包含了一些被用于生产制浆和纸张的化学品的要求，然后借助于补充的标准将这个模块应用到特定的产品种类当中，例如，信封或者面巾纸。通过一个针对即将要授予产品的天鹅标签的打分系统进行打分之后，该产品必须要能够符合这些适合性标准。

图 10 – 10　北欧天鹅标签

适用于纸制品的天鹅标签标准模块包括许多不同的元素，例如：

（1）纸张当中至少 20% 的纤维原材料必须来自于经认证过的森林工业运营，或者纸张当中至少 75% 的纤维原材料必须是回收利用的纤维、木屑或者锯屑。

（2）被用于生产的新生态纤维必须是经过一个第三方机构认证的并且符合能够遵守联合国的里约宣言、关于森林工业原则的 21 号议题和相关的国际公约和条约的可适用的森林工业标准。

（3）化学品要求

① 一定不能有意地把烷基酚聚氧乙烯醚或者其他烷基酚派生物添加到生产化学品和产品当中去。

② 如果每吨已去除油墨的纸浆中的表面活性剂大于100g，那么该表面活性剂必须是可轻易降解的。

③ 生产纸浆和纸张过程中控制可形成黏液生物体的杀菌剂中的有机成分必须不会是具有潜在的生物累积性的。

④ 按照欧盟关于危险物质的分类、包装和贴标的67/548/EEC号法令被分类成是对环境有害的物质一定不能使用。

——聚合物产品小于100mg/kg的残余单体（丙烯酰胺小于700mg/kg）

——湿强剂的质量小于有机氯化合物质量的0.01%

——没有分类的消泡抑制剂或者泡沫抑制剂

——用于印刷或者染色的染料的质量小于分类物质质量的2%

——黏合剂不含烷基酚聚氧乙烯醚、酞酸盐和卤化溶剂或者乙二醇醚

⑤ 按照欧盟关于危险准备工作的分类、包装和贴标的67/548/EEC号法令被分类成是对环境有害的染料（交换产物）一定不能被用于纸浆的染色或者纸制品的印刷。

⑥ 染剂或颜料必须不是以重金属为基础的，例如，铝或铜（在酞花青染料允许有铜）。

⑦ 染料中的铅杂质、汞杂质和铬杂质以及镉杂质都要小于100mg/kg，并且直接染料中的极限值分别是：铅100mg/kg；汞4mg/kg；铬20mg/kg；镉100mg/kg。涂料中的极限值分别是：铅100mg/kg；汞25mg/kg；铬50mg/kg；镉100mg/kg。

⑧ 所使用的染料中不应存在邻苯二甲酸酯。

⑨ 商业染料不应包含一些可能析出有机胺类的染料物质。

（4）根据参考值在生产的初始阶段里获得足够高的能源效率。

（5）将所测得的排放物与基于BAT（见表10－4）的参考值进行比较。在对排放得分进行计算时，根据这个指导，针对化学需氧量、磷和硫以及氮氧化物的排放分数没有一个可以超过1.5，而且，排放总得分（排放总得分是将这4种物质的排放分数进行相加而得出的）不能超过4.0。

（6）从被用于贴有天鹅标签的纸制品当中的制浆中释放出的AOX一定不能超过0.25kg/t，而且，被用于纸制品当中的纸浆测得的AOX排放物一定不能超过0.4kg/t。

（7）对由工厂提供的90%纸浆和纸张的二氧化碳的界限值（单位：kg/t）进行详细说明（可以通过查看表格）。

（8）需要符合环境法和关于健康和安全的法律。

（9）需要借助于质量保证系统来获取纸浆的可追溯性。

（10）贴有天鹅标签的纸张不能使用氯气漂白的纸浆。

（11）必须准备好一份关于减少对乙二胺四乙酸和二乙烯三胺五乙酸螯合剂的计划。

（12）如果制浆厂使用了二氧化氯来进行漂白处理，那么必须对来自化学制浆的生产的氯酸盐排放物进行检测和报告。

（13）含有热值的可燃烧的废弃物不能丢弃。

表 10－4　北欧关于各种各样的纸浆类型和单元过程的天鹅标签的排放参考值　单位：kg/t

纸浆类型（纸浆）或纸张	化学需氧量	磷	硫	氮氧化物
漂白化学纸浆（硫酸盐和除亚硫酸盐纸浆以外的其他纸浆）	18.0	0.03	0.6	0.29g/kW·h（燃料消耗的总参考值）
漂白化学纸浆（亚硫酸盐纸浆）	25.0	0.02	0.6	
未漂白化学纸浆	10.0	0.01	0.6	
化学热磨机械纸浆（英文简称：CTMP）	15.0	0.01	0.2	
回收利用的纤维纸浆	3.0	0.01	0.2	
三羟甲基丙烷和制纸浆用的磨碎木料	3.0	0.01	0.2	
未涂布纸	2.0	0.01	0.3	
涂布纸	2.5	0.01	0.3	
特种纸	3.8	0.02	0.5	

注　关于排放物的参考值 kg/t 90% 纸浆中所含的量

在一个北欧国家，如果产品被授予了这个标签，那么只要支付一笔费用这些产品就在其他成员国使用这个标签。

这个天鹅生态标签许可证是有效的并且可以提供待履行的标准直到这个标准失效。该计划可能会对这个标准的有效期进行延长或者调整，这种情况下，该证书将会被自动延长。

10.5.3.2　欧盟之花生态标签计划

欧盟的这个“之花”生态计划是与天鹅计划相似。该计划是以贯穿产品的整个生命周期的环境影响为基础的。这个系统的目的是为了能够促进产品的开发、制造和销售以及使用，这样产品将对环境产生更少的负荷。设定了一些要求，这样在每一个产品集团里只有 5% ～40% 的产品可能会被赋予持有这个小花商标的权利，这一点要视与环境负荷相关的标准的执行情况而定。

图 10－11　欧盟之花生态标签

欧盟之花生态标签见图 10－11。

——只可能被授予给市场上的那些最利于环保的产品

——意味着该产品已经经历了可以给优越的环境绩效和质量绩效提供保证的严格测试

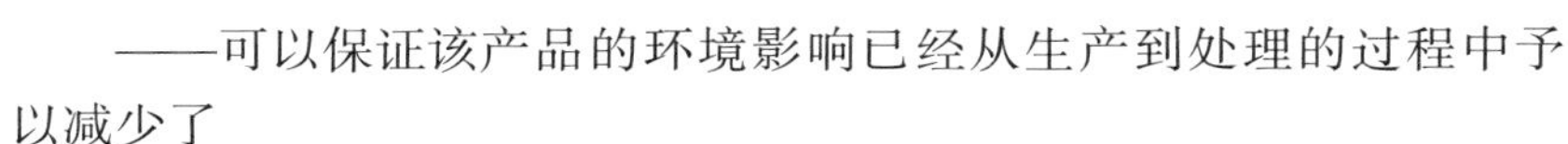

——可以保证该产品的环境影响已经从生产到处理的过程中予以减少了

——可以提供有效信息以便于做出购买决定

——是由一个独立的官方机构来颁发的

——得到了整个欧洲的环境组织和消费者组织的背书。

总数量为 7 个大概具有欧盟之花标签的产品集团已经建立好了，而且，其中的一个包含了纸制品。在这个产品集团里有 3 个更深层次的产品种类。由于这 3 个种类的存在，关于生态标准的指导才得以公布或者正处于发展当中，这 3 个种类是：

——复印纸和图纸

——印刷纸

——棉纸

在对欧盟之花标签和北欧生态贴标标志(天鹅标志)进行评估和修改的时候,它们都具有一个用以对它们的标准进行比较的战略。结果是已经在这两个计划之间完成了对大约15种产品集团(截止到2007年)进行协调。

针对纸制品的之花标签的标准模块当中就包含许多在排放到水体和空气以及能源效率和针对使用有害物质的限制的方面同天鹅标志一样的标准。而且,要想能够获得这个标签用于特定的产品,根据特定的计算公式而得出的总得分一定不能超过一个特定值。基于已协调好的表格查找,相同的得分和打分系统都被用于北欧天鹅系统当中。正因为如此,从制浆和纸张的生产中所得到的一些参数对于天鹅标志来讲都是一样的,除了:

(1)每一项单独的得分中没有一个超过1.5,例如,PCOD、PS和PNO_x的得分。

(2)总的得分数($P_{total}=PCOD+PS+PNO_x$)不应超过3.0。

——迄今为止,北欧天鹅标志和欧盟之花生态标签均都已经被授予给了几百个个体的纸业产品

——在芬兰,这个欧盟生态贴标计划是由SFS来管理的

10.5.4 其他的综合标准标签

其他的一些多标准生态标签计划正在具有森林工业发达的国家进行运作,而且,到目前为止该产品种类的标准已经被开发出来了,如表10-5所示。

表10-5　　适用于纸制品的一些多标准生态标签计划

国家、计划及标签	所覆盖的产品类别标准
澳大利亚(澳大利亚生态标签)	办公用纸、印刷品、出版用纸、工业用纸、回收利用的纸制品和卫浴纸制品以及尿布
奥地利	高级纸
巴西(巴西生态标签)	
加拿大和北美(环境选择)	纸制品、再生纸制品、堆肥袋、尿布、信封、化妆纸、擦手巾、厨房用纸、再生环保纸制品、纸板、印刷纸、书写用纸、纸浆、卫生棉和餐巾以及卫生用纸
中国(中国环境标签)	墙纸、包装用纸和再生环保纸
德国(蓝色天使)	由再生环保纸制成的卫浴纸制品,再生环保纸、墙纸,由再生环保纸制成的木屑墙纸面层、主要由再生环保纸制成的建筑材料、未经漂白过且要与热水或沸水一起使用的滤纸和印刷纸以及出版用纸
印度(生态标签)	包装用纸
印度尼西亚(印尼生态标签)	棉纸、印刷用纸和包装用纸
日本(生态标签)	商用单据、印刷用纸、卫生纸和包装纸张以及印色纸
韩国(环境标签)	印刷用纸、办公用纸、墙纸和薄卫生纸以及包装用纸
新西兰(新西兰环境选择)	新闻用纸衍生出的纸制品、卫浴纸制品、再生环保纸制品、纸板、环保再生纸和办公用纸以及印刷用纸

续表

国家、计划及标签	所覆盖的产品类别标准
菲律宾	棉纸、印刷用纸和书写用纸
瑞典(价廉物美且又绿色环保的产品)	纸张
西班牙(AENOR – Medio Ambiente)	信封、标签和再生环保纸以及纸板
泰国(泰国绿色标签)	纸张
美国(绿色标签)	涂布的印刷用纸、新闻用纸、被用于准备食物的纸制品、擦手纸、餐巾纸、印刷用纸和书写用纸以及棉纸

10.5.5　单一标准标签

单一标准标签通常在产品生命周期的一个阶段作为标准。一个单一标准也仍然可以被分成各种各样的详细的次级标准。一个典型的例子就是对可持续的森林管理进行认证。在这些标签计划当中,有几个次级标准被使用了。但是贴标主要是专注于木材的提取并且不包括任何最终产品(纸张和家具等)的生产。

10.5.5.1　森林认证

森林认证是一种工具,它可以用以保证被用于纸浆生产和纸张生产的木材都是源自于按照标准来管理的森林。这个标准目的是为了能够保证长期供应的可持续性和物种的多样性。有些计划使用的是比其他计划更加范围广泛的可持续性标准。

目前,被最广泛使用的森林认证系统是森林管理工作委员会(FSC)和背书森林认证计划的计划(PEFC)。

10.5.5.2　背书森林认证计划的计划(PEFC)

这个计划是一个针对全国森林认证计划的评估和互相认可的全球联合组织,该组织成立于 1999 年。该计划已经成为了世界上最大森林认证联合组织,也还同时包含了对欧洲国家计划和非欧洲国家计划的背书。它的宗旨是可持续性森林管理是以有利于环境和社会且又经济上可行的针对现代和后代的森林管理。

该计划在与森林工业部门有关的利益集团、政府组织和贸易组织内都得到了广泛的背书。对森林认证的最低要求是 PEFC 来制定的,而且该计划还在国家标准和国际标准上设置了适用于这些要求的制度框架。PEFC 商标可以被用于木材制品,同时这些木材制品是取自于对木材制品的要求进行过认证的森林的。

10.5.5.3　森林管理工作委员会(FSC)

FSC 是一个成立于 1993 年的国际组织,它提供了一个针对标准设置、森林管理证明机构的水准鉴定、森林认证的协调化和监管链追踪的系统,同时它还引起了木材制品的贴标。FSC 已经形成了一套原则用以促进世界森林的适于环境、有益于社会和经济上可行的管理以及同时综合了管理系统和地面上的绩效组成部分的标准。只有依靠这些组成部分,更多详细的国家认证标准和地区认证标准才能最终得以形成。有好几个认证机构都是由 FSC 来鉴定的。芬兰森林认证系统(FFCS)管理并开发出了一个系统用以迎合芬兰特有的所有权模型(注:

70% 的圆木是从私人那购买的)，而且这个系统可以使得处于国家级别的系统的区域执行进行协调。另外，它也可以充当为芬兰 PEFC 委员会的国家主管部门，同时可以发布 PEFC 商标的使用权以及控制这些使用。FFCS 系统没有包含该系统本身的产品标签。

10.5.5.4 芬兰森林认证计划

目前，对来源于 FSC 受认证过的纤维资源的纸制品存在着消费者需求，而且这些资源是由具有 FSC 品牌的欧洲国营部门的一般背书引起的。然而，FSC 受认证过的基于圆木的软木材市场导向却仅仅占全球市场的一个很小百分比。而且，有一种情况是因为主要存在着 PEFC 受认证过的欧洲森林才得以进一步完成的。当地的纸制品正是从这些森林中制造出来的。

北欧森林的 FSC 认证问题及其森林管理原则只有借助于当前争论的问题才得以编制而成的。当前的一个目标就是要能够在不同国家里实现政府采购惯例的协调化以便于在国家级别上避免建立能够扭曲竞争的一些计划。

芬兰正处于发展针对认证和贴标的标准和制度安排的过程当中。它的目的是为了能够发展一些能够完成以下事项的安排。

——符合 ISO EMS 标准、FSC 和可能欧盟级别的一些要求

——考虑了一些全国的社会经济要求和生态要求

——可以被综合到现存森林管理组织和信息系统当中

——在实施方面，可以同时接受一些国外认证机构和地区认证机构

FFIF 正在参与这个 FSC 标准发展计划，也计划对 PEFC 当中的基于 FFCS 系统的标准进行更新以便于 2008 年年底来开始。

10.5.6 生态说明书和自行声明的环境要求和符号

生态说明书是被用于把个别要求集中到一系列的可以呈现一个产品生命周期的各种各样的环境方面的要求当中去。该说明书不同于综合标准标签，因为它们是被用于在不需要对产品环境影响进行评价情况下提供这些产品环境影响的信息。因此，这些生态说明书并不是独有的。

自行声明贴标的例子就是那些可以被回收利用、适于再装和可堆肥的产品等。这些要求可以是以一个符号的形式来出现，但是却也可被当作是单一的声明而出现。

纸张简介及环境友好声明

欧洲森林工业自身也一直都在致力于开发一个针对森林区的新系统以便于能够帮助处理他们的客户对一个切实可行且又统一的系统。许多国际森林工业公司开始团结协作以便于能够开发一个自愿的国际协调化的产品声明系统或者被称作纸张简况的环境记分板。通过以一种适用于特定产品的统一方法来提出一些关于基本环境参数，这个纸张简况可以使得纸张买家能够做出一些消息灵通的产品选择。

环境友好产品声明，例如，那些包括了被提供给 B2B 客户或最终使用客户的信息的环境友好产品声明。这份声明以一种能够使得产品之间的比较变得方便的方式来提出信息。每年一次对由一个认证机构提供的声明进行公认的查证并对这些声明进行审核。

这些环境友好产品公开宣布了针对相关度最高的环境参数方面的实际数字，而且这些参数涉及了制造讨论中的产品。这一点就不同于一个贴有生态标签的产品的特定参数数字。而且这些产品没有被公之于众。生态标签表明讨论中的产品能够履行某一条标准，该标准是由

一个独立的第三方机构来设置和验证的。然而,这种环境产品声明方法再进一步并且可以使得用户能够根据他们自己的优先顺序来做出属于他们自己的判断。

参考文献

[1] Linster, M. , Smith, T. , Zegel, F. . 2007. Organization for economic co – operation and development, environmental policy committee, working group on environmental information and outlooks, pollution abatement and control expenditure in OECD environment directorate – environmental performance and information division, ENV/EPOC/SE(2007):http://www.oecd.org/dataoecd/37/4538230860.pdf.

[2] Eurotat. 2007. Environmental expenditure statistics – 2007 edition, general government and specialized producers data collection handbook 2007, Eurostat unit E3 – environment, office for official publications of the European communicates, Luxembourg, ISBN 978 – 92 – 04732 – 9, ISSN 1977 – 0375, cat. No. KS – RA – 012 – EN – N.

[3] EIPPCB, 2006. European integrated pollution prevention and control bureau integrated pollution prevention and control reference document economics and cross – media effects, Seville. 159.

[4] Vasara, P,. Silvo, K,. Nilsson, P,. et al. 2002. FE528 Evaluation of environmental cross – media and economic aspects in didustry – Finnish BAT expert case study, Helisinki, The Finnish Environment, p. 115. ISBN 952 – 11 – 1043 – 0(PDF), URN:ISBN 9521110422. The publication is available also in printed form ISBN 952 – 11 – 1042 – 2(nid). URL – Nov 2007.

[5] UK Environment Agences(2002). "Integrated Pollution prevention and Control(IPPC), Environmental Assessment and Appraisal of BAT", The Environment Agency for England and Wales, The Scottish Environmental Protection Agency, The guidance is available on the worldwide web (link below) and has an accompanying software tool that performs the necessary calculations.

[6] EPLCA 2007. European Platform on LCA – EC information hub on life cycle thinking based data, tools and services, European Commission – DG Joint Research Centre, Institute for Environment and Sustainability, web based resource.

[7] Dahlbo, H. , Laukka, J. , Myllymaa, T. . 2005. Waste management for discarded newspaper in the Helsinki Metropolitan Area – LCA Report, The Finnish Enviroment institute – Report 752, Environmental protection, 151p.

[8] Watkins, G. 2007. "Environmental Management" lecture materials from Helsinki University of Technology, Course puu – 127. 4010, ESPOO.

[9] SFS Eco – labelling. 2003. Nordic Eco – labelling of paper products – basic Module, Version 1.0, Helsinki, Nordic Ecolabelling/SFS Ecolabelling. P 43.

[10] SFS Eco – labelling. 2003. Eco – labelling of paper products – chemical Module, Version 1.0, Helsinki, Nordic Ecolabelling/SFS Ecolabelling. P 43.

[11] SFS Eco – labelling. 2006. Swan labeling of tissue paper 2005 – 2010, Helsinki, Nordic Ecolabelling/SFS Ecolabelling. P 18.

[12] 2002/741/EC. Commission Decision establishing revised ecological criteria for the award of the

Community eco – label to cogying and graphic paper, Official Journal L 237, 05/09/2002p. 0006 – 0015.

扩展阅读

[1] Welford, R. (1996) Corporate Environmental Management: Systems and Strategies, Earthscan, London.

[2] Ehrenfield, J., Gertler, N. (1997) "Industrial Ecology in Practice. The Evolution of Interdependence at Kalundbory", Journal of Industial Ecology, Vol 1, no 1, pp. 67 – 69.

附　录　①

1. 环境立法、法规、指导及行政机关

即使至今，各国环境立法之间的差异依然非常大。即使在主要制浆造纸国家，政府在标准、法规、许可程序和执行方面也存在明显差异。这种情况是各国之间的历史、经济和社会差异及其不同的工业化水平所致。

最近，欧盟（EU）通过颁布关于综合污染预防控制（IPPC）的理事会指令 96/61/EC，努力协调欧洲环境立法中影响制浆造纸行业的主要条款。经过一段过渡期后，所有制浆造纸设施需要取得相同的 IPPC 许可证方可在欧盟内运行。此项指令已于 2007 年之前在欧盟国家中逐步实施生效。

以下内容是 2007 年赫尔辛基理工大学森林产品学系作为环境技术的课程材料编制的。

2. 欧洲环境立法

2.1　综述

以下章节涉及影响多种环境要素的立法。

2.1.1　信息获取自由

关于环境信息获取自由的指令 90/313/EEC 旨在让公众更容易地获取公共机构持有的环境信息，并确保在整个欧盟共同体内应用了公平的获取标准。成员国必须确保公众提出请求后能够获得环境信息，并且如果拒绝其请求，必须依据有限的例外清单，其中包括国家安全、商业机密等。收到请求的机构必须在收到请求后的两个月内答复。该指令旨在让公众可以获得一般环境信息。

2.1.2　环境影响评价

环境影响评价（EIA）指令（指令 97/11/EC 是基于 1985 年 6 月 27 日关于某些公共和私人项目的环境影响评价的理事会指令 85/337/EEC 的修订版）是欧盟环境立法的一个重要部分。

如果某些公共和私人项目有可能对环境造成重大影响，该指令要求成员国在批准这些项

目之前,需进行环境影响评价(EIA)。对于该指令的附件Ⅰ中所列的某些项目(例如:制浆厂、高速公路、飞机场和核电站),必须进行上述评价。对于附件Ⅱ中所列的其他项目(例如:风力发电厂、城市发展项目、旅游休闲活动),成员国必须执行筛选制度,以确定哪些项目需要进行评价。它们可以应用门槛或标准,对逐个案例进行审查或综合使用这些筛选工具。

2.1.3 战略环境评价

战略环境评价(SEA)指令(欧洲议会和理事会2001年6月27日关于某些规划和计划的环境影响评价的SEA指令2001/42/EC)让每个人都能够对政府政策、规划或计划草案发表自己的意见。虽然依据EIA指令,EIA处于决策的较晚阶段,但如果已经做出了重要承诺,SEA将在较早的阶段进行,以便公民能够有更多的机会来对各项决定发表意见。这让人们可以系统地考虑其他解决方案及其环境影响,以便确定最环保的替代方案。该指令还要求对环境报告进行质量控制,对规划和计划的实施进行监控,以确定对环境造成的不可预知的影响,并使得人们可以采取补救措施。

2.1.4 综合污染预防控制(IPPC)

关于综合污染预防控制的指令96/61/EC是欧盟有关工业排放环境立法的主要部分之一。IPPC指令强制要求污染可能性高的工业和农业活动必须获得只在满足了某些环境条件下才颁发的许可证,以便从事这些活动的公司自行负责预防和减少它们可能造成的污染。

IPPC通过制定对这些活动进行授权的程序来管理污染可能性高的这些大型工农业设施,并规定了被纳入所有许可证中的最低要求,特别是在被释放的污染物方面。其目的是为了预防或减少大气、水和土壤的污染,以及工农业设施产生废物的数量,以确保较高的环保水平。这些设施必须具备经营许可证,其中规定了所有3种介质(空气、水和土地)的"综合"排放限值,并且必须使用最佳可行技术(BAT),以平衡经营者的成本与环境效益。

2.1.5 重大事故危险控制(COMAH)

Seveso Ⅱ指令(1996年12月9日关于危险废物的重大事故危险控制的指令96/82/EC)旨在预防涉及危险废物的重大工业事故和通过应急准备限制其后果。它加强了为应对1976年发生在意大利城镇Seveso的一家化工厂的爆炸而通过的一项较早的指令。在那次爆炸中,大片区域都受到了二噁英的污染。二噁英是已知毒性最强的物质之一。修订后的指令迫使储存危险废物的公司承担严格责任,并要求提前准备重大事故的预防政策和应急计划。它还对土地使用规划、公共信息以及事故发生时必须遵循的应急程序进行了规定。

2.1.6 栖息地

栖息地指令(1992年5月21日关于自然栖息地和野生动植物保护的指令92/43/EEC)规定了对一系列动植物以及栖息地类型选择的全面保护方案。它规定了在1998年6月之前创建一个保护地网络,称为Natura 2000,其中包含了根据野生鸟类指令制定的特别保护区(SPA)和成员国建议的地点。这些地点后来被成员国指定为特别保育区(SAC)。特别保育区将与特别保护区一起构成Natura 2000网络。在对单独的或者与其他规划、项目结合在一起的、可能会对特别保育区带来重大影响的土地使用规划或环境许可作出决定的时候,必须把"考虑到该地点的保护目标的、对该地点所受影响的适当评价”作为许可证申请程序的一部分。根据对特别保育区进行保护的条件的不同,上述评价可能会导致许可证申请遭拒或获批。如果项目可能会造成重大损害,只有它代表了高于一切的利益且不存在其他解决方案,同时提供相应补偿的话,它才可能获得批准。

2.1.7 环境责任

新环境责任指令(关于对环境损害进行预防和补救的环境责任的指令 2004/35/EC)旨在对环境损害进行预防和补救——特别是对受欧盟法律保护的栖息地和物种造成的损害、对水资源造成的损害以及威胁人类健康的土地污染。该指令可能只适用于其生效以后发生的事故所造成的损害。这项指令不包含“传统损害”(即:经济损失、人身伤害和财产损失),并且具备以下特点:

它基于谁污染谁付费的原则,即:对于污染者给环境造成的损害,污染者应承担进行补救的费用或者对即将来临的损害威胁所采取预防措施的费用。

(1)污染者将会通过对环境进行直接补救,或者采取措施预防即将来临的损害,或者对默认情况下对该损害进行补救或采取措施预防损害的主管部门进行赔偿等方式来履行其责任。

(2)主管部门将会为了公共利益负责执行该制度,包括确定补救标准,或采取措施对损害进行补救或预防以及从经营者处获得补偿。

(3)对于欧盟专项立法所规定的活动给土地、水和生物多样性带来的损害,将会适用严格责任;对其他活动导致的生物多样性损害将会适用有过失责任。

(4)对于因武装冲突、自然现象、遵守许可以及在被批准时根据最佳可用科技知识被认为无害的排放而导致的损害,将会允许进行辩护。

(5)如果经营者没有责任,成员国将会对损害的补救承担附带责任。

(6)可能受实际的或可能的损害直接影响的个人或其他人以及有资格的实体(非政府组织)可以请求主管部门采取措施,并对该主管部门的作为或不作为寻求司法审查。

2.1.8 欧共体缔结的公约

欧共体已经签署的最重要的一般性公约:

——1998 年《获得环境信息、公众参与环境决策和诉诸法律奥尔胡斯公约》。它保证了在环境问题上获得信息、公众参与决策和诉诸法律的权利

——1991 年《非欧盟成员国跨境环境影响评价(EIA)埃斯波公约》

——1992 年《联合国欧洲经济委员会框架内工业事故跨境影响赫尔辛基公约》

——2001 年,为防止人类健康和环境遭受持久性有机污染物影响的《持久性有机污染物斯德哥尔摩公约》(《POP 斯德哥尔摩公约》)

2.2 水污染控制立法

2.2.1 危险废物

1976 年 5 月 4 日关于释放到水生环境中的某些危险废物造成污染的危险废物指令

(76/464/EEC),是最早的欧盟环境立法之一。

它为处理一系列危险废物(如重金属、杀虫剂和化学品(如PCB))的排放导致的水污染创建了框架。依据该指令,成员国必须制定包括水质目标的具有约束力的污染减少计划,并建立监控网络和排放授权制度。危险废物指令现在被整合入了2000/60/EC水框架指令中(参见下文)。

该指令引入了列表Ⅰ和列表Ⅱ物质的概念。上述物质列于该指令的附件中。该指令旨在消除列表Ⅰ物质导致的污染,并降低列表Ⅱ物质导致的污染。

列表Ⅰ包括很多组和很多类的污染物。根据持久性、毒性和生物累积,从这些污染物中选出了某些个别物质。至今,18种个别物质已经被纳入了在共同体层面规定排放限值和质量目标的五项子指令的监管中。这些指令是对基于最佳技术手段的方法(后被称为最佳可行技术或BAT)做出的首批最低强制要求。

因根据IPPC指令(96/61/EC)为工业设施编制了更全面、综合的许可制度,对更多物质的监管在20世纪90年代初被暂停了。IPPC指令包括作为大型设施最低要求的、子指令18种列表Ⅰ物质的排放限值。

列表Ⅱ包括对水生环境具有有害影响的多组和多类物质。它还包括在共同体层面上尚未受到监管的个别列表Ⅰ中的物质。对于列表Ⅱ中的相关污染物,成员国必须根据指令76/464/EEC的第7条,制定包括水质目标的减少污染计划。

向水框架指令的过渡

理事会指令76/464/EEC将被并入水框架指令2000/60/EC中。总之,规定如下:

——随着水框架指令2000/60/EC生效,废除第6条(列表Ⅰ物质)

——“优先物质列表”已经代替1982年的列表Ⅰ

——指令76/464/EEC的剩余部分,包括列表Ⅱ物质的减排计划在2013年之前将依然有效(过渡期)

——指令2000/60/EC生效后,在两年内对“子”指令进行审查

2.2.2 水框架指令

水框架指令(2000年10月23日制定水政策领域中共同体行为框架的欧洲议会和理事会指令2000/60/EC)为欧盟内所有水体(包括河流、湖泊、沿海水域、地下水和内陆地表水)的保护制定了欧洲框架。

其目标是为了在2015年之前使水资源达到优质的水质。这个目标将通过流域综合管理来实现,因为水系不停留在行政边界上。水框架指令要求欧洲朝着可持续的综合水管理推进的各个步骤有明确的最后期限。

它要求制定新的战略规划流程,以便管理、保护和改善水资源质量(流域管理规划)。这些规划将设置环境目标并规定完成这些规划的措施方案。

然后,许可机构在行使其流域区域职能的过程中必须考虑流域管理规划和补充规划。它们的编制和执行可能影响依据IPPC对工业设施进行的监管。

2.2.3 城市废水处理指令

由于一些制浆造纸厂使用市政处理设施,因此1991年5月21日关于城市水处理的指令

(91/271/EEC)——一项旨在专门消除它们造成的营养物和富营养化所带来的污染的法律工具就与之有关了。它要求城镇在该指令规定的最后期限内达到最低废水收集处理标准。这些最后期限是根据受纳水体的敏感度和受影响的城市污染的规模来进行确定的。该指令要求成员国在 1993 年 12 月 31 日确认完敏感区域。关于来自人口 10000 人以上城镇的污水直接排入敏感区域的严格标准,于 1998 年 12 月 31 日完成。相同的最后期限适用于导致富营养化的污染物的排放。对于居民 15000 人以上的城镇,于 2000 年 12 月建成废水处理设施。

2.2.4 硝酸盐指令

由于一些制浆造纸厂使用农业土地传播途径作为废物管理手段,因此 1991 年 12 月 12 日关于防止水体受农业来源硝酸盐污染的硝酸盐指令(91/676/EEC)就与之有关的。该指令旨在防止地表水和地下水受农业来源的硝酸盐污染(化肥和牲畜粪便)。成员国必须对地表水和地下水进行监控,以便确定受硝酸盐污染的水体(硝酸盐浓度超过 50mg/L 的地表水和地下水以及富营养化水体,或者可能含有超过 50mg/L 硝酸盐或者不采取措施就会变成富营养化的水体),并在 1993 年 12 月之前把排入了受污染水的区域标为易受硝酸盐污染区。每四年至少应进行一次水体监控和易受硝酸盐污染区审查。在易受硝酸盐污染区内,需要采取一系列措施(行动计划)以减少和预防农业来源导致的水污染。

2.2.5 地下水指令

地下水指令(80/68/EEC)旨在通过控制某些危险废物向地下水排放并对这些物质进行处置来防止地下水受污染。

这项指令与旧的危险废物指令 76/464/EEC 相关。在危险废物指令 76/464/EEC 中,指令要求防止(附件列表 I 中包含的)某些物质排放到地下水中并限制(附件列表 II 中包含的)其他物质排入地下水。该地下水指令(80/68/EEC)的两份列表与指令 76/464/EEC 中的列表并不完全对应。

受该指令控制的物质归入两份列表中:

——列表 1 中的物质是毒性最强的,必须防止其进入地下水中。这份列表中的物质经许可可以在地上进行处置,但不得进入地下水中。它们包括杀虫剂、消毒水、溶剂、碳氢化合物、水银、镉和氰化物。

——列表 2 中的物质是不太危险的物质,经许可,可以被排入地下水中,但不得造成污染。例如:下水道污水、工商业污水和大多数废物。这份列表中的物质包括一些重金属和氨水(出现在污水厂污水中的)、磷及其化合物。

向地下水进行排放的申请必须向主管部门提出,未经事先调查不得批准。其中必须包括检查:

——有关区域的水文地质条件

——土壤和下层土可能的净化能力

——排放导致的地下水水质污染和改变的风险

调查还必须确定,从环境角度看,物质向地下水的排放是否是一个令人满意的解决方案。评价排放影响时,只有在监管机构已经进行了检查,认为地下水(特别是其水质)将会受到必要的监管的情况下,方可予以批准。

2.2.6 其他指令

与危险废物指令相关的水的子指令：

——经指令 88/347/EEC 和 90/415/EEC 修订的、1986 年 6 月 12 日关于指令 76/464/EEC(86/280/EEC)附件列表Ⅰ中的某些危险废物排放的限值和质量目标的理事会指令

已经通过的关于水污染控制的其他指令如下：

——富于贝类的水域指令(1979 年 10 月 30 日关于富于贝类的水域所必需的水质的指令 79/923/EEC)要求成员国指定需要保护贝类的水域，并通过执行减少污染的计划来达到强制的质量标准

——关于淡水鱼的 EC 指令(78/659)旨在保护和改善河流、湖泊的水质，以促进鱼群的健康

——1998 年 11 月 3 日关于人消费水的质量的理事会指令 98/83/EC

2.2.7 欧共体缔结的公约

欧共体是大量与水体有关的环境领域中的地区性、国际性公约的缔约方。最重要的公约有：

——1974 年《预防源自陆地的海洋污染巴黎公约》，以及对该公约进行修订的 1986 年《巴黎修正协议》

——1974 年《保护波罗的海海洋环境赫尔辛基公约》(1992 年经过修订)

——1976 年《防止地中海受污染巴塞罗那公约》，以及与该公约相关的各种协议

——1976 年《防止莱茵河受化学污染波昂协议》

——1983 年《合作处理被石油和其他有害物质污染的北海波昂协议》

——1990 年《防止东北大西洋海岸和水域受污染里斯本合作协定》

另外，欧共体还已签署以下公约：

——1982 年《联合国海洋法公约》

——1992 年《保护与使用越境水道和国际湖泊赫尔辛基公约》

2.3 大气污染控制立法

预防大气污染的欧共体立法集中在以下领域：

——制定最低空气质量标准和某些有害物质的最高排放标准

——降低汽车和其他机动车产生的污染物的排放

——保护臭氧层

2.3.1 空气质量指令

关于评价和管理环境空气质量的空气框架指令(1996 年 9 月 27 日关于环境空气质量评价和管理的理事会指令 96/62/EC)于 1996 年通过。1999 年，在该框架指令之后通过了对污染物二氧化氮、一氧化氮、可吸入颗粒物(PM_{10})、二氧化硫和铅设置限值的首份“子指令”(1999 年 4 月 22 日关于环境空气中的二氧化硫、二氧化氮和一氧化氮、可吸入颗粒物和铅的

限值的理事会指令1999/30/EC)。在特定日期之前,必须满足这些限值,并且此后不得超过这些限值。例如,PM_{10}的最后期限是2005年1月1日,而从2010年起,必须遵守二氧化氮的限值。该指令要求成员国监控空气质量,并且如果大气污染水平太高,它们必须采取措施降低污染水平。

每一年,它们都必须向欧盟委员会发送一份空气质量限值和容忍限度超标"地带和城市群"的清单。它们还必须进行规划或计划,以降低那些区域中的污染并在规定日期达到限值。这些规划的首批规划在2003年12月31日到期。

2.3.2 排放上限指令

2001年10月23日关于某些大气污染物国家排放上限的欧洲议会和理事会国家排放上限指令(2001/81/EC)旨在通过给某些大气污染物设置国家排放上限来减少大气污染。成员国在2010年之前必须满足这些排放上限要求。该指令还要求成员国向委员会报告它们为满足指令的要求而已经采取的措施。2002年12月31日之前,它们应告知委员会其为了满足本国的排放上限而做的规划。

2.3.3 排放交易指令

2003年10月13日的欧洲议会和理事会欧盟排放交易指令(2003/87/EC)制定了欧共体内温室气体排放配额交易的方案,并对理事会指令96/61/EC进行了修订,是《京都议定书》中欧盟降低其温室气体排放战略中的关键部分。该指令旨在确保以最低的经济代价削减能源和制造业中的排放。排放交易于2005年1月1日正式开始。成员国改换该指令的原最后期限是2003年12月31日。

2.3.4 大型燃烧设施

2001/80/EC指令涉及大型燃烧设施向空气中排放某些污染物方面的限制(LCP指令)。LCP指令旨在通过控制来自电站、炼油厂、钢厂和使用固体、液体或气体燃料的其他工业生产过程中的大型燃烧设施(LCP)的二氧化硫(SO_2)、氮氧化物(NO_x)和灰尘(可吸入颗粒物(PM_{10}))来减少酸化、地面臭氧和颗粒物。这些污染物是导致酸沉降的罪魁祸首,使土壤和淡水水体酸化,损害植物和水生生境,腐蚀建筑材料。

新燃烧设施必须满足LCP指令中规定的排放限值(ELV)。对于"现有"设施(即:在1987年之前运行的),成员国可以选择通过以下方式之一来履行义务:

——遵守关于NO_x、SO_2和颗粒物的排放限值

——在"国家规划"内进行运行,该"国家规划"将会根据在截至2000年的5年内那些设施的平均实际运行小时数、使用的燃料以及热输入,规定排放限值计算方法应用于现有设施所计算出的年国家排放水平

在该指令的正文中可以找到排放限值详情。

2.3.5 保护臭氧层

欧洲议会和理事会2000年6月29日关于消耗臭氧层物质的臭氧法规((EC)第2037/2000号)旨在抑制和最终消除破坏臭氧层物质的使用。上述受控物质包括CFC(氯氟

烃)、HCFC(氢氯氟烃)、哈龙和甲基溴,它们被分别广泛用作冰箱空调的冷却剂、清洁溶剂和杀虫剂。该法规是欧盟逐步淘汰这些物质的立法工具,之所以淘汰是因为它们对臭氧层具有损害作用。该法规包括对生产、进口、出口、供应、使用、泄漏和回收上述物质所采取的控制措施,并制定了所有进口的许可程序。该法规要求成员国提供关于促进受控物质回收、循环、再生和销毁所采取措施的信息,并提供关于已经采取什么行动来迫使各个组织和用户负责进行这些活动的资料。另外,该法规强制要求成员国遵守其他报告要求,包括提供年度泄漏核查的信息,提交关于使用该法规所辖物质的操作中所涉及的所有人员最低资质要求的资料,以及通报关于已回收、循环、再生或销毁的受控物质数量的详情。

2.3.6 预防大气污染的其他措施

在75/16指令中,对某些液体燃料的硫含量进行了规定。1994年10月1日以后,以下法规生效了:

——成员国必须禁止硫化物含量(重量)超过0.2%的柴油机燃料油的销售。1996年10月1日以后,相应的含量应降为0.05%

——其他柴油的硫含量也要降至0.2%(航空煤油除外)

2.3.7 欧共体缔结的公约

欧共体已经签署的关于空气的最重要公约:

(1)1979年《长程越界空气污染日内瓦公约》及其协议。

(2)1985年《保护臭氧层维也纳公约》以及1987年《消耗臭氧层物质蒙特利尔公约》。

(3)1992年《联合国气候变化框架公约》(UNFCCC)。该公约旨在使大气中的温室气体浓度稳定在能够防止人为干扰气候系统的水平上。应在一个适当的时间框架内实现上述水平,以便让生态系统有足够时间自然地适应气候变化,确保食物生产不受到威胁,并使得经济发展以可持续的方式进行。

(4)1997年《京都议定书》——《联合国气候变化框架公约的京都议定书》。该公约旨在确保该议定书附件A中所列的温室气体的人为二氧化碳当量总排放量不超过指定的数量,并希望在2008年至2012年的承诺期内,将上述气体的总排放量至少比1990年降低5%的水平。

2.4 废物管理立法

2.4.1 关于废物的框架指令

91/156/EEC和2006/12/EC指令对1975年7月15日关于废物的废物框架指令(75/442/EEC)进行了修订,该框架指令对成员国处理废物规定了一些基本要求,并规定了“废物”一词的定义。

废物管理的一般策略和优先顺序如下:

——在源头防止或减少废物,这是最优先要做的

——促进回收和再利用

——根据高水平的环保要求协调倾倒或焚烧方式处理废物的标准

——加强现有的关于废物运输的规则

——对被废物污染的地点进行清理

根据该指令,成员国必须确保废物的处置和回收不会给水、空气、土壤、植物或动物带来风险或者给农村地区带来不利影响。此外,它们必须禁止倾倒或不受控制地处置废物,并建立综合、有效的废物处理厂网络,编制废物管理规划,并确保废物处理运营获得了许可证。废物收集企业的经营或登记必须获得特别批准,并且进行废物收集或处置的公司必须接受定期检查。

欧洲法院作出的裁决已经制定了废物框架指令下关于“废物”定义的判例法,在即将出现的对该框架指令的修订中,将会试图进行进一步的澄清。

2.4.2 危险废物

1991 年 12 月 12 日危险废物指令(91/689/EEC)规定了欧盟危险废物管理标准的框架。它对废物框架指令进行了补充。废物框架指令规定了所有类型的废物的立法框架,而不论其危险与否。尤其是,危险废物指令规定了构成废物、处置和回收的关键定义。危险废物指令中定义了危险废物的概念,因此催生出了称为危险废物名录的具有约束性的清单。

2.4.3 填埋场

1999 年 4 月 26 日关于废物填埋的填埋场指令(1999/31/EC)制定了一套详细的规则,以便预防或最大限度地降低垃圾填埋场可能带来的负面影响,包括对土壤、空气和水造成的污染以及给人类健康带来的风险。

该指令还禁止垃圾填埋场填埋某些类型的废物,例如:旧轮胎,并要求成员国把它们填埋的可生物降解废物的量降至 1995 年水平的 35%。

2.4.4 废物焚烧

废物焚烧指令(2000/76/EC)旨在尽可能预防或限制废物焚烧和协同焚烧对环境造成的负面影响和因此给人类健康带来的风险。它强制实施了严格的操作条件和技术要求,为欧盟范围内废物焚烧和协同焚烧厂设置了排放限值。将该指令纳入国内法律的最后期限是 2002 年 12 月 28 日。

尤其是,它应减少向空气、土壤、地表水和地下水进行的排放所导致的污染,并且因此降低这些因素给人类健康带来的风险。这一点将通过在欧共体内应用废物焚烧和协同焚烧的操作条件、技术要求和排放限值来实现。

废物焚烧指令(WI)规定了关于向水体释放废物的控制措施,以便降低焚烧对海洋和淡水生态系统造成的污染影响。对于氮氧化物(NO_x)、二氧化硫(SO_2)、氯化氢(HCl)、重金属、颗粒物和戴奥辛和呋喃,将实现大气排放量的减排。大多数类型的废物焚烧厂都在 WI 指令规范的范围内,但有些例外情况,例如:那些只处理生物质的焚烧厂(例如:未处理的农业和林业残余物)。

另外,很多焚烧厂受 WI 指令管,也受 IPPC 指令管。在这种情况下,WI 指令只规定了最低责任,不一定满足 IPPC 指令。

2.4.5 跨境转运废弃物

1993 年 2 月 1 日关于欧共体内、进入欧共体以及欧共体外的废物装运的监管和控制的第 259/93 号理事会法规,管辖成员国与其他当事方之间废物装运的监控和控制。废物的装运必须事先通知主管部门,以便它们合法获悉废物的类型,进行转移、处置或回收。目的地和起运地的主管部门可以依据该法规规定的情况反对上述装运。

2.4.6 包装和包装废弃物

1994 年 12 月 20 日关于包装和包装废弃物指令(94/62/EC)旨在确保包装和包装货物中内部市场的运行,同时减少包装及其废物对环境造成的影响。它规定了包装废物回收和再利用的百分率目标,并要求成员国对这种废物流设置收集、再利用和回收方案。

该指令涉及在欧共体内销售的所有包装和所有包装废物,无论它是否在工业、商业、办公、商店或任何其他层面被使用过或排放出来。该指令旨在增加包装材料的再利用:例如在执行日期后的 5 年内,必须回收按质量计算 50% ~65% 的包装废物,按质量计算,包装中含的所有材料的 25% ~45% 必须回收利用。另外,该指令要求成员国为来自消费者使用过的包装和/或包装废物的退还和/或收集以及收集到的包装和/或包装废物的再利用或回收做好准备。

2.4.7 与废物相关的其他指令

以下指令目前有效:

——废油指令(75/439)

2.4.8 欧共体缔结的公约

1989 年《控制危险废物越境转移及其处置巴塞尔公约》旨在确保对危险废物和其他废物的管理,包括其越境转移及处置,与人类健康和环境的保护保持一致,而无论其处置地点在哪里。

2.5 芬兰环保法

芬兰环保法的主要部分现在大多都是把欧盟指令的要求纳入芬兰法律和执行欧盟指令的要求。

2.5.1 环境保护法案 2000

修订后的《环境保护法》(86/2000)以及相关《环境保护法令》(168/2000)2000 年 3 月 1 日在芬兰生效。

《环境保护法》执行关于综合污染预防控制(IPPC)的欧盟指令 96/61/EC,该指令要求欧盟成员国对工业排放进行综合控制。综合污染预防控制(IPPC)指令寻求通过规定生产过程的操作等措施,旨在降低或预防对空气、土地和水的排放,来改善环境保护,并且于 2007 年 10 月之前,所有欧盟成员国都必须完全执行该指令。

关于环境保护的规定被并入《环境保护法》中。它是关于预防所有环境介质的污染的一般法案,适用于导致或可能导致环境损害的所有活动,对于较小的排放增加了《水资源法》的许可要素,并适用于废物立法管辖的一些活动。

《环境保护法》的原则是:

——预防或降低有害影响(预防和最大限度地降低有害影响原则)

——适当小心谨慎,防止污染(小心谨慎原则)

——使用最佳可行技术(BAT 原则)

——利用最佳实践防止污染(环境最佳利用原则)

——从事带来污染风险活动的当事方有义务预防或最大限度地降低有害影响(污染者付费原则)

该《环境保护法》基于环境许可的综合制度。综合了环境许可后,由于把环境作为一个整体来考虑,就可以有效防止污染。申请环境许可证必须向一个许可机构提出申请。在考虑许可期间,将对拟进行的活动给所有环境介质造成的环境影响进行评估。将会采用以最低的可能代价尽可能节能的技术解决方案,以便减少排放。

该法案和法令更明确、更综合地规定了环境许可证的要求以及授予许可证的详细先决条件。

一些工业部门对 IPPC 下的综合许可来说是陌生的,例如:垃圾填埋场、集约农业和食品饮料部门,它们以前都是受到依据《水资源法》颁发的单独的废物管理执照和/或依据《水资源法》颁发的水排放许可的监管(如果适用)。

许可证包含排放限值(ELV)或同等的污染物参数,特别是那些很可能大量排放的。这些必须建立在适用 BAT 的基础上,并考虑设施的特点、位置和当地环境。

许可证还包括以下条件(如有必要):

——旨在最大限度降低远距离越境污染的条件

——确保保护土壤和地下水并确保经营者妥善管理废物的条件

——设施运行不正常时,如在启动、故障、泄漏或暂时停止期间,保护环境的条件

——要求经营者在运行前后采取合理步骤(其中可能包括现场监控和补救)的条件

——规定经营者应该如何监控排放物,指明方法、频率和评价程序并要求经营者向监管机构提交报告以便核查其是否遵守许可证的要求;以及要求经营者及时地通知监管机构可能导致污染的任何事件或事故的条件

——按照关于废物的理事会指令避免废物污染,以及产生废物时,进行回收,或者技术上和环境上无法回收时,在避免或者降低对环境任何影响的同时进行处置的条件

——避免无效率地使用能源的条件

——指明采取必要措施预防事故和限制其后果的条件

——要求采取必要措施避免污染风险以及一旦设施中的活动明显停止就将该地恢复到一个令人满意的状态的条件

除了满足这些要求,与废物焚烧设施相关的许可证必须包含使废物焚烧指令 2000/76/EC 的指定条款生效所必需的那些条件。

类似地,与溶剂排放指令 1999/13/EC 管辖的设施相关的许可证必须包含监管机构认为的使该指令的条款生效所必需的那些条件。

《环境保护法》需要遵守环境影响、栖息地、填埋场、空气质量和地下水指令以及依据欧盟

法律编制的国家规划(如废物规划)的条款的形式,还合并了一系列的欧盟法律。

最佳可行技术(BAT)

此外,许可证必须包含监管机构认为的确保高水平的整体环境保护所必需的任何其他条件,同时尤其应考虑到(特别是通过应用 BAT)对污染采取了合理的预防措施并且未造成重大污染的“一般原则”。但是,如果适用欧盟环境质量标准,必须对排放限值进行相应设置,即使那些标准比在 BAT、设施特点、位置和当地环境条件的基础上可能会要求的更严格。

BAT 的评价

芬兰制浆造纸行业将使用的关于环境技术的指导原本是作为 SITRA(芬兰国家研发基金,现称为芬兰创新基金)协调的一个项目的一部分在 20 世纪 80 年代后期制定的。

芬兰环境研究所[SYKE——前身为国家水务委员会(1970—1986 年)]以及国家水务与环境委员会(1986—1995 年),现在是整个环境管理的环境监控、开发与研究的中心。在这个角色中,SYKE 是作为国家级协调机构和提供机构,向多个政府部门和所有 13 个区域环境中心(环境许可机构)以及外部客户(行业)和普通公众提供环境信息和专家服务。作为这项责任的一部分,SYKE 致力于关于综合污染预防控制(IPPC)的理事会指令 96/61/EC 所规定的信息交换,以便在制浆造纸行业中的最佳可行技术方面为欧盟委员会准备参考文件或者称为 BREF 文件。SYKE 不负责许可流程。

涉及制浆造纸行业的最初 BREF 文件主要依靠芬兰提交技术。最近,芬兰首次审查的 BREF 文件是 Poyry Forest Industry Consulting Oy 代表芬兰森林工业联合会和 SYKE 于 2007 年 3 月份提交的。

尽管 BAT 方面可用的指导有各种不同的部分,但执行 IPPC 的芬兰法律规定了在 BAT 的评价中应考虑的因素,具体如下:

——减少废物的数量,降低废物的有害影响

——所用物质的危险等级以及使用不太危险的替代品的范围

——回收和再利用生产过程中使用过的物质和产生的废物的范围

——排放物的质量、数量和影响

——所用原材料的消耗量和质量

——能源效率

——预防作业风险和事故风险,以及发生事故时的损害限制

——引进 BAT 所需的时间和规划的时间对执行操作的重要性,以及限制和预防排放物的成本和效益

——对环境造成的所有影响

——工业化条件下生产和控制排放物所使用的所有方法

——技术和自然科学领域中的发展

——欧盟委员会或国际组织公布的 BAT 信息

引进 BAT 所需的时间长度是指新技术不可能马上就产生效果。因此,对于在规定时间期限内进行改善,经营者可以提出充分的理由,但是对于它打算采取的措施、这些措施会带来什么样的环境改善以及改善的时间表,经营者应该做出合理证明。

《环境保护法》的一条关键条款是公众有权通过对许可证申请发表意见来影响决策。其他利益相关者在该法案下也拥有某些权利。除了涉及的当事方(许可证申请人和受某项活动影响的人们),促进环境、健康和自然的保护或者致力于改善生活环境的非政府组织以及可能

受某项活动影响的人均有权对许可证的决定提出申诉。

《环境保护法》未涉及对环境或土地使用和自然保护所造成的物理或结构损害。有单独的法律涉及这些问题。《水资源法》控制水资源的使用;《水资源法》涉及废物管理和回收。其他的单独立法涉及化学品、海洋环境保护以及环境影响评价。

2.5.2 水污染控制

芬兰的水资源保护标准基于《环境保护法》和《水资源法》中的法律以及严格的许可程序。根据这些法律和程序,甚至小型项目和生产设施都需要环境和水资源许可证。许可程序包括对具体运营的环境影响的彻底评价以及量身定制的控制措施的相应设置。这些许可程序有助于确保实现水框架指令的目标。只有在适当考虑了相关流域管理规划包含的、与水资源使用和水资源状态所产生的影响相关的因素之后,才授予许可证。

旨在预防水体污染的立法被包含在了2000年生效的更宽泛的环境保护法律中,即:《环境保护法》(86/2000)(参见上文)。

水框架指令

最近,以《水资源管理法》(1299/2004)、《流域区域法令》(1303/2004)、《水资源管理法令》(1040/2006)以及《水生环境危险、有害物质法令》(1022/2006)的形式进行更新的芬兰水资源保护立法在国家层面上执行了欧盟水框架指令2000/60/EC。

目前,尚未使用评价地表水对人的适用性的体系来对地表水进行分类,但是很快就会对这些类别进行修改,以便更加强调生态考虑事项,例如:水生动植物的栖息地要求。

对于所有的芬兰流域,将系统地起草流域管理规划,尽管这些工作尚未完成。如新的国家立法所规定的那样,流域管理规划体系基于政府机构、利益相关者群体和公民之间的合作。

2.5.3 大气污染控制

自从芬兰在1995年加入欧盟,其大气污染控制就遵循着相关欧盟立法不断进化。

控制大气污染的最重要立法是《环境保护法》(86/2000)和相关的《环境保护法令》(168/2000)。它们适用于可能导致环境污染的所有活动。芬兰通过《环境保护法》执行了IPPC的欧盟指令。

根据《环境保护法》,政府为了预防和减少环境污染可以颁布必要的政府令。政府可以通过政府令规定环境排放量、对排放的限制以及排放限制的执行。

如果使用对大气有不利影响的燃料或物质使得排放量上升,可能有正当理由认为其对健康或环境造成损害,政府可以通过关于限制或禁止某种物质、制剂或产品的制造、进口、上市、出口、运输或使用和关于某种物质、制剂或产品的成分和标识的政府令来进行规定。

对于降低交通运输排放物的政府法令是在机动车法案的基础上颁布的。

芬兰空气质量目标包括具有约束性的限值和不具备约束性的国家指导值。强制的空气质量限值与欧盟空气质量框架指令96/62/EC以及三项子指令:1999/30/EC、2000/69/EC和2002/3/EC的限值相对应。

这些指令的规定已被环境保护法案、空气质量的政府法令(711/2001)和环境空气中的臭氧的政府法令(783/2003)收录到国家立法中。

2.5.4 气候变化

在国际环境协商中，芬兰是作为欧盟的一部分，芬兰与其他欧盟国家一起在1994年签署了《联合国气候变化框架公约》(UNFCCC)，在2002年签署了《京都议定书》。

1997年的欧盟成员国(欧盟15国)在《京都议定书》下承诺，在2008—2012年的议定书承诺期内，实现温室气体总体减排比1990年的水平低8%。对于欧盟内部实现这些减排所承担的责任，已经进行了重新分配。

芬兰正在积极努力朝着履行其在《京都议定书》下的承诺迈进。2001年，政府编制了国家气候战略，其中包含一项旨在达到芬兰在2008—2012年期间目标的措施计划。政府最终确定了修订后的国家气候能源战略的时候，2005年11月对该国家气候战略进行了更新。2003年10月25日，制定欧盟范围的温室气体排放交易体系(EU ETS)的指令(2003/87/EC)开始生效。自2005年1月1日起，在所有欧盟国家和加入国中，来自该体系覆盖的部门和公司必须根据2005—2007年和2008—2012年两个期限中被分配到的排放水平，限制其温室气体排放量。

在芬兰，2004年8月份生效的关于排放交易的法律(683/2004)使EU ETS指令从2005年起生效，并从此影响了电力、石油、钢铁、矿业、制浆造纸和其他行业部门中的533座设施和150家公司。

受影响的具体林业工业有：生产能力超过20t/d的制浆厂、造纸厂和锯板厂。

除了欧盟ETS，还有一些国内政策和措施，例如：促进节能和使用可再生能源。芬兰还利用《京都议定书》的灵活机制，如联合履行(JI)和清洁发展机制(CDM)来尝试提高环境政策的成本效率。为此，通过在2008—2012年期间购买价值10^7t CO_2的碳信用额，芬兰碳采购计划(Finnder)正被用于实现芬兰的部分京都议定书目标。

2.5.5 废物管理

除了某些特殊类型的废物，例如：放射性废物(这些废物归单独的法律管辖)，芬兰废物立法涵盖所有废物。

总的来说，芬兰废物立法主要基于欧盟立法，但在有些情况下其中包含了比在欧盟中适用的标准和限制更严格的标准和限制。芬兰还有与欧盟立法尚未涉及的废物相关的一些问题的立法。

废物的负面环境影响主要由上述2000年《环境保护法》(86/2000)等法律解决。该法案规定了需要接受环境许可的废物管理活动的类型以及主管许可机构依据的法律等。

在历史上，关于固体废物处置的基本法律(第673/78号《废物管理法》)于1978年颁布。后来，制定了法令(307/79)，其中包括了危险废物的收集和处理安排、垃圾填埋场的设置、预防土壤污染以及固体废物的收集和处理。

对《废物管理法》的最新修订1993年生效(1072/1993、1390/1993)。在这些补充法律中，主要强调的是减少和防止固体废物的生成以及减少作为填埋垃圾的固体废物的有害、危险影响。由于这些法规，垃圾填埋量已经迅速下降，对垃圾填埋场的控制和运营也得到加强。

尽管废物立法中包含了有些收费，但关于征税的立法中通常包含了与废物有关的应付税费。涉及特定经济活动的其他法律也包含了与废物有关的某些控制措施。参见以下的经济手段。

森林工业相关的废物立法包括：

一般废物立法：

——废物法(1072/1993)

——废物法令(1390/1993)

——环境部法令——最常见废物和有害废物的名录(1129/2001)

——议会关于危险废物以及危险废物的包装和标识需提供的信息的决定(659/1996)

废物处理和回收：

——关于废物焚烧的政府令(362/2003)

——政府关于垃圾填埋场的决定(861/1997)

特定废物类型、产品和活动的立法：

——关于报废车辆的政府令(581/2004)

——政府关于消耗臭氧物质的决定(262/1998)

——政府关于农业使用污泥的决定(282/1994)

——政府关于废纸收集回收的决定(883/1998)

——政府关于包装和包装废物的决定(962/1997)

Suomen Teollisuuskuitu Oy 是一个生产者组织，代表整个生产者链，其中包括负责芬兰纤维材质包装回收的制造商、包装厂和回收公司。它们遵守国务院决定 962/1997，对于芬兰的纤维材质工业包装材料，执行包装和包装废物的欧盟生产者责任指令 94/62/EC。这个组织在与芬兰现有纸张收集和回收体系合作的基础上，安排包装的再利用和回收。该决定的目标是，在 2001 年 6 月 30 日之前，在非纤维材料的其他目标中，实现：

——在芬兰消耗的包装产品数量方面，每年产生的包装废物至少比 1995 年少 6%

——每一年，按质量计算，至少重新利用所有使用过包装的 82%，并且循环利用所有包装废物或者以其他方式进行回收

——按质量计算，每年至少回收所有包装废物的 61%，以便至少循环利用总包装废物的 42% 和每一种废物材料的 15%

——回收 75% 的纤维材质包装废物并且循环利用 53%

从一开始的时候，该计划的履行就已超出了 2004 年修订的欧盟包装指令随后几年规定的目标。另一方面，欧盟填埋场指令规定了在不久的将来纤维材质包装回收的最大需求。该指令实际上将防止纤维产品等可生物降解废物包括进入垃圾填埋场。因此，未来将进一步制定循环利用和回收计划。

——环保部关于 2009 年之前限制包装中的重金属所造成损害的决定(273/2000)

废物运输

——欧盟议会和理事会关于废物装运的第 1013/2006 号(EC)法规。进出芬兰的废物，其国际装运受关于废物装运的第 1013/2006 号欧盟委员会法规管辖，该法规在所有欧盟和欧洲经济区成员国内强制执行。该法规规定了废物进出口及转运的详细控制措施以及相关许可证的条件。

——政府关于涉及境外装运的废物规划部分的决定(495/1998)。在芬兰，政府关于涉及境外装运的国家级废物规划部分的决定(495/1998)对该欧盟法规中规定的控制措施进行了补充，并规定了作为主管部门的芬兰环境研究所(SYKE)可以批准出、入或经芬兰境内的国际

废物装运的条件

国家废物规划

依据《废物法》和欧盟废物框架指令制定的国家级废物规划为未来的发展规定了数量和质量目标,其中的关键目标是:

——2005 年产生的城市废物数量至少应比以基准年 1994 年和国民生产总值(GNP)实际增长的数字计算出的规划数量少 15%

——2005 年产生的建筑废物数量至少应比以基准年 1995 年和建筑行业实际经济增长的数字计算出的规划数量少 15%

——2005 年产生的工业废物数量至少应比以基准年 1992 年和制造业实际经济增长的数字计算出的规划数量少 15%

——2005 年之前至少应回收所有城市、建筑和工业废物的 70%

为了在 2006—2016 年期间减少进入垃圾填埋场的可生物降解废物的数量,以便执行填埋场指令 1999/31/EC,该战略还致力于降低甲烷(一种温室气体)的排放。

——2006 年在垃圾填埋场中被处置的可生物降解废物的数量应低于 1994 年基准水平的 75%

——2016 年之前,该数量应低于基准年份数量的 35% 。这意味着 2016 年将产生的所有可生物降解废物最多仅有 25% 可以进入垃圾填埋场

为了实现这一目标,已声明将采取更多的措施进行循环利用,更广泛地使用生物废物处理方法,如堆肥,以及把废物更多地用于生产能源。

2.5.6 环境损害赔偿

《环境损害赔偿法》(737/1994)于 1995 年生效。对属于环境损害所造成的损失须进行赔偿。损害可能是在某个区域中进行的活动导致的,也可能是由于以下原因造成的:① 水、空气或土壤的污染;② 噪音、震动、辐射、光、热或气味;③ 其他类似的令人讨厌的东西。如果有证据表明这些活动与损失之间很可能存在因果关系,那么就应进行赔偿。责任方对于给人们或财产造成的环境损害或经济损失将支付赔偿金。另外,该法案要求对为了防止或限制环境损害以及清理和恢复环境,使其恢复之前状态所采取的合理措施而付出的代价进行赔偿。

《环境损害保险法》(81/1998)于 1999 年 1 月 1 日生效。该法案保证了在负有赔偿责任的当事方无法偿还或无法确定责任方的情况下,对环境损害的全面赔偿。因此,该法案为芬兰境内发生的环境损害创建了补充赔偿方案。其主要规则是,环境损害保险对具备环境许可者的活动负有责任。

该法案不仅保证了对遭受环境损害的当事方的全面赔偿,还涵盖了为了防止或限制环境损害以及把环境恢复原状所采取的措施所付出的代价。在这种背景下,其范围类似于规定关于环境损害的主要责任的《环境责任法》。但该法案无追溯效力。这意味着它只适用于该法案生效后发生的损害。该赔偿方案由特殊保险提供资金。公司活动给环境带来风险的,公司必须投保该特殊保险。

2.5.7 化学品注册、评估、许可和限制(REACH)法规

新的欧洲化学品 REACH 法规是 2006 年 12 月通过的。第 1907/2006 号 REACH 法

规(EC)对于2007年6月1日生效对指令67/548/EEC进行修订的指令2006/121/EC具有直接的影响。这意味着它不需要任何芬兰国内立法就可执行。该法规迫使企业通过新程序对它们销售的任何化学品的风险进行评估,还要求它们提供关于化学品安全使用的指导。

作为新政策的一部分,在芬兰赫尔辛基还建了新的欧洲化学品管理局(ECHA)。该管理局将管理化学品数据库,处理注册程序和评估注册档案,协调成员国主管部门进行的物质评估,管理许可和限制过程,起草降低化学品相关风险的建议,以及为欧盟的制造商、进口商和公共机构提供指导。

芬兰环境研究所(SYKE)和国家福利与检查产品管制局(STTV)已经被指定为芬兰关于REACH执行的主管部门。

2.5.8 环境影响评价(EIA)法规

根据芬兰法律——《环境影响评价程序法》(468/1994)和相关法令(268/1999),遵守环境影响评价(EIA)程序是大型投资项目的义务。所有未开发地区的制浆厂和日产量超过200t的造纸厂均必须进行环境影响评价。环境影响评价中所需的文件包括项目评估和说明、对可能的选项进行的评估、环境影响规范、污染控制和监控规划以及其他规定资料和信息。该法案的第24条授权国务院发布进行评估的共同指导方针。

2.5.9 欧盟生态管理和审核法案(EMAS)

芬兰EMAS法(1412/94)在芬兰适用对应的欧共体EMAS法规(1836/93)。

2.5.10 经济手段

经济手段主要是为了财政目的而引进的。但是,20世纪80年代末,一些经济手段是为了环境目的而引进的。

与其他北欧国家一样,芬兰很大程度上已经把其环境政策建立在了行政法规、基于地点的排放许可证和强制报告制度上。但是,20世纪90年代初,为了环境,还引进了一些进一步的经济手段。20世纪90年代期间,对该制度进行了进一步的发展,以便可以把更多的征税重点逐渐从对劳动进行征税转为对使用自然资源和污染环境的活动进行征税。

芬兰能源税制

在20世纪90年代早期,芬兰开始根据环境标准对化石燃料征收消费税。其税率取决于燃料的含碳量,并间接取决于燃烧导致的二氧化碳排放量以及产品的含能量。

能源税基于两部法律——《液体燃料消费税法》(1994)(1472/1994)和《用电和某些燃料消费税法》(1996)(1260/1996)。

对交通燃料、加热用油和其他能源来源,消费税已经征收了数十年。目前的能源税制包括对交通燃料、加热燃料以及用电征收的税。燃料税被分为基本税和附加税。为了促进环境保护,基本税是有差别的,因此对新配方脱硫汽油和脱硫柴油采用了较低税率。基于环境的附加税(1990年1月1日引入的所谓二氧化碳税)是根据燃料的碳含量确定的。自2003年1月起,对于液体燃料和煤排放的二氧化碳,该附加税的税率一直为18.05欧元/t。天然气的税率更低一些。

自1997年起,芬兰能源税的总体结构一直没有变化。基于供暖和运输燃料碳含量的环境税成分(即:碳附加税)从2003年1月起是每吨$CO_2$18.05欧元(每吨碳66.2欧元)。每年征收的碳税收入约为5亿欧元(2007年数据)。参见附表1-1。

附表1-1 2007年7月芬兰消费税税率和战略储备费(SYKE)

燃料	基本税	附加税(* =碳成分)	战略储备费
无铅汽油/(欧分/L)			
—新配方无硫	53.85	*4.23	0.68
—其他等级	56.50	*4.23	0.68
柴油/(欧分/L)			
—无硫	26.83	*4.76	0.35
—其他等级	29.48	*4.76	0.35
轻燃料油/(欧分/L)	1.93	*4.78	0.35
重燃料油/(欧分/kg)	—	*5.68	0.28
煤/(欧元/t)	—	*43.52	1.18
天然气/(欧分/m^3)	—	*1.82	0.084
电/(欧分/kW·h)			
—一类(家庭、服务)	—	0.73	0.013
—二类(采矿、制造)	—	0.22	0.013
松油/(欧分/kg)	5.68	—	—

自1997年起,对发电用的燃料一直不征税。但是,却存在对电力行业征收的产出税,该税分为两类:对工业和温室栽培采用较低税率,对家庭和服务行业采用较高税率。为了提高可再生能源的竞争力和在税收方面进行部分补偿,对风力、小型水力和再循环燃料发电发放了补贴。

最近的变化包括:

——自2005年7月1日起,免除泥煤的消费税

——自2006年8月1日起,提高农业和温室栽培的退税

——自2007年1月1日起,工业和温室栽培的用电税降低50%,取消用木头及木质燃料(森林残余物碎片除外)等发电的退税

无论使用了哪种能源,用电的税率是相同的。但是,对于不同的消费者,税率是不同的。工业和专业温室种植支付较低的税率,而其他电力消费者却被征收较高的税率(0.73欧分/kW·h)。

能源密集型企业(在用电和某些其他燃料上已付的消费税总金额超过3.7%的增加值)可申请已付消费税85%的退税。

水污染控制的经济手段

市政府主要负责提供淡水和处理废水。这些服务由从用户那里收缴的费用提供资金。水费和废水收费由各个市自行决定。除了按量计算的费用,还有一些固定成分,例如:用于补偿市政府在供水管理上的投资成本——接线费。工业通常从地表水或地下水水源直接抽水,也负责处理其自身产生的废水。

市政水费基于"全成本原则"。这意味着提供供水服务的总成本应由用户承担。总的来说,这个原则普遍适用,但因国家对供水管理的补贴,个别供水或废水工程的情况可能有些不同。2006年2月份,包括使用量部分和固定部分的平均总价为水费1.48欧元/m^3,废水1.99欧元/m^3。

废物管理的经济手段

废物税旨在促进废物回收和减少最终进入填埋场的废物的数量。

依据《废物税法》(1996),填埋场经营者必须缴纳废物税。废物税是对运输到垃圾填埋场的废物进行征税。但不包括爆炸性废物、核废物和放射性废物。填埋场是指把废

物堆积在土地上或地下的废物处置场,由市政府或代表市政府的其他团体经营;或者由主要是为了接收其他实体产生的废物(不包括同一集团的公司产生的废物)的其他实体经营。

废物税是根据留在公共垃圾填埋场上的废物进行征收的,而不适用于不是定期地接收其他地方产生的废物的私人或工业填埋场。举例来说,回收或通过堆肥或焚烧适当处理的废物无须缴纳废物税。废物税由填埋场的所有者缴纳,填埋场的所有者通过对接收废物所收取的费用,把成本转嫁到废物的原始生产者身上。自 2005 年 1 月份起,其税率为 30 欧元/t(包含在上述市政废物收费数字中)。

市政废物收费包括与废物处理设施的建设、维护、关闭和清理以及废物运输相关的费用。废物收费还旨在减少废物的产生总量,降低因此带来的风险,鼓励废物回收。很多城市对分了类的废物和可回收废物设置了比不可回收混合废物更低的收费。废物收费由废物持有者缴纳。市政府的规定包含详细规格的费率。收费包括运输费和废物处理费。2006 年,平均市政废物处理费为每吨废物 98 欧元(含增值税),局部地区费率不等,为 72 ~ 166 欧元/t。生物废弃物的处理费平均为 64 欧元/t。

分开存放废物且处置或回收废物之前临时存放 3 年以下的地方不属于填埋场。

《废物税法》不适用于只存放土和石材的地方:

——在单独的区域采用生物方式处理分开收集的生物废物和污泥的地方;或者进行废物回收的地方。

免税废物:

——可能存放在填埋场中的受污染土壤

——废纸脱墨产生的废物;发电厂产生的飞灰和脱硫废物

——填埋场中的建筑物或房屋使用的废物(不包括玻璃废物和未压碎的混凝土废物),这些建筑物或房屋是该填埋场建设、使用、关闭或土地复田护理所必需的

对石油和废油采取的经济手段

废油税是依据关于润滑油和固体润滑剂(油脂)以及润滑制剂的《废油税法》(1986)(894/1986)进行收费的。废油税包含在润滑油的价格中,其税率为 5.75 欧分/kg。该税项产生的收入被用于补偿在处理和处置废油以及清理被油污染的土壤和地下水等过程中发生的费用。

其他税项和税收收入

另外,2004 年 12 月 30 日的《油污损害基金法》(1406/2004)对石油征收 0.5 欧元/t 的税。如果无双层底/船壳的油轮运输石油,该税的税率为 1 欧元/t。该税由芬兰海关当局收缴。该税项产生的收入归国家油污损害基金,用于补偿因油污损害以及购买应急设备和维护应急准备系统所产生的费用。

森林管理费

根据 1998 年 7 月 10 日的《森林管理协会法》(534/1998),在森林所处市镇的森林所有者必须支付森林管理费。森林管理费包括基本费用和每公顷费。每一位森林所有者都必须缴纳基本费用,等于按照前 3 个日历年计算的芬兰境内每立方米木材平均价格的算术平均数的 70%(2001—2003 年为 30.91 欧元)。

如果森林面积很小,则不征收森林管理费。如果森林的管理组织得足够好,所有者申请后可以免税。森林管理费由当地税务局评估和收缴,交给森林管理协会,用于森林管理。

饮料包装消费税

依据2004年12月3日《某些饮料包装消费税法》(1037/2004),从2005年1月1日起征收一项新的饮料包装消费税。该消费税广泛建立在减少一次性包装和废物数量的环境因素上,因此减少了处置废物的数量,并防止乱扔废物。海关部门负责评估和管理,而环境部门负责监控饮料包装系统的运行。

需要缴税的包装是零售包装,由各种材料制成(不包括用液体包装纸板制作的包装),用于酒精饮料、软饮料以及从2008年起还包括水瓶和某些其他饮料容器。可回收的且用于包装存放/退还系统的包装免税。

对于不可重复使用的包装,目前的税负水平为0.51欧元/L。如果包装的材料成分是可重复使用的,并且该包装能起作用的收集和回收系统处于运行中,则在2005—2007年的过渡期期间,对这样的包装征收8.5欧分/L的消费税,过了过渡期,将免税。2005年,从饮料包装税上获得的财政收入预计约为1300万欧元。芬兰境内使用的几乎所有(98%)软饮料包装都将循环利用(2007年)。

其他补贴

其他环境激励补贴有贸易及工业部为提高能效或降低能源生产中的环境危险的开发和投资项目而设置的补贴,以及芬兰技术创新补助机构为促进新技术开发而给公司发放的补贴。

2.5.11 危险化学品和爆炸物处理安全法

根据塞维索Ⅱ指令(96/82/EC),关于预防事故危险的芬兰法规已经被编入芬兰化学品立法中了。《危险化学品和爆炸物处理安全法》(2005/390)旨在防止危险化学品和爆炸物的制造、使用、储存或其他加工给人类健康带来伤害,对环境或物资造成损害。为了提高处理这些物质过程中的一般安全性,该法案包含关于必要设备的使用维护以及预防事故的措施等信息和法规。

该法案要求经营者必须选择危险性最低的化学品,因此创建了与最佳可行技术(BAT)这一概念之间的暗含联系,并且进而与《环境保护法》(86/2000)和IPPC产生关联。

芬兰安全技术管理局(TUEKS)负责给危险化学品的大规模工业处理和储存颁发许可证并对其进行监管,负责许可证登记簿的维护。制造、使用和储存危险货物的工业工厂受TUKES监管。

定期检查——根据TUKES编制的计划,对大型设施进行定期检查。该计划基于以下标准:

——每年检查必须编制安全报告设施一次

——每三年检查必须编制重大事故预防政策文件设施一次

——每五年检查所有其他大型设施一次

在检查工作中,TUKES还应与区域环境中心、省级管理委员会和化学品的市政监管机构联系,划分对设施进行监管的责任。

对工厂经营的修改和重大变更必须通知TUKES。

制浆造纸厂以及负责散装化学品制造、储存和处理、压缩气体和能源服务的相关现场承包商都被列于芬兰登记册中,其中还一并列出了必须考虑土地使用规划的半径范围(通常为该设施1.0~1.5km半径范围),此举依据以下立法:

——《危险化学品和爆炸物处理安全法》(390/2005)

——《危险化学品工业处理和储存法令》(59/1999 及其修正案)

其他相关法律和法令：

——《LPG 法令》(711/1993，修正案 129/1999)

——《天然气法令》(1058/1993，修正案 128/1999)

——《关于使用燃料油设施的法令》(1211/1995，修正案 130/1999)

——《爆炸物法令》(473/1993，修正案 131/1999)

——《土地使用规划建设法》(132/1999)

——《救援法案》(468/2003)

——《内政部关于化学品事故应急准备的决定》，Tu - 311/1999

——《政府关于控制有可能影响工作人员的重大事故危险的决定》(922/1999)

2.6 森林工业欧盟排放水平指导

根据欧盟综合污染预防控制指令——制浆造纸行业中的最佳可行技术[4]，对与制浆造纸制作工艺中最佳可行技术(BAT)使用相关的指示性排放水平制定了指导。根据该指导，与BAT 使用相关的指示性排放水平如下。

2.6.1 硫酸盐法制浆的 BAT——旨在减少对水体的排放

——对木材进行干剥皮

——进入漂白车间之前通过延长的或改良的蒸煮和额外氧化阶段增强脱木质化作用

——高效粗浆清洗和封闭循环粗浆过筛

——用低 AOX 的无元素氯(ECF)漂白或者完全无氯(TCF)漂白

——循环利用来自漂白车间的一些处理水(主要是碱性的)

——有效的溢出监控、抑制和回收系统

——减少和再利用来自蒸发车间的冷凝水

——充分利用黑液蒸发车间和碱回收锅炉的生产能力，以便应对额外的液体和干固形物载荷

——收集并重复使用清洁的冷却水。提供足够大的缓冲槽，用于储存溢出的蒸煮、回收液和污冷凝水，以便防止外部污水处理厂中的载荷突然达到峰值和偶然增多

——对于硫酸盐法制浆厂，除了整合工艺的措施，初级处理和生物处理也是最佳可行技术

对于漂白和未漂白硫酸盐法制浆厂，与使用这些技术的适当组合相关的、向水体的 BAT 排放水平如下：

	流量/〔m^3/t(风干)〕	COD/〔kg/t(风干)〕	BOD/〔kg/t(风干)〕	TSS/〔kg/t(风干)〕	AOX/〔kg/t(风干)〕	总氮含量/〔kg/t(风干)〕	总磷含量/〔kg/t(风干)〕
漂白制浆	30 ~50	8 ~23	0.3 ~1.5	0.6 ~1.5	<0.25	0.1 ~0.25	0.01 ~0.03
未漂白制浆	15 ~25	5 ~10	0.2 ~0.7	0.3 ~1.0	—	0.1 ~0.2	0.01 ~0.02

这些排放水平是指年平均值。水流量的计算假设了冷却水与其他净水分开排放。这些数值仅仅是指制浆带来的结果。在综合的制浆厂中，必须考虑根据所制造产品的结构加上造纸带来的排放。

2.6.2 硫酸盐法制浆的BAT——旨在减少对大气的排放

——收集并焚烧浓缩的恶臭气体，控制因此导致的SO_2排放。可在碱回收锅炉、石灰窑或者单独的低NO_x炉中燃烧浓烈气体。后者的烟气含高浓度的SO_2，该SO_2可在洗涤器中进行回收

——还要收集和焚烧来自各种来源的稀释后的恶臭气体，并且控制因此产生的SO_2

——通过高效燃烧控制和CO测量减少碱回收锅炉的TRS排放

——通过控制多余氧气，使用低硫燃料以及控制进入石灰窑的石灰泥浆中的残留可溶性钠来减少石灰窑的TRS排放

——通过燃烧碱回收锅炉中的高干固形物浓缩黑液和/或使用烟气洗涤器来控制碱回收锅炉的SO_2排放

——BAT通过控制燃烧条件来控制碱回收锅炉（即：确保空气在锅炉内的适当混合和分配）、石灰窑和辅助锅炉的NO_x排放，以及对于新的或者变更后的设施，还可以通过适当的设计来控制NO_x排放

——通过使用树皮、煤气、低硫石油和煤或者用洗涤器控制硫排放来减少辅助锅炉的SO_2排放

——用高效静电除尘器清洁来自碱回收锅炉、辅助锅炉（其中焚烧其他生物燃料和/或化石燃料）和石灰窑的烟气，以减少灰尘排放

——对于漂白和未漂白硫酸盐法制浆厂，与这些技术组合相关的工艺所产生的、向大气的BAT排放水平如下表所示。该排放水平是指年平均值和标准条件。未包含辅助锅炉（例如）因生产纸浆和/或纸张干燥用的蒸汽而导致的排放。关于辅助锅炉的排放水平，请参阅下文中的辅助锅炉BAT小节

	粉尘含量/〔kg/t（风干）〕	SO_2（以S计）含量/〔kg/t（风干）〕	NO_x（$NO+NO_2$，以NO_2计）含量/〔kg/t（风干）〕	TRS（以S计）含量/〔kg/t（风干）〕
漂白和未漂白硫酸盐法制浆	0.2~0.5	0.2~0.4	1.0~1.5	0.1~0.2

这些数值仅仅是指制浆带来的结果。在综合的制浆厂中，该工艺的排放数字只与硫酸盐法制浆生产有关，并不包括为了提供造纸所需的能源而可能运行的蒸汽锅炉或发电厂的大气排放。

2.6.3 亚硫酸盐法制浆厂的BAT——旨在减少对水体的排放

——对木材进行干剥皮

——进入漂白车间之前通过延长的或改良的蒸煮增强脱木质化作用

——高效粗浆清洗和封闭循环粗浆过筛

——有效的溢出监控、抑制和回收系统

——正在使用基于钠的蒸煮工艺时，关闭漂白车间

——TCF漂白

——蒸发前中和稀液，然后重复使用工艺处理或厌氧处理中的大多数冷凝水

——由于需要处理蒸煮液和回收液以及污冷凝水，为了防止外部污水处理厂中产生不必要载荷和载荷偶然增多，提供储存用的足够大的缓冲槽是很有必要

——对于硫酸盐法制浆厂，除了整合工艺的措施，初级处理和生物处理也是最佳可行技术

对于漂白亚硫酸盐法制浆厂，与使用这些技术的适当组合相关的、向水体的 BAT 排放水平如下：

	流量/〔m^3/t（风干）〕	COD/〔kg/t（风干）〕	BOD/〔kg/t（风干）〕	TSS/〔kg/t（风干）〕	AOX/〔kg/t（风干）〕	总氮含量/〔kg/t（风干）〕	总磷含量/〔kg/t（风干）〕
漂白浆	40~55	20~30	1~2	1~2	—	0.15~0.50	0.02~0.05

这些排放水平是指年平均值。水流量的计算是假设冷却水与其他净水分开排放。这些数值仅仅是指制浆带来的结果。在综合的制浆厂中，必须考虑根据所制造产品的结构加上造纸带来的排放。

2.6.4 亚硫酸盐法制浆厂的 BAT——旨在减少对大气的排放

——收集释放的高浓度 SO_2，并回收入不同压力水平的储罐

——收集来自不同来源的弥散的 SO_2，并将其作为燃烧空气引入碱回收锅炉

——通过使用静电除尘器和多级烟气洗涤器以及对各种通风孔进行收集和净化来控制碱回收锅炉的 SO_2 排放

——通过使用树皮、煤气、低硫石油和煤或者控制硫排放来减少辅助锅炉的 SO_2 排放

——通过高效收集系统减少恶臭气体

——通过控制燃烧条件来减少碱回收锅炉和辅助锅炉的 NO_x 排放

——用高效静电除尘器清洁来自辅助锅炉的烟气，以减少灰尘排放

——采用针对排放进行了优化的残余物焚烧技术，并进行能量回收

与这些技术组合相关的工艺所产生的 BAT 排放水平如下表所示。未包含辅助锅炉等因生产纸浆和/或纸张干燥用的蒸汽而导致的排放。对于这些设施，下文中的辅助锅炉 BAT 小节中介绍了与 BAT 相关的排放水平。

粉尘/〔kg/t（风干）〕	SO_2（以 S 计）含量/〔kg/t（风干）〕	NO_x 含量/（以 NO_2 计）含量/〔kg/t（风干）〕
0.02	0.5~1.0	1.0~2.0

这些排放水平是指年平均值。这些数值仅仅是指制浆带来的结果。这意味着，在综合的制浆厂中，该工艺的排放数字只与制浆生产有关，并不包括为了提供造纸所需的能源而可能运行的蒸汽锅炉或发电厂的大气排放。

2.6.5 机械制浆厂的 BAT

——对木材进行干剥皮

——通过使用高效的废品处理步骤，最大限度地减少废品损失

——在机械制浆部门设置水的再循环

——通过使用浓缩机来有效分离制浆造纸厂的水系统

——根据整合程度,设置从造纸厂到制浆厂的逆流白水系统

——使用足够大的缓冲罐来储存来自该工艺的浓缩蒸汽废水(主要对于化学热磨机械浆(CTMP))

——对污水进行初级和生物处理,以及在有些情况下,对絮结产物或化学制剂也进行初级和生物处理。对于 CTMP 厂,废水厌氧和好氧处理相结合也被认为是一种高效的处理系统。最后,蒸发大多数受污染废水、燃烧浓缩物以及对剩下的物质进行活性污泥处理,尤其可能是正在升级的制浆厂感兴趣的解决方案

对非综合性 CTMP 厂和综合性机械制浆造纸厂,下表分别介绍了与这些技术的适当组合相关的排放水平。这些排放水平是指年平均值。

	流量/(m^3/t)	COD/(kg/t)	BOD/(kg/t)	TSS/(kg/t)	AOX/(kg/t)	总氮含量/(kg/t)	总磷含量/(kg/t)
非综合性 CTMP 厂(仅为制浆贡献值)	15~20	10~20	0.5~1.0	0.5~1.0	—	0.1~0.2	0.005~0.01
综合机械制浆造纸企业(例如新闻纸、低定量涂布纸(LWC)和超级压光纸(SC)造纸企业)	12~20	2.0~5.0	0.2~0.5	0.2~0.5	<0.01	0.04~0.1	0.004~0.01

如果是综合性 CTMP 厂,必须根据所制造产品的结构加上造纸带来的排放。对于综合性机械制浆造纸厂,其排放水平是指制浆和造纸两部分的排放,并且与产出的每吨纸张的污染物质量有关。

在机械制浆中,COD 的范围尤其取决于用过氧化物漂白纤维配料的份额,因为过氧化物漂白会导致处理之前有机物初始载荷较高。因此,对于过氧化物漂白 TMP 比例高的造纸厂,与 BAT 有关的排放范围的上限是有效的。

降低大气排放的 BAT 是精磨机的高效热回收以及减少来自受污染蒸汽的 VOC 排放。除了 VOC 排放,机械制浆还产生了虽然与工艺无关但却是现场的能源生产导致的大气排放。热能和电力是通过燃烧各种化石燃料或可再生木材残余物(如:树皮)来产生的。下文将进一步讨论辅助锅炉的 BAT。

2.6.6 再生纸加工厂的 BAT

——将受污染较轻的水与受污染的水分离,循环利用工艺水

——最佳水管理(水回路管理)、通过沉淀对水进行澄清,浮选或过滤技术以及为了各种用途循环利用工艺水

——严格分离工艺水的水回路和逆流

——脱墨车间生产使用澄清后的水(浮选)

——设置稳定塘和初级处理

——生物污水处理。对于已脱墨的纸张等级以及(取决于具体条件)未脱墨的纸张等级

的一个有效选择是好氧生物处理，并且在有些情况下，对絮结产物或化学制剂也是有效的选择。对于未脱墨的纸张等级，最好选择为后续厌氧－好氧生物处理配备机械处理

——因为水回路封闭程度更高，这些加工厂通常必须处理更多的浓缩废水

——循环利用部分生物处理后的水。可能的水循环利用程度取决于所产纸张的具体等级。对于未脱墨的纸张等级，这项技术是 BAT。但是，需要对其优缺点进行仔细研究，通常将需要额外的处理（三级处理）

——处理内部水回路

对于综合性再生纸造纸厂，与使用 BAT 的适当组合相关的排放水平如下：

	流量/(m^3/t)	COD/(kg/t)	BOD/(kg/t)	TSS/(kg/t)	AOX/(kg/t)	总氮含量/(kg/t)	总磷含量/(kg/t)
综合无脱墨回收纤维（RCF）造纸厂（例如：瓦楞芯纸、强韧箱纸板、白面牛卡纸、纸板等）	<7	0.5～1.5	<0.05～0.15	0.05～0.15	0.02～0.05	0.002～0.005	<0.005
脱墨 RCF 造纸厂（例如：新闻纸、打印或书写纸等）	8～15	2～4	<0.05～0.2	0.1～0.3	0.05～0.1	0.005～0.01	<0.005
RCF 纸巾厂	8～25	2.0～4.0	<0.05～0.5	0.1～0.4	0.05～0.25	0.005～0.015	<0.005

BAT 排放水平是指年平均值，并对脱墨和未脱墨的排放情况进行了分别介绍。废水流量的计算假设了冷却水与其他净水分开排放。这些数值是指综合性工厂，即再生浆和造纸是在同一个地方进行的。

RCF 造纸厂中的大气排放主要与生产热能（在有些情况下，同时发电）的车间有关。因此，节能就相当于降低大气排放。这些发电厂通常是标准的锅炉，并且可以像对待任何其他发电厂一样对待这些发电厂。为了降低能耗和大气排放，以下措施被视为是 BAT：热电联产、改进现有锅炉以及在更换设备时使用耗能更少的设备。欲了解与使用 BAT 相关的排放水平，请参阅下文辅助锅炉的 BAT 小节。

2.6.7 造纸及相关工艺的 BAT

减少向水体排放的 BAT 有：

——通过增加工艺水的循环利用以及水管理来最大限度地减少不同纸张等级对水的使用

——控制关闭水系统的潜在不利条件

——建造平衡的白水、滤液（清洁）和损纸储存系统，并在可行的时候使用耗水量更低的结构、设计和机械。这种情况通常是发生在更换或重建机械或部件的时候

——采取能减少意外排放频率以及减轻意外排放影响的措施

——收集和重复使用清洁的冷却水和密封用水或者分开排放

——分离涂布废水的预处理

——使用危害更小的其他物质替代有潜在危险的物质

——通过设置稳定塘对废水进行处理

——废水的初级处理、次级生物处理和/或在有些情况下的次级化学沉淀或絮凝。仅采用化学处理时,COD 的排放将有些偏高,但主要成分是容易降解的物质

对于非综合性造纸厂,下表分别介绍了未涂布与涂布高级纸张及纸巾、与 BAT 使用相关的排放水平。但是,纸张等级之间的差异并不十分明显。

参数	未涂布纸	涂布纸	卫生纸
BOD_5/(kg/t)	0.15~0.25	0.15~0.25	0.15~0.4
COD/(kg/t)	0.5~2	0.5~1.5	0.4~1.5
TSS/(kg/t)	0.2~0.4	0.2~0.4	0.2~0.4
AOX/(kg/t)	<0.005	<0.005	<0.01
总磷含量/(kg/t)	0.003~0.01	0.003~0.01	0.003~0.015
总氮含量/(kg/t)	0.05~0.2	0.05~0.2	0.05~0.25
流量/(m^3/t)	10~15	10~15	10~25

BAT 排放水平是指年平均值,不包括制浆制造带来的结果。尽管这些数值是指非综合性工厂,但也可以把它们用于综合性工厂中的造纸单元产生的近似排放。废水流量的计算假设了冷却水与其他净水分开排放。

非综合性造纸厂的大气排放主要与蒸汽锅炉车间和发电厂有关。这些车间一般是标准锅炉,与其他燃烧车间没有什么不同。并假设可以像管理相同性能的任何其他辅助锅炉一样对它们进行管理(见下文)。

2.6.8 辅助锅炉的 BAT

根据指定的制浆厂或造纸厂的实际能量平衡、使用的外部燃料类型以及可能的生物燃料(如树皮和木材废料)的后果,需要考虑辅助锅炉产生的大气排放。使用天然纤维制造纸浆的制浆造纸厂通常采用树皮锅炉。对于非综合性造纸厂和 RCF 造纸厂,大气排放主要与蒸汽锅炉和/或发电厂有关。这些车间一般是标准锅炉,与其他燃烧车间没有什么不同。并假设可以像管理相同性能的任何其他设施一样对它们进行管理。因此,只简要提及一下辅助锅炉普遍被认可的 BAT。这些技术有:

——如果热/电比允许,应用热电联产

——使用可再生来源作为燃料,例如:木材或木材废料,以减少化石性 CO_2 的排放(如果产生化石性 CO_2)

——通过控制燃烧条件来控制辅助锅炉 NO_x 排放,并安装低 NO_x 燃烧装置

——通过使用树皮、煤气或低硫燃料或者控制硫排放来减少 SO_2 排放

——在高效燃烧固体辅助锅炉中,用静电除尘器(ESP)(或袋滤器)清除灰尘

下表中总结了制浆造纸行业中焚烧不同种类燃料的辅助锅炉产生的与 BAT 相关的排放

水平。这些数值是指年平均值和标准条件。但是,大气污染物的具体总释放量与具体情况关系非常大(例如:燃料类型、设施规模与类型、综合性或非综合性工厂、发电)。

释放物质	煤	重燃料油	柴油	汽油	生物燃料(例如:树皮)
硫/(mg/MJ)燃料输入	100~200①(50~100)⑤	100~200①(50~100)⑤	25~50	<5	<15
NO_x/(mg/MJ)燃料输入	80~110②(50~80 SNCR)③	80~110②(50~80 SNCR)③	45~60②	30~60②	60~100②(40~70 SNCR)③
灰尘/(mg/m^3)	10~30④ 6% O_2	10~40④ 3% O_2	10~30 3% O_2	<5 3% O_2	10~30④ 6% O_2

注:
① 燃油或燃煤锅炉的硫排放取决于低硫石油和煤的可用性。注入碳酸钙可能在一定程度上减少硫。
② 仅应用燃烧技术。
③ 还应用 SNCR 等辅助措施;通常仅为较大型的设施。
④ 使用了采用高效静电除尘器的相关数值。
⑤ 使用洗涤器时;仅适用于较大型的设施。

必须指出的是,制浆造纸厂内的辅助锅炉尺寸差异很大(从 10MW 至 200MW 以上)。对于较小的锅炉,可以以合理的成本使用低硫燃料和燃烧技术,而对于较大的锅炉,还要采用适当控制措施。上表中反映了这种差别。对于较小的设施来说,较高的限值才是最佳可行技术,且只有燃料质量和内部措施适用时,才能实现该较高限值;较低水平(括号内的)与额外的控制措施有关,例如:选择性非催化还原(SNCR)和洗涤器,并且被认为是较大型设施的最佳可行技术。

3. 美国环境保护立法

3.1 一般环境立法

在美国,联邦政府和州政府层面均进行环境立法。在联邦层面,主要框架性法律有:
——1969 年《国家环境政策法》(NEPA)
——1946 年《原子能法》(AEA)
——1970 年《清洁空气法》(CAA)及其修正案
——1970 年《职业安全和健康法案》(OSHA)
——1972 年《联邦杀虫剂、杀菌剂和杀鼠剂法》(FIFRA)
——1972 年《海洋保护、研究和禁猎法》((MPRSA)又称为《海洋倾倒法》)及 2000 年修正案
——1973 年《濒危物种法案》(ESA)
——1974 年《饮用水安全法》(SDWA)

——1976 年《有毒物质控制法》(TSCA)

——1976 年《资源保护和回收法》(RCRA)

——1977 年《清洁水法》及其修正案

——1980 年《环境保护赔偿责任法》(CERCLA 或超级基金)

——1982 年《核废物政策法》(NWPA)

——1986 年《超级基金修正和再次授权法案》(SARA)

——1986 年《应急计划和社区知情权法》(EPCRA)

——1990 年《石油污染法》(OPA)

——1990 年《污染预防法》(PPA)

——1996 年《国家技术转让与促进法》(NTTAA)

——2005 年《能源政策法案》

——2005 年《联邦食品、药品和化妆品法案》(FFDCA)

《国家环境政策法》(NEPA)是环境保护的基本国家宪章,成立美国环保署(EPA)来制定和执行环境法规。NEPA 制定政策、设定目标并规定执行政策的手段。

《清洁空气法》(CAA)要求环保署制定环境空气质量标准。该标准将作为确定工业污染源的相关法规的基础。各个州在环保署的监督下承担执行这些法规的主要责任,根据当前技术负有的最大限度降低污染的责任,并对新污染源设置标准("新污染源行为标准"或 NSPS)。

《清洁水法》(CWA)要求环保署负责设置基于技术的污水法规,该污水法规要求企业在 1983 年之前达到相当于"最佳实践技术"(BPT)和"最佳可行技术"(BAT)的污染控制要求。

环保署负责解释首字母缩写代表的每一工业类型和宣传具体法规。《清洁水法》还授权环保署监督各州的环境水质标准。在 CAA 和 CWA 的后续修正案中,还纳入了治理理念的要素(基于环境质量和基于技术的标准)。

同时,还包含了其他污染控制策略,例如:列举必须受管制的有毒化学品。1990 年 CAA 的修正案规定了 189 种存在于空气中的毒物,并对这些毒物制定了新的法规。1999 年,CAA 还在其修正案中制定了《化学品安全信息、现场安全保障和燃料监管救援法》。CWA 中还包含了《联邦水污染控制法修正案》。

通过了多部关于固体废物的法律。《有毒物质控制法》于 1976 年正式通过,用于监管有毒化学品的生产、运输和处置。《资源保护和回收法》用于监管固体废物和危险废物的装运和处置。

为了给事故排放(包括固体、液体或气体)的清理提供一种机制,1980 年通过了《环境保护赔偿责任法》(CERCLA 或超级基金)。它建立了一支基金,通过向化学品生产征税进行筹资。该基金将被用于支付任何必要的清理所需的费用。1986 年通过了《超级基金修正和再次授权法案》(SARA),用于加强监管计划和扩大公众对排放信息的访问权。

近年通过的一些法案包括《能源政策法案》(2005 年通过),它涉及不同类型的燃料来源、机动车辆的替代燃料、可再生能源和气候变化等问题。此外,还有关于卫生和技术开发的其他法案,例如:FFDCA 和 NTTAA。

各个州可自行进行环境立法和制定标准,其指定的标准严于联邦标准。各州自行立法通常采取和联邦立法类似的方式,即建立当地的环保署,这些当地机构经确认与环保署管理的计划同样有效后,就将接管监管职责。

在所有立法中都有一个重要内容，那就是公众可以参与处理废物排放和达标情况记录，并有权访问关于这些记录的信息。所有的许可和违法行为都由公众进行监督。

3.2 《集群规则》

环保署已经规定了适用于制浆和造纸的专项环境法规，通过减少美国制浆造纸厂的废气和废水排放保护人类的健康和环境。这些法规被称为《集群规则》。这项工作最初的目的是综合修订关于制浆造纸厂的废气和废水的法规。关于《集群规则》的第一份计划于 1993 年颁布，发布了新的污水和大气排放限值，在对工业和各种组织征求意见后，环保署在 1996 年颁布了修改后的计划和补充文件。在上述背景下，《制浆造纸最终集群规则》于 1998 年 8 月首次颁布。最终大气规则包括了最大可行控制技术（MACT Ⅰ）排放（来自化学及半化学木材制浆厂制浆、漂白操作的非燃烧源），以及 MACT Ⅲ排放（来自机械化木材制浆、二次纤维制浆或非木材材料制浆的工厂及使用造纸机添加剂和溶剂的工厂的非燃烧源）；水资源法规适用于用硫酸盐和荷性纳法制浆的 B 部分和和用亚硫酸盐法造纸的 E 部分，这个法规包括 BAT 限制要求和最佳管理实践（BMP）要求。

3.3 污水排放法规

环保署针对污水排放的限值发布了联邦级别的技术指引。这些指引主要用于指导各州立法和考核工厂排放许可。CWA 中把各种技术概念确定为污水排放法规要求的基础。这些技术概念定义如下：

——（最佳实践技术）（BPT）污水指引适用于常规污染物（BOD_5、TSS、pH、石油和油脂）以及几种特殊有毒污染物和其他非传统物质的排放

——（最佳常规污染物控制技术）（BCT）确定了对于来自现有工业点污染源与 BCT 有关的常规污染物（同 BPT）及污水排放的降低水平。除了多种其他因素，CWA 要求环保署根据其制定 BCT 限制的方法考虑两部分“成本合理性”测试后制定 BCT 限制

——（最佳可行技术）（BAT）代表了各行业类别中企业的最佳可行技术。评估 BAT 的过程中所考虑的因素包括实现减少 BAT 污水的成本、相关设备设施的寿命、采用的工艺、潜在的工艺改变、非水质环境影响，以及能源要求和其他此类因素

——（《新污染源行为标准》）（NSPS）反映了根据已有的最佳可行控制技术可以实现的减污情况。新污染源有机会安装最佳、最高效的生产工艺和废水处理技术。因此，NSPS 代表了应用已有最佳可行控制技术后，对所有污染物的最严格的控制。在制定 NSPS 的过程中，环保署须考虑实现减污和无任何水质环境影响及能源要求所付出的成本

——PSES 和针对现有的和新工厂的（《现有和新污染源预处理标准》）（PSNS）是国家统一技术标准，适用于向公共污水处理厂（POTW）排放污水的来自特殊行业类别的排放者（即：间接排放者）。该标准旨在防止经过、干扰或以别的方式不遵守公共污水处理厂操作的污染物排放

——另外，《集群规则》包含所有工厂的（最佳管理实践）（BMP）定义：用于取代污水限制或与污水限制一起，以防止或控制污染物排放的许可条件。BMP 可能包含活动时间表、禁止实践、维护程序或其他管理实践。CWA 的条款授权环保署将 BMP 纳入关于某些有毒或危险

污染物的污水限制指引中，以便控制工厂现场排出、溢出或泄漏的废物，淤泥或废物处置以及原材料储存的排水，并提供最佳管理实践，以便在数字化的限制和标准不可行时控制或减少污染物的排放

目前的污水排放限制是1998年修改的，适用于12个工艺子类别。附表1-2给出了主要生产组的污水限制实例。这些水平代表指定子类别的数值。在子类别中，不同的工艺和处理系统，限制可能不相同（例如：漂白硫酸盐法商品制浆和纸张组对商品制浆有不同的特殊限制，结合了纸板、低级纸、拷贝纸或高级纸的生产）。处理后污水的允许pH范围为pH5～9或pH6～9。州法规可以更严格，并且还可以包含其他参数（例如：可吸附有机卤化物、色度、二噁英/呋喃以及重金属）。

附表1-2　　美国EPA对各种生产污水允许的最高每日数值和月平均值

单位：(kg/adt)

工厂类型/组	NSPS							
	$BOD_5^{1)}$	$BOD_5^{2)}$	$TSS^{1)}$	$TSS^{2)}$	$BOD_5^{1)}$	$BOD_5^{2)}$	$TSS^{1)}$	$TSS^{2)}$
未漂硫酸盐法制浆	5.6	2.8	12	6	3.4	1.8	5.8	3
漂白硫酸盐法商品浆造纸	15.45	8.05	30.4	16.4	10.3	5.5	18.2	9.5
漂白亚硫酸盐法制浆造纸	31.8	16.55	44	23.65	4.38	2.36	5.81	3.03
机械法制浆造纸	13.5	7.05	19.8	10.65	4.6	2.5	8.7	4.6
二次纤维脱墨	18.1	9.4	24.1	12.95	5.7	3.1	8.7	4.6
非木材化学法制浆	保留							

注：

1) 任何1天的最大值

2) 连续30天的日平均值

如《集群规则》中建议的那样，生产组或子类别的数量被缩减至12个，并对漂白硫酸盐法、碱法和亚硫酸盐法制浆造纸厂的BAT限制进行了规定。关于《集群规则》的一般技术概念有：

——BAT（现有工厂）：100%　ClO_2替代

——NSPS（新工厂）：100%　ClO_2替代＋氧化脱木素或延长蒸煮

——待漂白纸浆的卡帕值：软木14，硬木10

对漂白车间污水限制规定如下。

EPA污水限制指引摘要见下列各表。

附表1-3　　现有非TCF*漂白纸用硫酸盐法和烧碱法浆制浆厂污水限制指引及预处理标准

化合物	月平均点/频率	日最大值	合规	注释
直排工厂污水限制指引				
TCDD	未指定	ML**	漂白车间/每月	
TCDF	未指定	31.9ppq	漂白车间/每月	
12氯酚	未指定	<ML**	漂白车间/每月	

续表

化合物	月平均点/频率	日最大值	合规	注释
氯仿	4.14mg/t	6.92mg/t	漂白车间/每周	环保署请求对认证选项发表评论
AOX	0.623kg/t	0.951kg/t	最终污水/每日	
COD	保留	保留	最终污水	
BOD/TSS	与当前限值相同	与当前限值相同		
向 POTW 排放的工厂的预处理标准				
TCDD	未指定	<ML**	漂白车间/每月	
TCDF	未指定	31.9ppq	漂白车间/每月	
12 氯酚	未指定	<ML**	漂白车间/每月	
氯仿	4.14mg/t	6.92mg/t	漂白车间/每周	
AOX	1.41kg/t	2.64kg/t	最终污水/每日	
COD	保留	保留	假设排入 POTW	环保署指出，如果 COD 经过或干扰 POTW，应强制采用当地限值
BOD/TSS	无	无		

注 * TCF = 全无氯，意思是制浆漂白中未使用含氯化学品；ML** = 分析方法的最低水平。

附表 1-4 受监管化合物水平

污染物	方法	检测的最低水平
2,3,7,8-TCDD	1613	<10pg/L
2,3,7,8-TCDF	1613	<10pg/L
三氯紫丁香醇	1653	<2.5μg/L
3,4,5-三氯儿茶酚	1653	<5.0μg/L
3,4,6-三氯儿茶酚	1653	<5.0μg/L
3,4,5-三氯愈创木酚	1653	<2.5μg/L
3,4,6-三氯愈创木酚	1653	<2.5μg/L
4,5,6-三氯愈创木酚	1653	<2.5μg/L
2,4,5-三氯苯酚	1653	<2.5μg/L
2,4,6-三氯苯酚	1653	<2.5μg/L
四氯邻苯二酚	1653	<5.0μg/L
四氯邻苯二酚	1653	<5.0μg/L
2,3,4,6-四氯苯酚	1653	<2.5μg/L
五氯酚	1653	<5.0μg/L
AOX	1650	<20μg/L

附表1-5　现有造纸用亚硫酸钠、亚硫酸钙或亚硫酸镁厂污水限制指引和预处理标准（不包括生产特殊等级的工厂）

化合物	月平均值	日最大值	合规点/频率
直排工厂污水限制指引			
AOX	未指明	<ML*	最终污水/无规定
COD	保留	保留	
BOD/TSS	与当前限值相同	与当前限值相同	
向POTW排放的工厂的预处理标准			
AOX	未指明	<ML*	漂白车间/无规定
COD	保留	保留	
BOD/TSS	无	无	

注　ML* =分析方法的最低水平。

附表1-6　现有造纸用亚硫酸铵或专用造纸用亚硫酸盐法制浆厂污水限制指引和预处理标准

化合物	月平均值	日最大值	合规
直排工厂污水限制指引			
TCDD	未指明	<ML*	漂白车间/每月
TCDF	未指明	<ML*	漂白车间/每月
12氯化物	未指明	<ML*	漂白车间/每月
酚类物质			
氯仿	保留	保留	
AOX	保留	保留	
COD	保留	保留	
BOD/TSS	与当前限值相同	与当前限值相同	
向POTW排放的工厂的预处理标准			
TCDD	未指明	<ML*	漂白车间/每月
TCDF	未指明	<ML*	漂白车间/每月
12氯化物	未指明	<ML*	漂白车间/每月

续表

化合物	月平均值	日最大值	合规
酚类物质			
氯仿	保留	保留	
AOX	保留	保留	
COD	保留	保留	
BOD/TSS	无	无	

注 ML* = 分析方法的最低水平。

3.4 大气排放法规

关于1990年《清洁空气法》的修正案,环保署对各种大气排放制定了法规。关于环保署法规中的大气污染控制的定义有:

——(《新污染源行为标准》)(NSPS)包括来自新硫酸盐法制浆厂的TRS限值和颗粒物排放

在《集群规则》中,额外的定义有:

——(最大可行控制技术)(MACT)调整制浆造纸厂危险性空气污染物(HAP)的排放

MACT标准目前被分为以下几组:

——MACT Ⅰ:控制来自新的、现有的化学法制浆厂中的制浆、漂白及废水排放点的HAP

——MACT Ⅱ:控制来自新的、现有的化学法制浆厂中的其他排放源(燃烧源)的HAP

——MACT Ⅲ:控制来自化学法制浆、二次纤维和造纸机的HAP排放

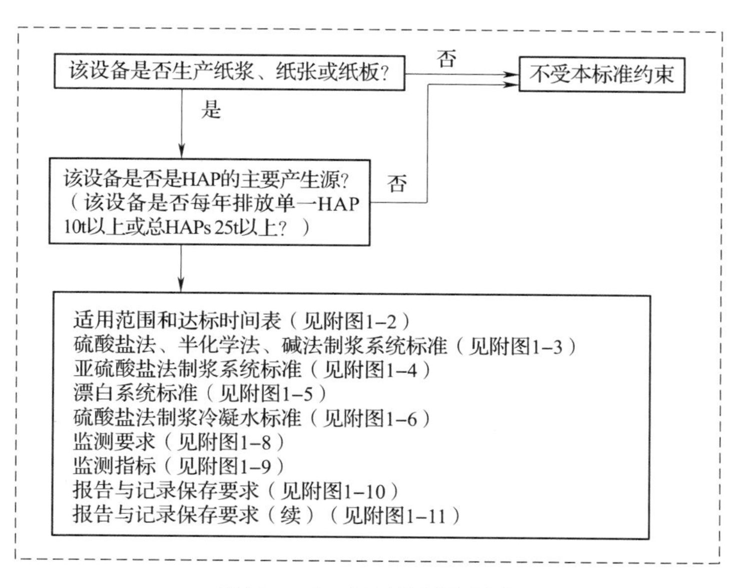

附图1-1 工厂的适用标准

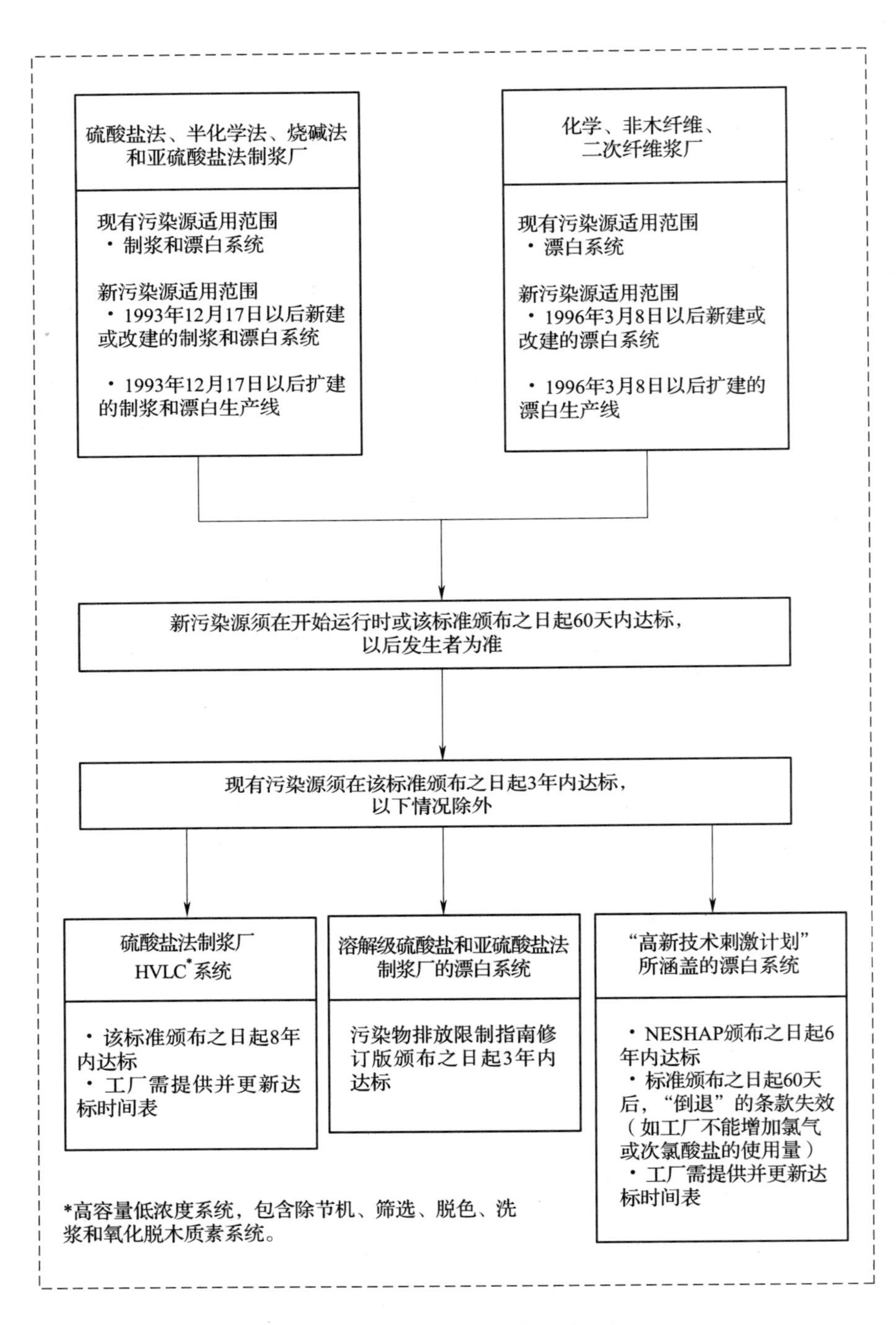

附图1－2　适用性和达标时间表

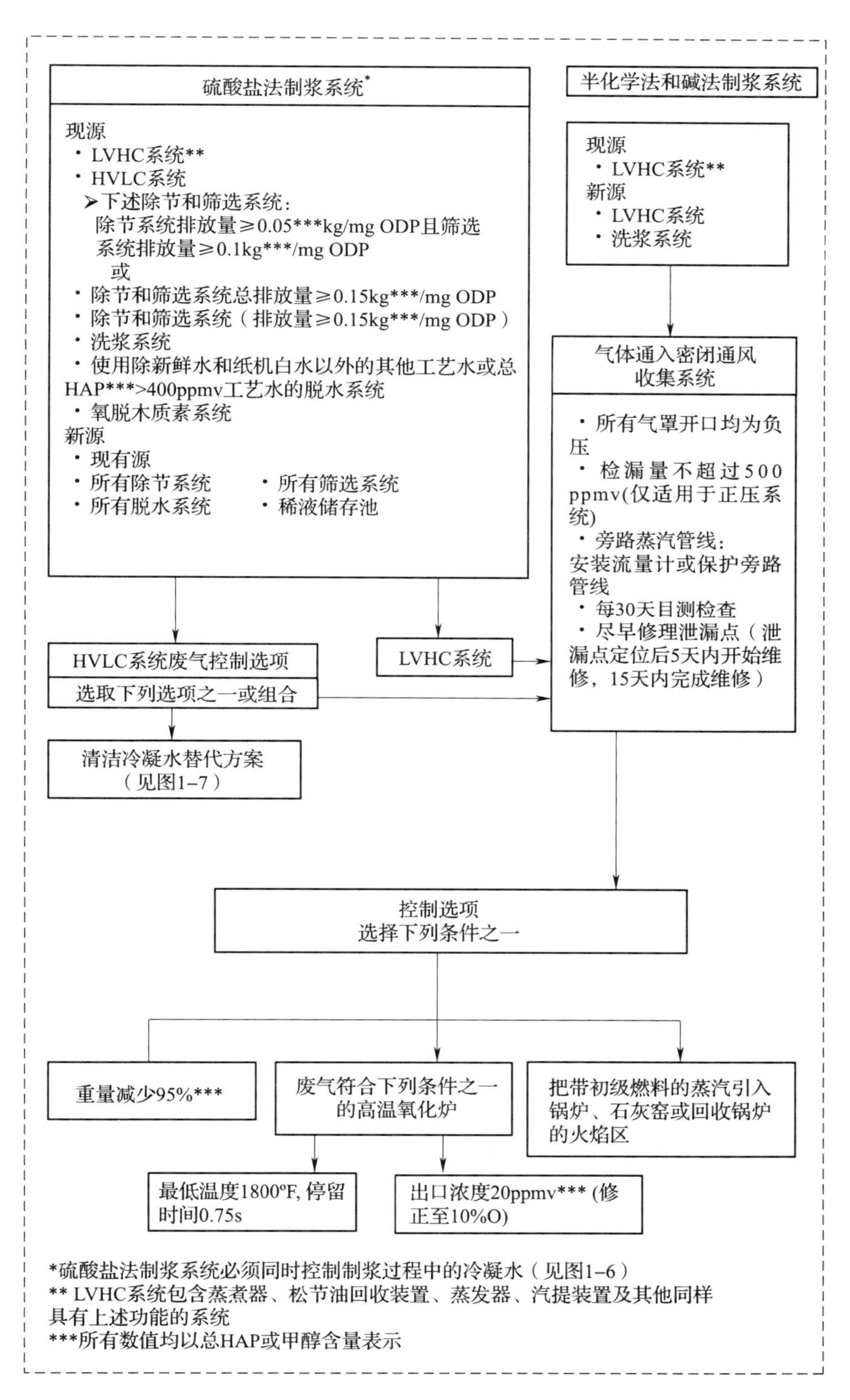

附图 1 –3　硫酸盐法、半化学法和碱法制浆厂的制浆系统标准

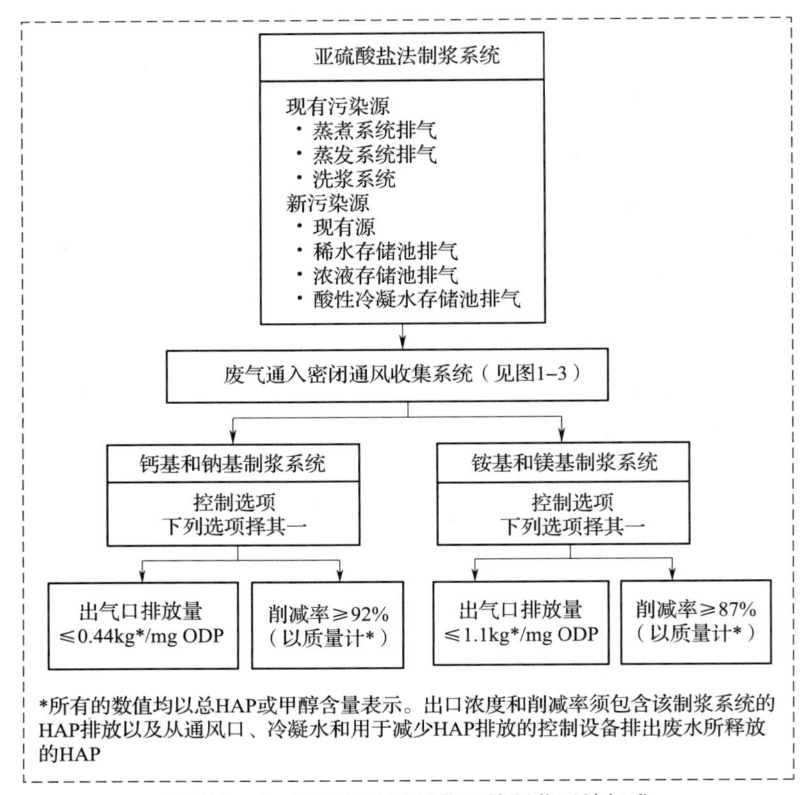

附图1－4　亚硫酸盐法制浆厂的制浆系统标准

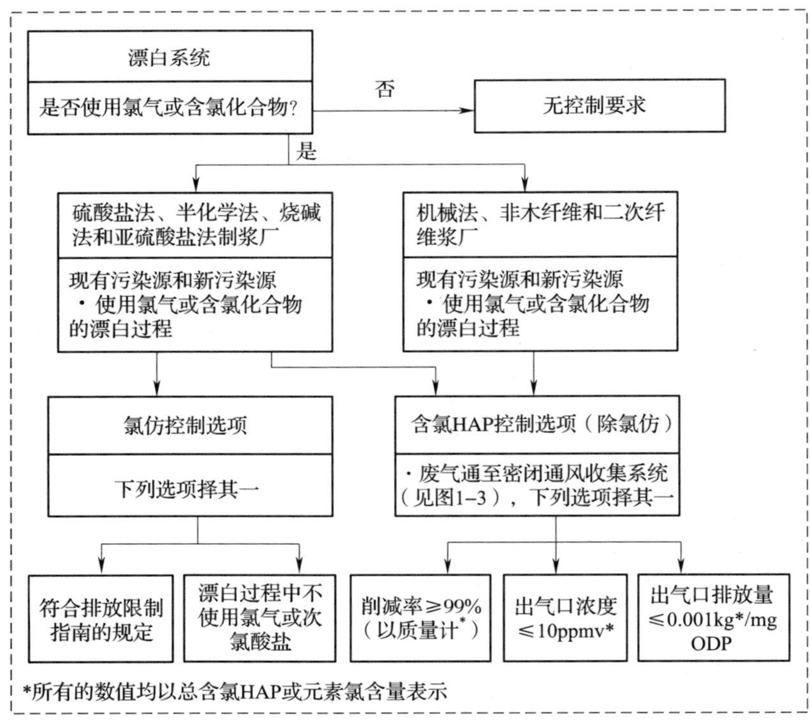

附图1－5　漂白系统标准

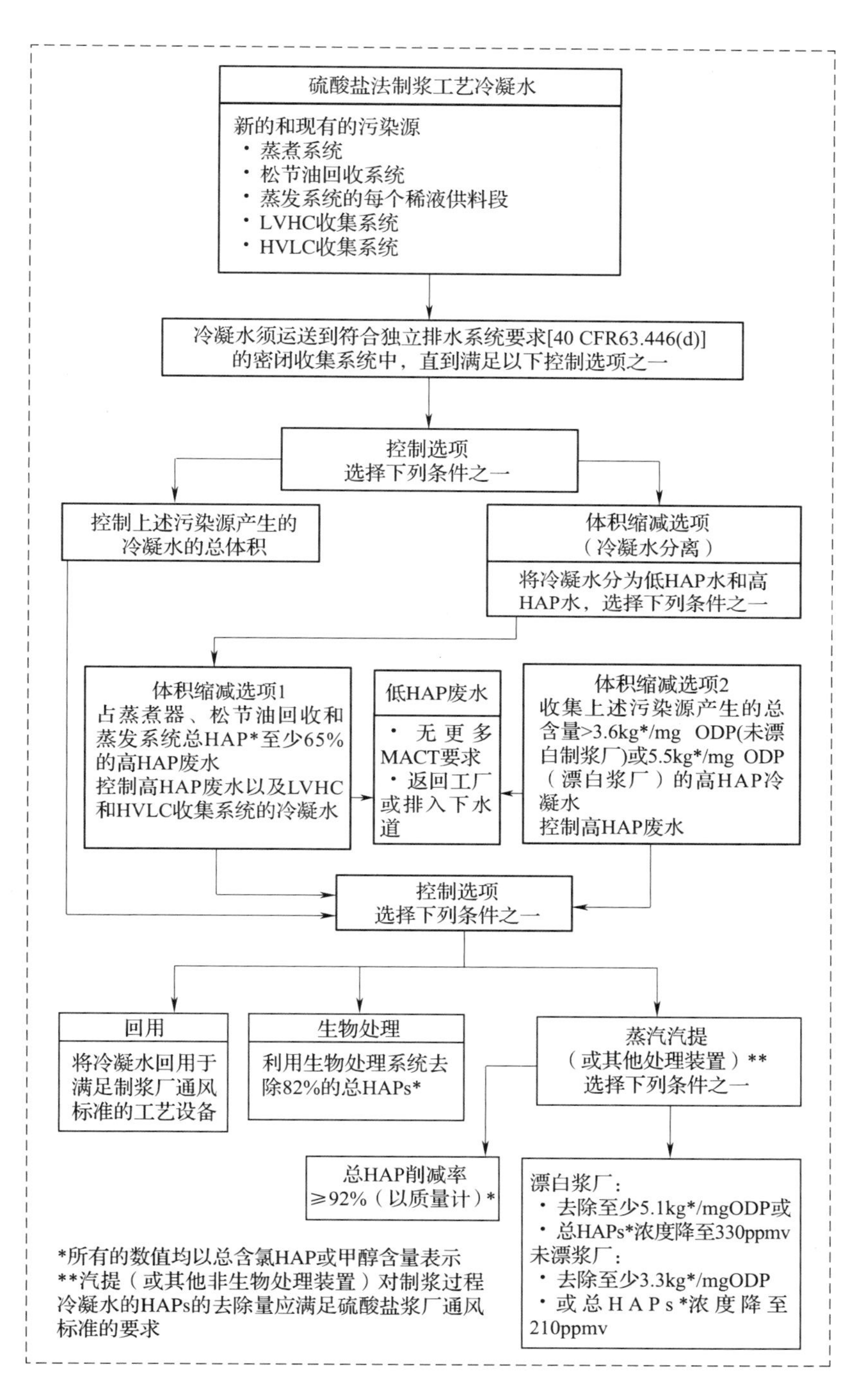

附图1－6　硫酸盐法制浆过程冷凝水标准

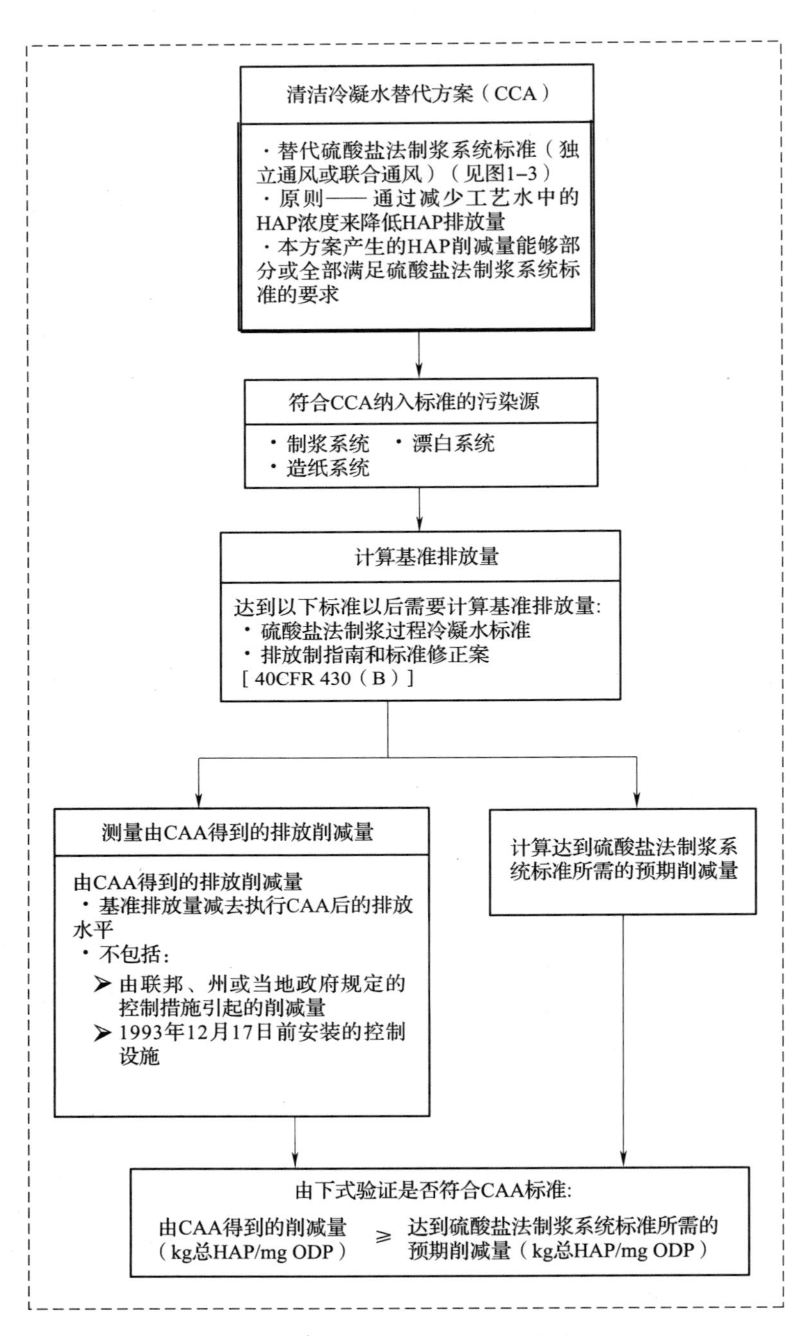

附图 1 –7　清洁冷凝水替代方案

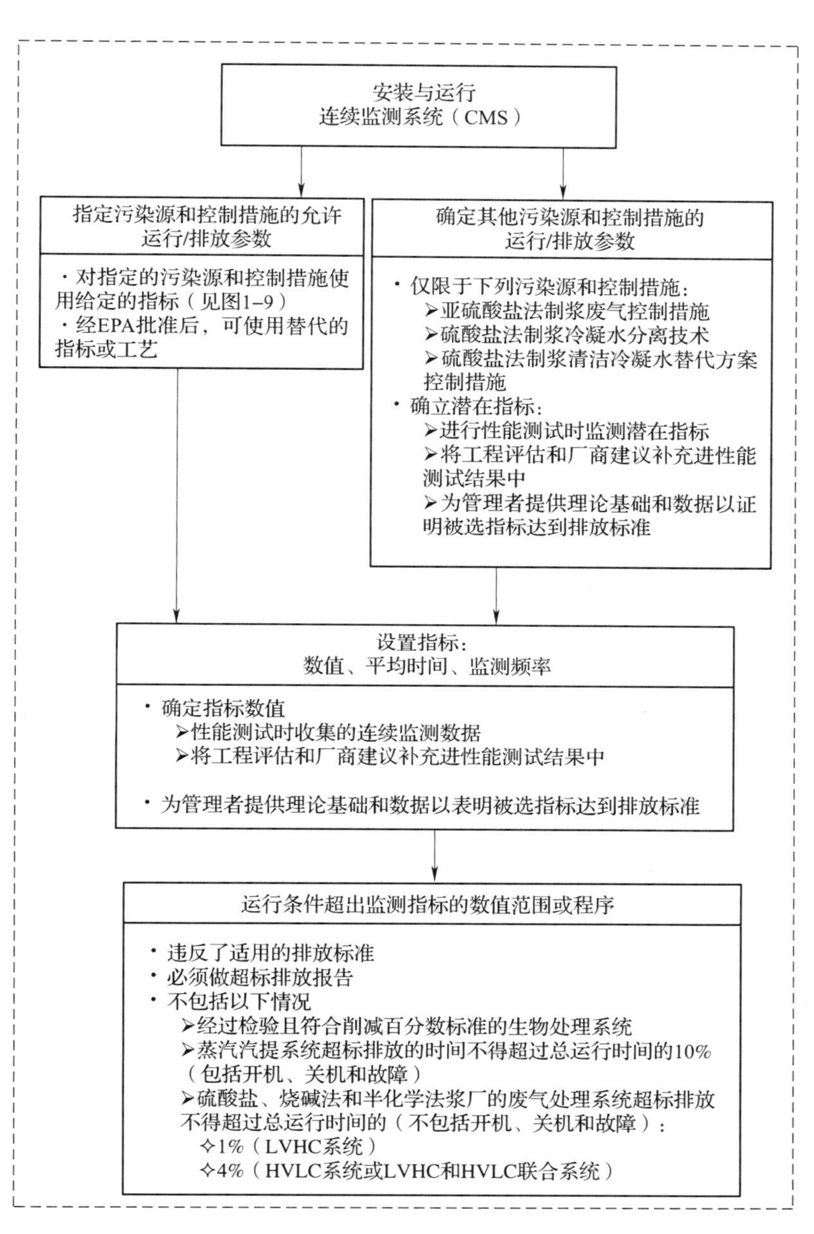
安装与运行
连续监测系统（CMS）
指定污染源和控制措施的允许运行/排放参数
· 对指定的污染源和控制措施使用给定的指标（见图1-9）
· 经EPA批准后，可使用替代的指标或工艺
确定其他污染源和控制措施的运行/排放参数
· 仅限于下列污染源和控制措施：
➢亚硫酸盐法制浆废气控制措施
➢硫酸盐法制浆冷凝水分离技术
➢硫酸盐法制浆清洁冷凝水替代方案控制措施
· 确立潜在指标：
➢进行性能测试时监测潜在指标
➢将工程评估和厂商建议补充进性能测试结果中
➢为管理者提供理论基础和数据以证明被选指标达到排放标准
设置指标：
数值、平均时间、监测频率
· 确定指标数值
➢性能测试时收集的连续监测数据
➢将工程评估和厂商建议补充进性能测试结果中
· 为管理者提供理论基础和数据以表明被选指标达到排放标准
运行条件超出监测指标的数值范围或程序
· 违反了适用的排放标准
· 必须做超标排放报告
· 不包括以下情况
➢经过检验且符合削减百分数标准的生物处理系统
➢蒸汽汽提系统超标排放的时间不得超过总运行时间的10%（包括开机、关机和故障）
➢硫酸盐、烧碱法和半化学法浆厂的废气处理系统超标排放不得超过总运行时间的（不包括开机、关机和故障）：
✧1%（LVHC系统）
✧4%（HVLC系统或LVHC和HVLC联合系统）

附图 1-8　监测要求

制浆系统	热氧化炉 • 为符合减排 98% 的选项;用 CMS* 测量、保持和记录炉膛温度 • 为符合 20ppmv 出口选项;用 CMS 测量、保持和记录出口 HAP 浓度 • 为符合 1800°F 设计温度选项;用 CMS 测量、保持和记录炉膛温度 • 对于经过动力锅炉、石灰窑或回收锅炉的制浆通风孔系统的通风孔,无监控要求
漂白系统	漂白废气洗涤器 • 使用 CMS 测量和记录以下参数: —洗涤器污水的 pH 或氧化/还原电势 —气体洗涤器入口流速 —气体洗涤器液体流入流速 或者 —出气的氯气浓度(氯出口浓度) • 参与“污染物排放刺激计划”延长达标期限的系统:在达标延缓期须测定氯气和次氯酸盐使用量(kg/mg ODP)
制浆工艺冷凝水	汽提塔 • 用 CMS 测量和记录以下参数: —工艺水进给速度 —蒸汽进给速度 —塔进给温度 或者 —出口甲醇浓度 生物处理系统 • 每天监控 —出口可溶性 BOD —混合液挥发性悬浮固体 —分离器机组的马力 —入口液体流量 —液体温度 —收集并存储出入口随机采集的样品 • 每个季度监控 —每年的第一季度:论证总 HAP 减排的百分比 —其余季度:总 HAP 减排百分比(如果总 HAP 与甲醇减排量之间的关系确立并维持在低于第一季度期间测得的数值,则可以测量甲醇)
封闭通风孔系统和封闭(冷凝水)收集系统	每 30 天: • 外观检查 • 检查旁路线路值或封闭机构 起初和每年 • 论证正压部分无可检测出的泄漏 • 论证外壳开口处的负压

注　* CMS = 连续监控系统。

附图 1-9　监控参数

初始报告通知	达标状态报告通知
现有主要污染源:须符合规则之后的1年内 新的或重建的主要污染源:初次启动后120天内 • 所有人或经营者的姓名和地址 • 污染源的地址 • 规则和污染源的合规日期的鉴定 • 运行、设计产能和HAP排放点的说明 • 是否为主要或区域污染源的声明 • 关于新的或重建的污染源的建筑用途或启动日期的通知 • 控制策略报告(采用硫酸盐法的工厂的HVLC系统) • 控制策略报告(参与污水激励计划的漂白系统)	合规证明60天后 • 用于证明合规的方法 • 结果或性能测试和/或CMS性能评价 • 用于证明持续合规的方法 • 排放的HAP的类型与数量 • 证明是否为主要或区域污染源的分析 • 控制设备和效率的说明 • 关于污染源是否已经符合标准的声明 • 用于确定运行参数值的数据、计算、工程评估和制造商建议

附图1-10 记录保存和报告要求

定期报告	
每个季度 (超额排放)	• 子部分A中规定的要求 • 在子部分S项下无额外要求
每半年 (无超额排放)	• 子部分A中规定的要求 • 参与污水激励计划的工厂必须每天报告氯和次氯酸盐的使用率
每两年	• 延期执行标准的工厂(一些硫酸盐法制浆系统和参与污水激励计划的工厂)必须更新控制策略报告

记录保存
• 遵守子部分A中规定的记录保存要求 • 有封闭通风孔系统和/或封闭回收系统的工厂应编制和维护特定场所检查计划 • 参与污水刺激计划的工厂应每天记录氯和次氯酸盐的平均使用量(kg/mg ODP) • 工厂必须记录监控要求中包括的所有CMS参数(参见附图1-8和附图1-9)

附图1-11 记录保存和报告要求

环保署已经为以下污染物规定了环境空气质量标准:NO_x、SO_2、颗粒物、CO、O_3和Pb。每个州主要负责维护环境空气质量,以满足附表1-7中的要求,其中还明确了采用硫酸盐法的工厂的NSPS要求。

附表 1-7　　美国硫酸盐法制浆厂的环境空气质量限制和 NSPS 限度(根据环保署)

排放类型	NSPS 限值				
	环境空气	回收锅炉	熔融物溶解	石灰窑	树皮 + 燃油锅炉
颗粒物	50μg/m³(年平均值)	100μg/m³ 297μg/m³	0.15kg/t	153μg/m³(煤气)	0.043g/MJ
TRS	不适用		0.017kg/t DS	11.3μg/m³	
SO_2	80μg/m³(年平均值)	6.7μg/m³		0.34g/MJ	
NO_x	100μg/m³(年平均值)				0.13g/MJ
O_3	235μg/m³				

根据环境空气质量,每个州被分为不同的区域。所谓"达标"区域(共 4 类)实现了附表 1-6中所示的环境空气质量标准。超过环境空气质量标准的其他区域被称为"不达标"区域。从环保署把一个区域归为不达标区域之日起的五年期限内,各个州必须改善每一不达标区域的空气质量。根据位置的不同,这一做法可以导致类似工厂的排放限制有很大差异。

除了《清洁空气法》之外,环保署还在 2005 年颁布了《清洁空气州际规划》(CAIR),该规划将实现大量大气减排。CAIR 将永久性地规定二氧化硫(SO_2)和氮氧化物(NO_x)的排放上限。全面执行时,相对于2003 年的排放水平,CAIR 将减少 70% 以上的 SO_2 排放和 60% 以上的 NO_x 排放。CAIR 于 2008 年开始在美国东部的 28 个州中执行。它与在州际层面上减少臭氧和颗粒物排放有关。

位于达标区域的工厂必须遵守预防明显恶化(PSD)原则;即:没有环保署和相关州所控制的许可程序,不允许重建或增加排放。

3.5　废物处置法规

美国环保署(EPA)颁布废物处置法规的目的是为了最大限度地减少废物的产生,重复利用废物中的材料和/或恢复废物的热值。3R 原则(减少、重复使用、回收再利用)是广泛使用的概念。

环保署在 20 世纪 90 年代启动了几项研究和计划,以便提高废物的重复使用并减少需要垃圾填埋场处置的废物的数量,并于 2006 年早些时候对关于固体废物处置的全国性法典进行了更新。

对于危险废物,环保署颁布了禁止某些废物进入市政垃圾填埋场的法规。废物被分为已被列入名录中的废物和特性废物。

通过规定,环保署已经将某些特定废物确定为是有害的,并已经把它们列了出来。这些名录分为 3 类:

——F 名录(与污染源无关的废物)——该名录从普通制造过程和工业过程中确定废物,例如:用于进行清洁或除油污操作的溶剂。F 名录中的废物被称为与污染源无关的废物的原因是产生这些废物的过程可以发生在工业的不同部门

——K 名录(与污染源有关的废物)。该名录包括来自特定行业的某些废物,例如:炼油或杀虫剂制造。来自这些行业中的处理和生产过程的某些淤泥和废水就是与污染源有关的废物

——P 名录和 U 名录(废弃商业化学产品)。这些名录包括未使用过的特定商业化学产品。一些杀虫剂和一些药品被丢弃的时候就成了危险废物

特性废物是因其性质而被确认为具有危险性的废物。如果一种废物不是名录中的废物,但却表现出以下 4 种特性中的一种或多种,则该废物属于特性废物:

——可燃性——自燃或闪燃点低于 60℃

——腐蚀性——酸或碱($pH < 2$ 或 $pH > 12.5$)

——反应性——不稳定、可以导致爆炸、毒烟、毒气或有毒蒸气

——毒性——被摄入或吸收时有致命危害

制浆造纸厂固体废物流的主要部分可分为无害的和可被作为填埋垃圾处理的两类。

3.6 环境影响评价(EIA)

对于 NSPS 制定后的新建工业企业,在授予建设许可证之前,必须进行环境影响评价。可以通过以下 3 个选项之一来满足该评价的要求:

(1)通过类别排除。这适用于在单独的且累积的情况下不会给环境带来重大影响,并且不需要进一步分析的情况。

(2)通过准备环境评价(EA)文件。该文件列出了需要确定重大环境影响的环境影响。

(3)通过准备环境影响声明(EIS)。如果在 EA 阶段,拟进行的活动预计会产生重大环境影响,则需要制作 EIS。在 EIS 中,会对生产、加工和其他活动的各种选择的直接间接影响进行比较。环保署可以根据 EIS 的结果进行选择(若有的话)。

3.7 行政机关

美国环保署是美国的主要环境监管机关。但是,大多数联邦立法通过为法规制定和执行项目提供资金来鼓励各个州承担制定和执行法规的责任。大多数州都有自己的大气污染和水污染控制项目,并且一些州还有固体废物和危险废物项目。

在联邦机构与州立机构之间的是环保署的区域机构,它们监管美国十个地区的环境质量,每个地区包含几个州。

环保署管理的项目的典型许可程序如附图 1 - 12 所示。州立项目一般遵循相同的许可程序。

如图 1 - 12 所示,几个阶段包含了公众对程序的介入。开始新的项目时,提交申请之前,需要与公众举行非正式会议,在会上,许可申请企业将解释其设施规划,包括关于其将使用的工艺以及将处理的废物的信息。该会议提供提问和建议的机会。企业可以选择将建议纳入其申请中。

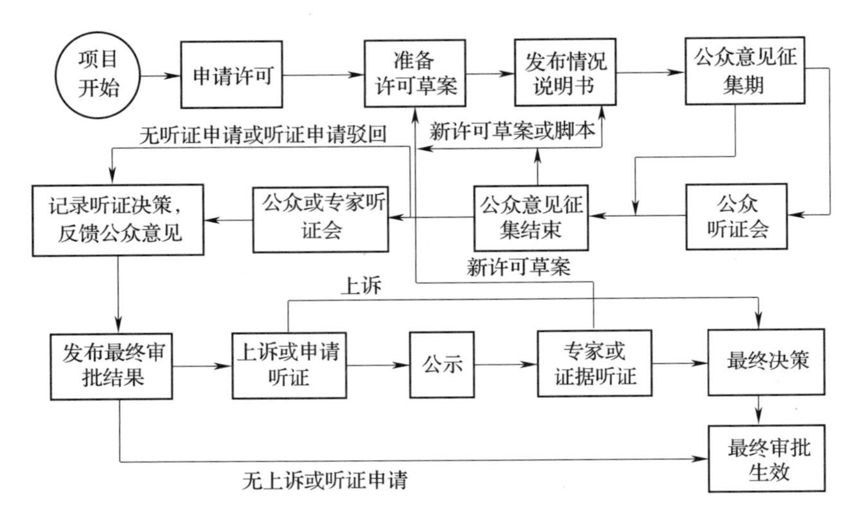

附图 1－12　美国环保署许可程序

4. 国际公约

主要多国环境公约简述如下。签署国际公约是为了保护跨国界的宽广水域和大气，实现所有缔约方之间在环境保护层面上的相同目标。然而，必须强调的是，在大多数情况下，协议仅包含减少或限制污染的建议，因此执行拟定措施的责任在于每一个缔约方。

4.1　《埃斯波公约》和《基辅（SEA）议定书》

《基辅（SEA）议定书》是目前正在批准的公约，将要求其缔约方评价其官方规划和计划草案的环境后果。战略环境评价（SEA）是决策过程中比项目环境影响评价（EIA）早很多就进行的过程，因此被视为可持续发展的关键工具。该议定书还让公众广泛参与政府在各个开发部门中的决策，并且赞扬了关于跨境环境影响评价的 1991 年《埃斯波公约》。后者规定了缔约方在规划的较早阶段对某些活动的环境影响进行评价的义务，同时还规定了对于可能具有重大跨境不利环境影响的正在考虑的所有主要项目，各个国家有互相通知和磋商的一般义务。《埃斯波公约》于 1997 年生效。

4.2　《东北大西洋海洋环境保护公约》（OSPAR）

OSPAR 旨在预防和消除污染并保护海洋环境免受人类活动的不利影响，以便：

——保护人类健康

——保护海洋生态系统和海域生物多样性

——恢复（如果可行）曾受到不利影响的海域

——为上述目的而合作实施计划和采取措施，以便控制规定的人类活动

OSPAR 公约于 1992 年 9 月 22 日在巴黎签署。OSPAR 经过签约国批准后，将代替 PARCOM 公约。

OSPAR 公约强调了欧共体环境政策的预防原则和污染者自付原则。OSPAR 包括最佳可行技术(BAT)和最佳环境实践(BEP)的概念。BAT 是指工艺、设施或操作方法的最新阶段的发展,显示了特殊措施限制释放、排放和废物的实际适宜性。在 BAT 评价中应特别注意考虑:

——介绍最近已经试验成功的可比工艺、设施或操作方法

——科学知识和科学理解中的技术进步和变化

——上述技术经济可行性

——新的和现有工厂中的设施的时间限制

——相关释放和排放的性质和量

——BEP 是指应用环境控制措施和策略的最适合组合。BEP 意味着至少应考虑以下措施:

- 告知公众和用户选择特定活动和产品以及使用和处置这些产品的环境后果并向他们提供关于这方面的信息
- 制定并应用涵盖产品生命中的所有方面的活动的良好环境实践的规程
- 制定包括一系列限制或禁令的许可制度
- 根据该公约的附件Ⅰ,BAT 的使用将适用于点污染源,而 BEP 适用于点污染源和分散污染源

4.3 《赫尔辛基公约》和赫尔辛基委员会

赫尔辛基委员会(HELCOM)致力于通过丹麦、爱沙尼亚、欧共体、芬兰、德国、拉脱维亚、立陶宛、波兰、俄罗斯和瑞典之间的政府间合作来保护波罗的海的海洋环境免受所有污染源的影响。HELCOM 是《保护波罗的海海洋环境赫尔辛基公约》(通常所知的《赫尔辛基公约》)的管辖机构。《保护波罗的海海洋环境赫尔辛基公约》是在芬兰的倡议下于 1974 年 3 月份在赫尔辛基制定的。

该公约目前的修正案于 1992 年 4 月 9 日签署,2000 年生效,其中还包含最佳可行技术(BAT)和最佳环境实践(BEP)的定义。各缔约方同意推动 BAT 和 BEP 的使用。BAT 的概念适用于点污染源,而 BEP 适用于其他污染源。HELCOM 1992 还包括了关于在全面评价的指导下给工业工厂(来自陆地污染源的污染)颁发许可证的法规和关于为许可证设置最低要求的法规,例如:直接和间接释放与排放的数量和质量(负荷和/或浓度)限值;经营者将进行的控制的类型和范围(自我控制)以及将要使用的分析方法;以及通过采样和分析检查释放和/或排放的数量与质量的相关国家机关或独立授权机构。

对于制浆造纸行业,以下 HELCOM 建议于 1996 年正式通过,并依然有效:

——HELCOM 建议 17/8——关于降低来自硫酸盐法制浆厂的排放

——HELCOM 建议 17/9——关于降低来自亚硫酸盐法制浆厂的排放(由于芬兰不再进行亚硫酸盐法制浆生产,这与芬兰无关)

但是,2004 年通过了较新的建议,即:关于"通过有效使用 BAT 降低工业排放和释放"的 HELCOM 建议 25/2,该建议规定了设置一般要求时应使用的一般原则,例如:许可证中相关污染物的排放限值(除了该公约规章三、附录Ⅲ中包含的关于为工业工厂颁发许可证的原则的条款),具体原则如下:

(1)许可证中的相关污染物的限值和同等参数或技术措施应建立在 BAT 的基础上,不规定技术或具体工艺的使用,但要考虑到相关设施的技术特点、其地理位置和当地环境条件。

(2)确定 BAT 时,考虑一项措施的可能成本与效益的同时,还应考虑欧盟(尤其是在 IPPC 指令下)和国际组织公布的信息以及专门针对该行业的 HELCOM 建议(如果可行的话)。各个行业部门的相关领先国家将定期阐述和更新涉及危险废物及导致缺氧的营养物和物质的部门的相关污染源信息,以及更具体的污染源信息。

(3)如果当地环境条件有要求,那么应需采取比使用 BAT 可能实现的排放更严格的措施。在这种背景下,应特别注意营养物和 HELCOM 优先物质的排放,同时考虑为受影响的沿海水域和公海规定的可能的具体目标和质量目标。

附表 1-8 显示了根据 HELCOM 17/8 的排放限制。

附表 1-8　　根据 HELCOM 17/8 建议的硫酸盐法制浆行业年平均排放限值

单位:kg/adt

1997 年 1 月 1 日之前开始运营的工厂所生产的每吨风干浆自 2000 年 1 月 1 日起,不应超过以下年均排放限值				
制浆工艺	COD_{Cr}	AOX	总磷	总氮
漂白制浆	30	0.4	0.04	0.4
未漂白制浆	15	—	0.02	0.3
在处于过渡期的国家,1997 年 1 月 1 日之前开始经营的工厂所生产的每吨风干浆(ADP)自 2005 年 1 月 1 日起,不应超过以下年均排放限值				
制浆工艺	COD_{Cr}	AOX	总磷	总氮
漂白制浆	35	0.4	0.04	0.4
未漂白制浆	20	—	0.02	0.3
对于 1997 年 1 月 1 日以后开始经营或者启动其大部分产能(超过 50%)的工厂,存在以下年均排放限值				
制浆工艺	COD_{Cr}	AOX	总磷	总氮
漂白制浆	15	0.2	0.02	0.35
未漂白制浆	8	—	0.01	0.25

另外,HELCOM 17/8 还建议:

- 1997 年 1 月 1 日以后(对有些国家,2000 年是过渡期),在硫酸盐法制浆的漂白中不应使用单质氯
- 氮的限值应适用于位于海岸的硫酸盐法制浆厂
- 签约国应从 2000 年起每三年报告一次

随着 BAT 的发展,尤其是随着螯合剂性向可生物降解的化合物转变,1998 年必须重新考虑该建议。

HELCOM 17/8 于 1995 年对硫酸盐制浆行业确定了以下 BAT:

——以较小的废水排放进行的干剥皮

——封闭筛选

——除去大多数浓缩冷凝水并重复使用该工艺中的大多数冷凝水

——使用能回收几乎所有溢出物的系统
——在蒸煮器中进行深度脱木素,然后进行氧化脱木素
——在浆离开该工艺的封闭部分之前,进行高效的清洗
——对废水排放至少进行二级处理
——漂白车间部分封闭。用管道将来自漂白车间的大部分排放导入回收系统
——在工艺中使用环保的化学品,例如:在可能的情况下,使用可生物降解的螯合剂
——适用于 AOX、COD_{Cr}、总磷和总氮的分析方法
还提供了关于报告程序的建议。

4.4 北欧理事会

北欧环境部长合作建立在四年一次的环境行动计划上。北欧环境行动计划 2005—2008 年形成了北欧国家在北欧地区、毗邻地区、北极、欧盟以及其他国际论坛内的环境合作框架。该计划极力强调需要整合各种部门且各种工作组在环境事宜中需要进行协作。

在瑞典和芬兰成为欧盟成员国之前,北欧理事会的部长理事会就在北欧关于控制制浆造纸行业产生的环境影响指引的制定过程中发挥了作用[3]。这项工作为一般机构在 EU 的 IPPC 指令支持下制定 EU/EEA 行业指引提供了支持。

参考文献

[1] Watkins, G.. 2007,"Environmental Management" lecture materials from Helsinki University of Technology, Course Puu - 127. 4010, Espoo.

[2] SYKE. 2007. Continuum - Rethinking BAT Emissions of the Pulp and Paper Industry in the European Union, The Finnish Environment 12/2007, Environmental protection, Helsinki, p. 41. URN:ISBN:978 - 952 - 11 - 2642 - 0, URN:ISBN:978 - 952 - 11 - 2642 - 0(PDF). URL - Nov 2007: http://www.environment.fi/download.asp? contentid = 65130&lan = en.

[3] Study on Nordic Pulp and Paper Industry and the Environment, Nordic Council of Ministers, 1993:638, Stockholm, 1993, p. 81.

[4] BAT Reference document BREF for the Pulp and Paper Industry MS/EIPPCB/pp_bref final, July 2000. *(Revised December 2000).

附录 ②

1. ISO 14000 环境管理标准系列

ISO 技术委员会 2007 年已经就以下几个因素制定并发布了一系列的标准：

① 环境管理体系。

② 环境审核和相关环境调查。

③ 环境标签标志。

④ 环境绩效评估。

⑤ 生命周期评价。

⑥ 温室气体管理及相关的活动。

该标准已于 2007 年完成组织评估并审核通过，简要总结如下。

1.1 环境管理体系

① ISO 14001——使用指导说明。

② ISO 14004——有关原理、体系和技术支持的总的指导方针。

③ ISO 14015——现场和组织的环境评估——对于那些由于过去、当前或预期将来的活动而产生的场所或活动来讲，可以给那些对它们所关联的环境问题感兴趣的组织提供指导。以过程为基础。

④ ISO 14031——环境绩效评估——指导方针。

⑤ ISO 14032——环境绩效评估——案例研究。

⑥ ISO TR 14061——通过使用这些环境管理体系标准因素来帮助林业组织的信息——这条标准过去已经被取消但现在仍然可作为一般参考文献进行使用。

1.2 审核

ISO 19011——质量或 EMS 审核(2002)的一些指导方针——ISO 19011:2002 标准不仅提供了关于审核原则、管理审核程序和执行质量管理体系审核和环境管理体系审核的指导，而且还提供了关于质量和环境管理体系审核员的能力的指导。这点可适用于所有需要进行内部或外部质量审核和/或环境管理体系审核，或者需要完成一套审核程序的组织。取而代之的是以下标准：

① ISO 140010——环境审核指导方针——关于环境审核的一般原则。

② ISO 14011——环境审核指导方针——审核程序——第一部分：环境管理体系的审核。

③ ISO 14012——环境审核指导方针——针对环境审核员的资格标准。

1.3 环境标签

① ISO 14020——环境标签和环境声明——一般原则。

② ISO 14021——环境标签和环境声明——自行声明的环境要求(第二类环境标签)。

③ ISO 14024——环境标签和环境声明——第一类环境标签——原则和程序(产品标签)。

④ ISO TR 14025——环境标签和环境声明——第三类环境声明。

1.4 生命周期评价

① ISO 14040——生命周期评价——原则和框架。

② ISO 14041——生命周期评价——定义目标和确定范围以及库存分析。

③ ISO 14042——生命周期评价——对生命周期的影响进行评估。

④ ISO 14043——生命周期评价——对生命周期进行解释。

⑤ ISO DIS 14040——生命周期评价——原则和框架。

⑥ ISO DIS 14044——生命周期评价——一些要求和指导方针。

⑦ ISO TR 14047——生命周期评价——ISO 14042 标准的应用实例。

⑧ ISO 14048——生命周期评价——生命周期评价数据文件格式。

⑨ ISO TR 14049——生命周期评价——将 ISO 14041 标准应用到定义目标和确定范围以及库存分析的一些实例当中。

1.5 其他指南

① ISO 14050——环境管理——专门词汇。

② ISO 14060——关于包含产品标准的环境因素的指南。

③ ISO TR 14062——环境管理——关于综合产品开发的环境因素的一些指导方针。

④ ISO Guide 66——针对那些执行 EMS 评估、认证或注册的机构的一些常规要求。

附　录　③

1. 生命周期评价(LCA)

1.1　简介

由于生命周期评价的方法论仍在演变过程中,其常规有效性也仍处于开发阶段,因此在本文中将仅对与生命周期评价有关的一些 ISO 标准进行讨论。

ISO 14040 环境管理国际标准——生命周期评价——原则和框架,它们概括了关于进行和报告生命周期评价研究的系统方法,并且也详细列举出了某些最低要求。

1.2　方法论

生命周期评价是一门用于对一个产品整个生命周期中所关联的环境因素和潜在影响进行评价的技术,可以通过以下几种途径:

① 对该经济系统的相关功能性输入和输出的库存进行汇编。

② 对与那些输入和输出有关的潜在环境影响进行评价。

③ 对与该项研究的目的有关的影响阶段和库存的结果进行解释。

一项关于生命周期评价的研究(按照 ISO 14040 标准)的一些主要阶段如附图 3 - 1 中所示。

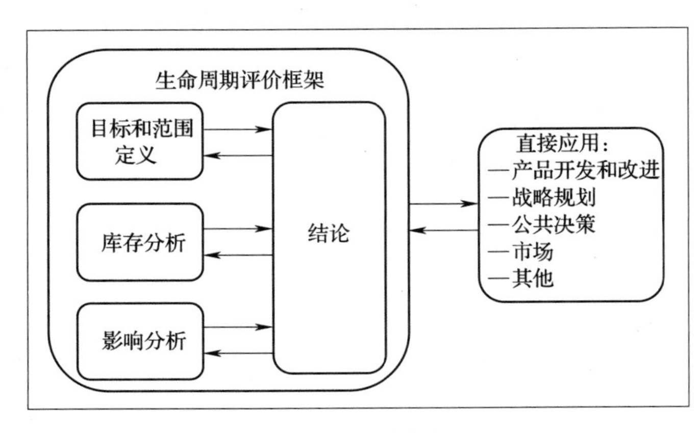

附图 3 - 1　生命周期评价阶段(ISO 14040)

1.3 ISO 14040——生命周期评价——原则和框架

这条 ISO 14040 标准提供了关于进行生命周期评价研究的一些原则和一个框架以及一些方法论要求。对这条标准进行补充说明的一些标准包括：

① ISO 14041——生命周期评价——定义目标和确定范围以及分析库存。

② ISO 14042——生命周期评价——评估生命周期的影响。

③ ISO 14043——生命周期评价——解释生命周期。

④ ISO DIS 14040——生命周期评价——原则和框架。

⑤ ISO DIS 14044——生命周期评价——一些要求和指导方针。

⑥ ISO TR 14047——生命周期评价——应用 ISO 14042 标准的一些实例。

⑦ ISO 14048——生命周期评价——生命周期评价的数据文件格式。

⑧ ISO TR 14049——生命周期评价——将 ISO 14041 标准应用到定义目标和确定范围以及分析库存的一些实例当中。

根据 ISO 14040 标准的原则和框架,该生命周期评价的方法论的主要特点包括：

① 生命周期评价研究应该对产品系统的各个环境因素从原材料的获取到最终的处理进行系统并充分的处理。

② 一项生命周期评价研究的细节深度和时间框架可能会有很大的不同,这一点要取决于目标的定义和范围的确定。

③ 生命周期研究的范围、假设、数据指令参数和方法论以及输出必须是透明且可理解的。这些研究中应该要有对这些数据的来源的讨论和记录,也应该要清楚地且适当地进行传达。

④ 视该项生命周期研究的预期应用的情况而定,应该要制定一些条件用以遵守一些机密和专利事项。

⑤ 生命周期评价方法论必须是可以修改的,以便于包含一些关于该方法论的技术发展水平的新的科学研究结果和改进。

⑥ 具体的要求可以应用到这些生命周期评价的研究当中,而且这些研究可以用以做出一个可以公之于众且具有比较性的声明。

⑦ 没有科学依据可用以将生命周期评价的结果减少到一个总的单一的分数或数字,因为对于这些系统来讲,在它们生命周期的不同阶段中进行分析的过程中存在着许多权衡和复杂性。

⑧ 没有任何单一的方法可用以进行生命周期评价研究。根据用户的具体应用情况和要求,组织应该要有灵活性以便于在实际当中进行生命周期评价,这一点正如 ISO 14040 标准中所制定的一样。

用于生命周期评价的这个框架如附图 3－1 所示。而且,在该框架中这些 ISO 标准与过程相关联的方式如附图 3－2 所示。生命周期评价的几个阶段中的一些主要概念如下所示。

1.3.1 确定目标和范围

必须对关于预期应用方面的目标和范围清楚地进行定义和确定。例如,目的、系统描述、一些界限和数据要求和假设情况以及一些限制条件。

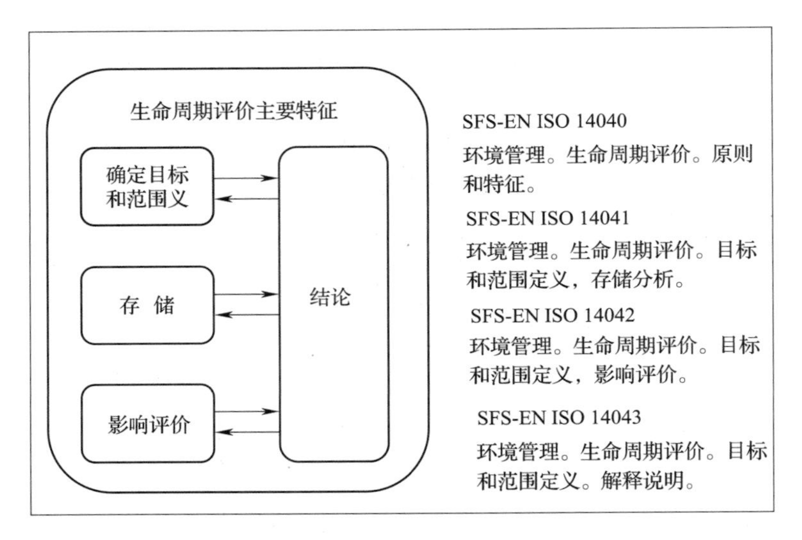

附图 3－2 主要 ISO 标准和它们如何与 LCA 进程有关

1.3.2 生命周期库存分析

库存分析涉及数据收集和一些可用以确定一个产品系统的相关输入和输出的数量的计算方法。这些输入和输出可能包含对空气、水以及与该系统有关的土地的资源和排放的使用。解释可能从这些数据当中得出，这一点要视生命周期评价的目标和范围的情况而定。同时，这些数据也构成了生命周期影响评价的输入。进行一次库存分析的过程是反复的。因为，有时可能会识别到一些需要对这项研究的目标和范围进行修改的问题。

1.3.3 评估生命周期的影响

评估影响阶段的目的是通过使用生命周期库存分析（例如，臭氧消耗）的结果对潜在环境影响的重要性进行评估。这个评估可能包含了一个有关仔细检查该项研究的目标和范围从而判断何时已经达到了其目的，或者如果这个评估指出这些目标和范围不可能实现的话，要对它们进行修改的反复过程。

这个影响评价影响阶段也可能包括以下几个方面：

——分配库存数据的影响等级

——给在影响等级范围内的库存数据建立模型

——汇总那些有意义的特定案例的结果

评估生命周期影响评价阶段存在主观性。例如，影响级别的选择、建模和评估。因此，透明对影响评价是至关重要的以确保这些假设得到了清楚的描述和报告。见附图 3－3。

1.3.4 生命周期评价结论

结论是指把生命周期评价各个阶段中从库存分析中得到的结果和从影响评估中得到的研究结果整合在一起。

与研究目标和范围相符的解释的研究结果以总结和建议的形式提交给决策者们。这个解释阶段可能包括不断总结、修改生命周期评价范围以及收集与既定目标一致的数据的反复过程。

这个阶段的研究结果要反映出已执行了的有效性和不确定性的结果。

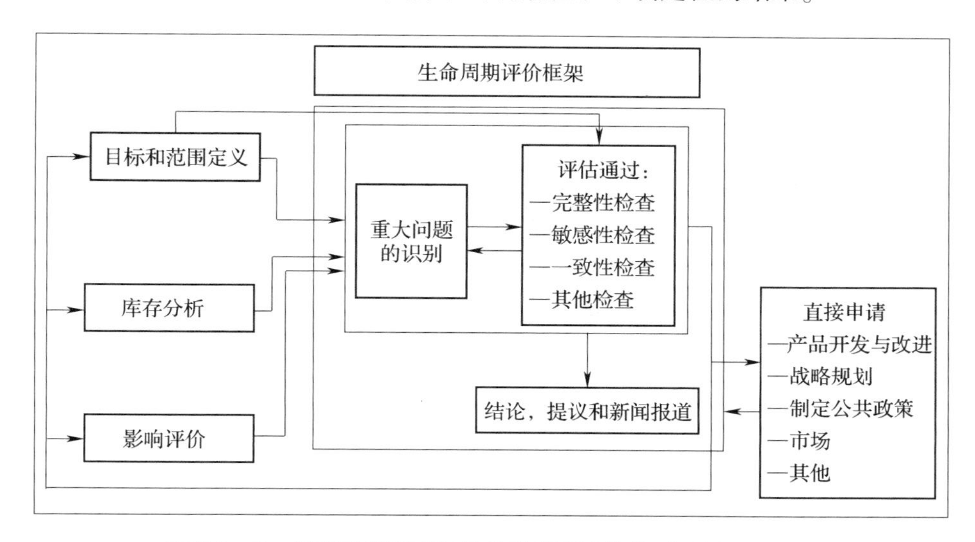

附图 3 – 3　解释阶段要素与其他阶段要素的关系（ISO 14043）

附　录 ④

1. 经济核算——经济合作与发展组织

在过去的几年里通过致力于减少污染和控制支出以及环境核算，经济合作与发展组织（OECD）已经加大力度将环境信息和经济信息联系起来。而且现在经常要作有关于经济合作与发展组织框架内国家用于减少和控制污染支出的报告以响应这些目标。自1996年以来，经济合作与发展组织和欧盟统计局就已经同时启用了一项经济合作与发展组织的问卷调查，与此同时，二者也已经在2000—2001年期间对当前的版本进行了修改用以进一步使得使用了的定义和分类相互协调，从而形成各个国家之间的对比性和将欧盟国家的报告力度降到最小，同时对这些欧盟国家有关于保护环境支出的统计资料进行核对用以给欧盟委员会提供预算，这一点正是欧盟关于结构经济状况统计的第58/97号条例中所要求的。

从用于减少和控制污染的总支出中一般可以显示出一个国家用于减少和控制污染的财政力度。然而，作为一些绝对数值，用于政策目的的这些数据的关联性也是有限的。而且，用于减少和控制污染的支出必须是与其他变量相关联的。一种关于比较所有国家用于减少和控制污染支出数据的常规方法就是将这些数据与这些国家的国内生产总值或者总的国内固定资本构成联系起来。

减少和控制污染被定义为是有目的的活动。这些活动旨在直接预防、减少和消除由生产过程残渣、产品消耗和服务引起的污染问题。这种定义不包含用于自然资源管理和自然灾害和危害的预防和保护自然（例如，保护濒危种类、建立自然公园和绿化带）以及开发并利用自然资源（例如，饮水供应）的支出。其他的一些例外情况就是那些主要用于满足健康和安全要求的支出（例如，用于保护工作场所的支出）或者用于为了商业或技术目的而改善生产过程的支出，即便是当它们具有环境效益时。

2. 保护环境活动的分类

在发展用以完成关于减少和控制污染的调查和问卷的指导中，正在通过国际定义和变异协调方法解决关于应该如何对环保成本进行定义和分配的具有分歧意见的那些问题（那些措施可以构成环保支出）。但是这个过程只是持续发展中的一个部分，要想产生具有更好质量的数据和在所有经济合作与发展组织框架内的国家中完成更多的常规环境支出数据的汇编以及确保持续性和增加各个国家之间的可比性，还有许多的工作需要去做。关于减少和控制污染的范围以及其他环保支出是按照单一的欧盟有关标准统计的环保活动分类(CEPA)进行定义的(见附表4-1)。这些环保活动可以区分九个环境领域以及其他环保支出。而且环保活动分类包括几个方面,每个方面具有一个特定的解释。

支出可以分为以下几个方面:

① 一些环境领域(例如,空气、水和废料以及噪声)。

② 经济部门(例如,公共部门、企业部门和专业生产商以及家庭)。

③ 支出类型(例如,投资、内部经常性支出、从副产品中得到的收据、津贴和传输以及费用和购买,还有收入)。

要想对减少和控制污染支出进行分类是困难的,特别是在企业部门这一方面,对于这些部门的公司来讲,它们可能不能在所涉及的不同投资动机之间进行区分。例如,可能难以区分污染减量背后的实际动机是减少原材料的浪费或使用还是升级工艺。

(1)保护环境空气和气候——保护环境空气和气候包括一些针对减少排放到环境空气中的排放物或者空气污染物中的环境浓度的措施和活动,还有针对控制温室气体以及给平流臭氧层带来不利影响的一些气体的排放。不包括一些用于减少成本目的的措施(例如,节能)。

(2)污水管理(包括防止排放到地表水当中)——污水管理包括一些针对通过减少污水被排放到内陆地表水和海水来防止地表水受到污染的活动和措施。其中包括对污水的收集和处理,同时也包括一些监督和管理活动,化粪池也包括在内。但不包括有些针对保护地下水以免受到污染物渗透影响以及当水体受到污染后(见经济合作与发展组织4)对它们进行清洁的措施和活动。

(3)废物管理——废物管理指针对防止产生废物以及减少它们给环境带来不利影响的活动和措施。包括对废物的收集和处理,也包括对活动的监督和管理,同时还包括回收利用和堆制肥料、对具有低水平放射性废弃物的收集和处理和街道清扫以及对公共垃圾的收集。不包括那些与具有高水平放射性废弃物的管理相关的活动,见第一个方框图(第七项)。

(4)保护和修复土地、地下水和地表水(包括所有的清理活动)——保护并修复土地、地下水和地表水指那些针对防止污染物渗透、清理土地和水体以及保护土地以免受腐蚀和其他物理降解以及盐化作用的措施和活动。包括对土地和地面水的控制和监控,不包括有些污水管理活动(见第一个方框图(第二项))和那些针对保护生物多样性和风景(见第一个方框图(第六项))的活动。

(5)减少噪声和振动(不包括工作场所的保护)——减少噪声和振动指针对控制、减少和消除工业和运输中的噪声和振动的措施和活动。包括那些用以消除邻近环境噪声的活动以及用以消除公众时常出入的场所的噪声的活动。不包括为了保护工作场所的噪声的目的而进行的用以消除噪声和振动的活动。

(6)保护生物多样性和景观——保护生物多样性和景观指针对保护并复原动植物的种类、生态系统和栖息地以及自然或半野生景观的措施和活动。在保护生物多样性和景观之间的区分可能不会总是有实效的。例如,维护或建立某些景观类型、生物栖地和生态区以及相关的问题(例如,灌木篱墙和用以重新建立自然走廊的排列成行的树)与保护生物多样性有明显的联系。保护并复原一些历史纪念物或建筑物明显很多的风景地貌、为了农业考虑的除草以及主要出于经济原因对森林进行保护以免其遭受森林火灾都是不包括其中的。

(7)防辐射保护(不包括外部安全)——防辐射保护指针对减少或消除由任何来源所发出的放射的副作用的活动和措施。包括对具有高水平放射性废物的操作、运输和处理。例如,由于这些废物具有高放射性核含量,在对它们进行操作和运输期间需要进行隔离。不包括那些与预防技术危害(例如,核电站的外部安全)相关的活动、措施和在工作场所采取的保护措施,亦不包括与收集和处理具有低水平放射性废物(见第一个方框图(第三项))相关的活动。

(8)研究和开发——包括所有具有环保目标的研究和开发,无论是公共部门还是企业部门:污染源、环境中污染物的分散机制和它们对人类、物种和生物圈所产生的影响进行识别和分析。这个标题包括用以预防和消除所有形式污染的研究和开发,也包括面向可以测量和分析污染的设备仪器的研究和开发。不包括那些与自然资源的管理相关的研发活动。

(9)其他环保活动——指所有以一般性环境管理和管理活动,或专门面向环保的培训或教学活动为形式,或者在公共信息没有被分类到经济合作与发展组织中的其他地方的前提下,由这些信息组成的环保活动。

附表 4-1　　环境保护活动欧盟标准统计分类(CEPA)

1. 保护大气和气候环境
1.1　通过工艺改造进行污染物防治,保护大气环境、气候及臭氧层
1.2　为了保护大气环境和保护气候、臭氧层环境,进行废气处理和通风
1.3　检测、控制、实验,等等
1.4　其他活动
2. 污水管理(包括防治地表水外排)
2.1　通过工艺改造进行污染物防治
2.2　排水系统管网
2.3　污水处理
2.4　冷却水处理
2.5　检测、控制、实验等
2.6　其他活动
3. 固体废物管理
3.1　通过工艺改造进行污染物防治
3.2　收集和运输
3.3　危险废物的处理和处置:热处理、垃圾填埋场等
3.4　一般废物的处理和处置:焚烧,垃圾填埋等
3.5　检测、控制、实验等
3.6　其他活动
4. 土壤、地下水和地表水的修复和治理(包括所有的净化处理活动)
4.1　污染物渗透防治
4.2　土壤和水体的净化处理
4.3　保护土壤侵蚀和其他物理降解
4.4　土壤盐碱化的治理和修复
4.5　检测、控制、实验等
4.6　其他活动
5. 噪声和振动消减(不包括工作场所保护)
5.1　从源头上改造工艺流程防治噪声污染:公路和铁路交通,空中交通,工业和其他噪声
5.2　建设抗噪声/振动的公路、铁路交通设施、空中交通及工业设施等
5.3　检测、控制、实验等
5.4　其他活动

续表

6. 生物多样性和景观的保护
6.1　保护和恢复生物物种和栖息地
6.2　保护自然和半自然景观
6.3　检测、控制、实验以及其他类似的活动
7. 辐射防护(不包括外部安全)
7.1　保护环境媒介
7.2　高辐射性废物的运输和处理
7.3　检测、控制、实验以及其他类似的活动
8. 研究和发展
8.1　在公共和商业领域所有环境保护目标的研究和发展
9. 其他环境保护活动
9.1　一般环境管理和处理包括:一般管理、规定和环境管理
9.2　教育、训练和信息
9.3　不可分割开支的活动及其他未分类活动

附　录　⑤

1. 污水

污水参数	标准方法	
	ISO	SFS 和 SFS – EN
残余总量和固定残余量		3008
悬浮物	11923	872
色度	7887	7887
钠和钾	9964	3017
钙和镁	6059,7980	3003,3018
铁	6332	5502
化学需氧量	6060	5504
生化需氧量	5815	1899
磷	6878	1189
氮(凯氏氮)	5663	5505
氮	11905 – 1	3030
铵	5664	3032
总有机碳含量	8245	1484
游离氯和总氯	7393 – 3	3006
可吸附有机卤化物	9562	1485
毒性		
① 具有发光细菌	11348	11348
② 具有藻类	8692	5072
③ 具有虹鳟鱼	10229	5073
附加的一些 SCAN 标准		SCAN – W
不挥发物		W 3:68
氯酸盐		W 10:93
镁		W 2:67
高锰酸盐		W 1:66
硫化氢		W 4:69
乙二胺四乙酸和二乙烯三胺五乙酸		W 11:03

2. 淡水

水参数	标准方法	
	ISO	SFS 和 SFS－EN
高锰酸盐	8467	8467
碱度	9963	9963
大肠菌	9308	3016,4089
亚硝酸盐	13395	3029
亚酸盐	7890	3030
亚硝酸盐和亚酸盐的总和	13395	3030
氯化物	9297	3002,3006
锰	6333	5502
铝	10566,12020	5502
砷	11969	26595,2590
浑浊度	7027	7027

3. 空气质量

空气质量参数	标准方法	
	ISO	SFS 和 SFS－EN
生物指示		56[xx],57[xx]
有机挥发物		3861
悬浮颗粒物		3863
二氧化硫	4221,6767	3864,5109,5265
硫化氢		5293
氧化氮	7996	5425

4. 空气质量和固定污染源的排放

空气质量参数	标准方法	
	ISO	SFS 和 SFS－EN
微粒排放	9096	3866
二氧化硫	7934,11632	5265,14791
氧化氮	11564	14792

续表

空气质量参数	标准方法	
	ISO	SFS 和 SFS－EN
多氯代联二苯－对－二噁英或多氯代二苯并呋喃和类二氧芑多氯化联二苯		1948
人机界面		1911
工作场所的空气		
① 挥发性有机化合物	16017,16200	16017
② 微粒砷	11041	
③ 微粒钙	11174	
④ 微粒铅	8518	5008

5. 污水管理

参数	标准方法	
	ISO	SFS 和 SFS－EN
质量控制		5875
污水的特性描述		
① 淋滤		12457
② 淋滤行为		12920
③ 废物和污泥以及沉淀物的灼烧减重		15169
污水取样		EN 14899